"现代声学科学与技术丛书"编委会

主　　编：田　静

执行主编：程建春

编　　委 (按姓氏拼音排序)：

南京大学研究生"三个一百"优质课程建设项目建设成果

现代声学科学与技术丛书

声辐射力原理与医学超声应用

刘晓宙　郑海荣　著

科学出版社

北　京

内 容 简 介

　　本书系统介绍了基于声线法研究高斯行波对球形粒子的声辐射力和球面聚焦超声对球形粒子的声辐射力，基于声散射法研究平面波和高斯行波对球形粒子的声辐射力，高斯驻波对球形粒子的声辐射力和高斯行波对多层球形粒子的声辐射力，介绍了其他声源的声辐射力，包括中空聚焦换能器和环状活塞换能器产生的波束，零阶准贝塞尔高斯波束和艾里高斯波束，还介绍了边界对声辐射力的影响，多粒子间的声辐射力和声辐射力的医学应用，本书将为利用声辐射力实现粒子操控打下坚实的基础。

　　本书可作为高等院校声学相关等专业高年级本科生和研究生的教材，也可作为相关专业领域的科研人员的参考书。

图书在版编目(CIP)数据

声辐射力原理与医学超声应用/刘晓宙，郑海荣著. —北京：科学出版社，2023.5
　（现代声学科学与技术丛书）
　ISBN 978-7-03-074629-0

　Ⅰ.①声⋯　Ⅱ.①刘⋯ ②郑⋯　Ⅲ.①声辐射-应用-超声波诊断-研究
Ⅳ.①O422.6 ②R445.1

中国国家版本馆 CIP 数据核字(2023)第 019292 号

责任编辑：刘凤娟　郭学雯／责任校对：杨聪敏
责任印制：吴兆东／封面设计：陈　敬

科 学 出 版 社 出版
北京东黄城根北街 16 号
邮政编码：100717
http://www.sciencep.com

北京中科印刷有限公司 印刷
科学出版社发行　各地新华书店经销
*
2023 年 5 月第 一 版　开本：720×1000　1/16
2024 年 1 月第二次印刷　印张：17 3/4
字数：348 000
定价：139.00 元
(如有印装质量问题，我社负责调换)

前　言

随着现代科技的快速发展，超声在科研和工业领域，如超声医疗检测、超声无损检测等领域的应用日益成熟。在生物医学领域利用声辐射力可以实现细胞筛选、药物输送，以及实现微粒子的非接触操控等，是目前医学超声研究热点之一，声波对粒子的声辐射力研究以及对新型声镊的设计具有重要的现实意义。

声波携带动量和能量，遇到处于声场中的物体时，声场中的物体会对声波产生反射、吸收、散射等效应，导致其与声波发生动量和能量的交换，引起的传播波能量密度和动量的变化，使物体受到力的作用而运动，这个力就是"声辐射力"，利用声辐射力可以实现声场中物体的操控，这项技术称为声操控技术，相应的设备为声镊。

近几年，随着微流控技术的发展，运用驻波、声表面驻波以及单 (双) 波束等粒子捕获系统，已经可以实现纳米颗粒、生物粒子、液滴的输运和分离。与光波相比，声波属于机械波，声操控技术对介质的导电性、透光性等没有特殊的要求，且声波在液体介质中的穿透性强、损耗小，声操控设备体积小、结构简单、制造成本低、具有多功能性。因此，声操控技术在生物医学、生物物理、超声医学等众多的领域中具有很大的应用价值。

基于声辐射力对粒子进行操控的声操控技术具有非接触、生物兼容性好、无须对微粒进行化学生物标记、装置简单易集成等优点，声辐射力在精密制造、精准医疗医学诊断、评估生物组织和液体的黏弹性特性等超声医学相关的领域具有广泛的应用。声辐射力作为一个虚拟手指，用于远程探测内部解剖结构并获取诊断信息。另一个积极探索的领域是操纵生物细胞和粒子。

从 20 世纪 50 年代开始，超声波在医学上的应用激增，与声辐射力相关的医学超声区域的比例大大增加。1990 年之前发表的关于声辐射力的大多数研究都与各种生物效应有关，而后来的发展开辟了新的、广泛的生物医学应用领域，如振动声学成像，剪切波弹性成像（SWEI），声辐射力脉冲 (ARFI) 成像，利用声辐射力进行磁共振弹性成像，生物流体和组织黏弹性特性的超声流变异和评估，协助靶向药物和基因传递与促进超声分子成像的声辐射力，以及许多微流体应用。

本书主要从以下方面来介绍声辐射力的原理与医学超声的应用。

第 1 章介绍了基于声线法研究高斯行波对球形粒子的声辐射力，主要介绍了几何声学近似的方法，通过此方法对球形微粒在高斯声场中的声辐射力特性进行了研究，同时考虑了粒子中的声衰减对声辐射力的影响，分析了声势阱现象产生的条件，并讨论了粒子初始位置、粒子大小等对声辐射力大小的影响。结果表明，当粒子处于某些特定位置可以受到声阱力作用时，考虑衰减不会对声镊的捕获性质产生影响，仅对其捕获能力产生影响。在几何声学理论下，提出了双层球所受声辐射力的模型，详细讨论了双层球的球壳厚度、各层介质的声学性质对声势阱的位置和大小产生的影响，给出了更加贴合实际实验应用需要的声辐射力理论模型。

第 2 章介绍了基于声线法研究球面聚焦超声对球形粒子的声辐射力，基于几何声学近似的方法，给出了球形粒子在球面聚焦声场中所受声辐射力的模型，分析了聚焦声场的参数对球形粒子声辐射力的影响，结果表明，常规球面聚焦声源对球形粒子同样有三维捕获作用。

第 3 章介绍了基于声散射法研究平面波和高斯行波对球形粒子的声辐射力，分析讨论了各种球形粒子的边界条件对声场的散射作用，同时利用有限级数展开的方法，将高斯聚焦声波按照球函数展开，详细推导了声散射理论下，高斯行波对球形粒子的声辐射力函数，为研究复杂声波波形的声辐射力奠定基础。

第 4 章介绍了基于声散射法研究高斯驻波对球形粒子的声辐射力，给出了散射理论中高斯驻波场及类高斯驻波场的声辐射力函数，分析了高斯驻波场及类高斯驻波场中球形粒子所受的声辐射力特性，同时说明了高斯驻波场对粒子的操控作用。

第 5 章介绍了基于声散射法研究高斯行波对多层球形粒子的声辐射力，基于声波散射理论研究了高斯驻波场中多层球形粒子的声辐射力特性。主要研究了两种粒子模型：一是针对药物的输送，研究了由聚合物材料构成的双层固液球模型；二是针对细胞的结构及力学特性，采用了由黏弹性材料构成的三层黏弹性固体球模型。重点分析了多层球结构中材料以及层壳厚度变化对声辐射力的影响。

第 6 章介绍了其他声源的声辐射力，基于球散射的方法，在理论上研究并计算了中空聚焦换能器对轴向刚性球的声辐射力，并计算了环状换能器对轴向刚性球和苯球粒子的声辐射力。结果表明，当声源对轴向球形粒子产生的梯度力远大于沿着声波方向的散射力时，才能够出现拉力，这就是声辐射拉力产生的物理原因。本章还利用有限级数展开的方法，在理论上计算得到零阶准贝塞尔高斯波的波束因子，并利用球散射法研究了零阶准贝塞尔高斯波对轴向球形粒子的声辐射力。结果发现，零阶准贝塞尔高斯波对轴线上的液体球粒子存在声辐射拉力，该结果证明利用非衍射波实现单声源声镊子的可行性。本章还介绍艾里高斯波在声学上的应用，给出其对圆柱形粒子的声辐射力表达式，展示它对圆柱形粒子的声镊子作用。

第 7 章介绍了边界对声辐射力的影响，对平面波和高斯波在单边界和双边界下柱形和球形粒子所受的声辐射力进行了研究，还针对阻抗边界附近黏弹性圆柱形粒子，在任意入射角传播的平面行波场所受的声辐射力进行了研究。分析了黏弹性圆柱形粒子在不同的粒子半径、不同的边界距离、不同的阻抗边界以及不同入射角度情况下，粒子所受的声辐射力，这一分析结果可为处于有界空间生物粒子的微操控提供有效的理论支撑。

第 8 章介绍了多粒子间的声辐射力，当声场中存在多个粒子时，一个粒子造成的散射波同样会对其他粒子产生声辐射力，本章从声场散射入手，介绍了存在多个弹性粒子的高斯行波场中粒子受到的声辐射力，推导出空间中稀疏分布的粒子受到声辐射力的表达式，并给出了仿真结果，此研究有助于利用声辐射力实现对多个微小弹性粒子的声学操控。

第 9 章介绍了声辐射力的医学应用，包括基于声辐射力的弹性成像、颗粒操控和神经调控。声辐射力弹性成像通过超声波束产生声辐射力，作用于人体软组织从而引起局部的微小位移，随后引发剪切波并向周围传播，声辐射力成像作为一种无创定量测量组织弹性模量的超声弹性成像算法，已被证实在多种疾病的诊断中具有巨大的应用潜力；声操控的原理主要是利用声场中颗粒对声波的反射、折射、吸收等，使得声场携带的动量在声波和颗粒之间交换，颗粒受声辐射力操控而运动；将目的分子特异性抗体或配体连接到超声造影剂表面构筑靶向超声造影剂，利用声辐射力，使超声造影剂主动结合到靶标组织，从而观察靶组织在分子或细胞水平的特异性显像，由此反映出病变组织在分子基础上的变化；超声波由超声换能器产生，其中心频率、能量强度、脉冲变化规律以及照射靶点区域的大小都可以调节，基于上述优点，超声神经调控可以被广泛应用于细胞、脑线虫、昆虫、啮齿动物、非人灵长类动物以及人类的多种尺度的神经调控领域。

特别感谢龚秀芬教授的多方面指导和悉心帮助！南京大学物理学院声学研究所程建春教授、刘晓峻教授、章东教授等同事们提出了许多宝贵的意见和建议，在此一并致谢！同时非常感谢南京大学物理学院祝世宁院士、复旦大学他得安教授、陕西师范大学林书玉教授和张小凤教授等的支持和帮助！感谢南京大学物理学院的领导和老师的鼓励和支持！课题组刘杰惠副教授，博士研究生吴融融、汪海宾、乔玉配、宫门阳，硕士研究生江晨、高莎、惠铭心、程凯旋、刘腾等参与其中部分工作，在此表示感谢！

本书得到国家重点研发计划项目 (2020YFA0211400)，国家自然科学基金重点项目 (11834008)，国家自然科学基金面上项目 (12174192、11774167) 和声场声信息国家重点实验室开放课题研究基金的支持，在此一并表示感谢！

　　在撰写过程中，作者力求做到认真严谨，但还存在不足之处，热忱期望读者的批评与指正。

刘晓宙　郑海荣

2023 年 3 月 10 日

目　　录

第 1 章　基于声线法研究高斯行波对球形粒子的声辐射力

目前对声镊中微小粒子所受的声辐射力的研究主要有两种方法。其中声线法适用于当声波的波长相对散射体较小、衍射被忽略时的情况，此时只考虑声波的粒子性而不考虑其波动性，可以用声线的疏密来表示声场的强弱，即用声波的射线理论来计算声辐射力。声射线法算法简单、计算速度快、可靠性好，但是其适用范围窄，仅限于物体的尺寸远大于声波波长的情况。

第二种方法是散射法，是运用声场理论来计算声辐射力。它以声波的解析理论为基础，将入射声波用级数展开，利用声学边界条件给出声波散射系数的解析表达式，并根据声波的辐射理论来计算目标粒子的声辐射力。它适用于声波波长大于或近似等于散射体的尺寸。

1.1　声　线　法

声射线几何近似，简称声线法 [1]，是基于几何声学的方法，广泛运用于海洋声学及建筑声学的研究中。声线法使用声线或者声锥跟踪的方法计算声的传播过程，可用于封闭、半封闭或者完全开放的空间。当声波的频率较高，即声波的波长小于反射面时，可以用几何声学中反射面的概念把声的传播看成是沿着声线传播的声能，此过程中忽略了声的波动性能。声线模型的使用条件是反射面尺寸远大于声波的波长，同时反射面的粗糙度远小于波长。

同理，在高频超声下，当反射体的尺度远大于声波的波长时，我们可以只关注超声的粒子性而忽略其波动性，因此声线法也可以处理高频超声下的一些问题。利用声线法可以快速并且有效地分析声波在粒子内部的能量转移情况，从而得出声波对粒子作用的辐射力情况。

受几何光学在光镊子理论部分研究的启发 [2-5]，Lee 等将几何声学的方法应用于声辐射力的求解之中 [6]。声波和物质相互作用伴随着动量的交换，从而表现为声波对物体力的作用。在声线法中，声辐射压力由两部分组成 [2,6]，一部分是沿着声波传播方向的散射力，它由声波的反射所引起，大小正比于声强；另一部分是梯度力，它的方向为声强梯度方向，与声场的能量梯度有关，指向声场强度最大处。

如图 1.1 所示，假设一束功率为 P 的声线以入射角 θ_i 入射到球形微粒上时，在粒子表面及内部发生一系列反射以及折射，能量发生改变，PR、PT^2、PT^2R、PT^2R^2、$\cdots$ PT^2R^m、$\cdots$ 分别表示经小球 m 次折反射后而出射的散射声线的功率，其中 R 和 T 分别表示声波能量反射和折射系数，且都小于 1。如图 1.1 标注，取逆时针方向为正，则这些出射声线与入射声线的正向延长线的夹角分别为 $\pi + 2\theta_i$、α、$\alpha + \beta$、$\alpha + 2\beta$、$\cdots$、$\alpha + m\beta$、$\cdots$。因此，该束声线对粒子球施加的沿 Z 方向 (即该声线入射方向) 的力 F_z，即为 Z 方向上每秒内该声线产生的变化量，因此

$$F_z = \frac{P}{c} - \left[\frac{PR}{c} \cos(\pi + 2\theta_i) + \sum_{m=0}^{\infty} \frac{P}{c} T^2 R^m \cos(\alpha + m\beta) \right] \tag{1.1}$$

其中，P/c 为 Z 方向上每秒入射的动量；c 为声波在介质中的传播速度。同理，在 Y 方向上，由于入射声线动量为零，因此动量的改变量为

$$F_y = 0 - \left[\frac{PR}{c} \sin(\pi + 2\theta_i) - \sum_{m=0}^{\infty} \frac{P}{c} T^2 R^m \sin(\alpha + m\beta) \right] \tag{1.2}$$

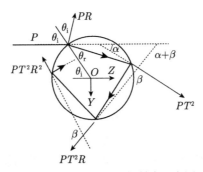

图 1.1　声线法求解声辐射力示意图

因此，将其映射到复平面上粒子所受的合力为

$$\begin{aligned} F_{\text{tot}} &= \frac{P}{c}(1 + R\cos 2\theta_i) + \mathrm{i}\frac{P}{c} R \sin 2\theta_i - \frac{P}{c} T^2 \sum_{m=0}^{\infty} R^m \mathrm{e}^{\mathrm{i}(\alpha + m\beta)} \\ &= \frac{P}{c}(1 + R\cos 2\theta_i) + \mathrm{i}\frac{P}{c} R \sin 2\theta_i - \frac{P}{c} T^2 \mathrm{e}^{\mathrm{i}\alpha} \left(\frac{1}{1 - R\mathrm{e}^{\mathrm{i}\beta}} \right) \end{aligned} \tag{1.3}$$

利用欧拉公式

$$\mathrm{e}^{\mathrm{i}\alpha} \left(\frac{1}{1 - R\mathrm{e}^{\mathrm{i}\beta}} \right) = \frac{\cos(2\theta_i - 2\theta_r) + R\cos(2\theta_i) + \mathrm{i}[\sin(2\theta_i - 2\theta_r) + R\sin(2\theta_i)]}{1 + R^2 + 2R\cos 2\theta_r} \tag{1.4}$$

如图 1.1 可知：$\alpha = 2\theta_i - 2\theta_r, \beta = \pi - 2\theta_r$。代入式 (1.3)，得 [2,18]

$$F_{tot} = \frac{P}{c}\left\{1 + R\cos(2\theta_i) - T^2\frac{\cos(2\theta_i - 2\theta_r) + R\cos(2\theta_i)}{1 + R^2 + 2R\cos 2\theta_r}\right\}$$
$$+ i\frac{P}{c}\left\{R\sin(2\theta_i) - T^2\frac{\sin(2\theta_i - 2\theta_r) + R\sin(2\theta_i)}{1 + R^2 + 2R\cos 2\theta_r}\right\} \qquad (1.5)$$

再分别取实部，虚部相等，则散射力分量为

$$F_s = \frac{P}{c}\left\{1 + R\cos(2\theta_i) - T^2\frac{\cos(2\theta_i - 2\theta_r) + R\cos(2\theta_i)}{1 + R^2 + 2R\cos 2\theta_r}\right\} \qquad (1.6)$$

梯度力分量为

$$F_g = \frac{P}{c}\left\{R\sin(2\theta_i) - T^2\frac{\sin(2\theta_i - 2\theta_r) + R\sin(2\theta_i)}{1 + R^2 + 2R\cos 2\theta_r}\right\} \qquad (1.7)$$

其中，θ_i 和 θ_r 分别为入射角和折射角；R 和 T 分别为能量反射系数和折射系数；F_s 为沿着声波传播方向的散射力；F_g 为指向声场强度最大处的梯度力。

由于声波辐射对物体产生的力常常表现为压力，从而通常称为声辐射压力。然而在特定的声场分布下，声波对物体也可产生一拉力，即形成束缚粒子的势阱。声镊是利用声波与物质间动量传递的力学效应形成的三维梯度声学势阱，当粒子直径远大于超声波长时，如果把微小粒子放入以超声声束的焦点为中心的一定区域内，则微粒就会自动移向超声声束会聚中心，并在焦点附近被稳定地捕获住。

假设一系列具有强度梯度的声束入射到粒子球上，当声线入射在介质与粒子的交界面上时，动量发生了转移，从而产生了声辐射压力。如图 1.2 所示，声线 a, b 从介质入射到粒子上，可由几何声学确定声线传播的路径。声线在进入和离开粒子球面时发生折射，同时在表面也产生一定的反射。反射作用产生沿着声线方向的散射力，使得粒子向着声束方向运动。我们着重分析声线与小球发生折射作用而施加在小球上的梯度力。图 1.2 中入射声线 a, b 沿 Z 轴传播，即初始动量方向为沿 Z 轴方向，当声线经过两次折射离开小球时，声线传播方向发生了改变，即动量有了改变。

由于动量守恒，根据矢量叠加原理，声束传递给小球一个与该动量变化量大小相等、方向相反的动量，从而产生力 F_a, F_b 施加在粒子球上，即梯度力作用使得粒子向着声束焦点处运动。

当声场具有强度梯度时，如图 1.3 所示，声线 a 与小球发生折射作用使小球获得的动量较大，从而产生较大的 F_a，从而使得粒子向着声场强度较大处运动。

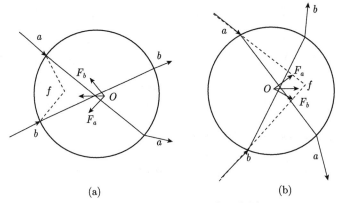

(a)　　　　　　　　　　　　　　　　(b)

图 1.2　粒子在声场中受力示意图

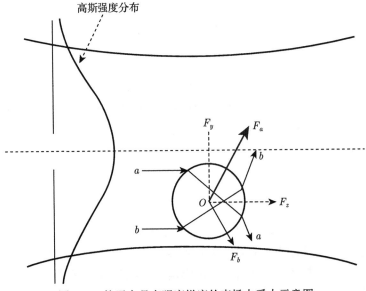

图 1.3　粒子在具有强度梯度的声场中受力示意图

　　只有当声波在粒子表面的折射作用占主导地位时，即当所产生的将粒子拉向声束焦点附近的梯度力远大于沿着声线方向的散射力时，才能够实现声束对粒子的捕获作用。这里我们可以采用以下方法来实现：一是选取声阻抗较为匹配的粒子与介质，从而减小声线在粒子上的反射作用；二是粒子中的声速应该略低于介质中的声速，从而避免全反射 [7]。

　　声线法具有理论方法较为直观、计算速度快等优势，在计算超声对微小粒子的声辐射力以及声线追踪等方向得到了具体的应用 [11–17]。

1.2　高斯行波对球形粒子的声辐射力

本节主要研究利用声线法求解高斯聚焦声束对球形微粒的声辐射力，推导声辐射力公式，给出仿真计算，并分析和讨论仿真结果。

1.2.1　轴向声辐射力

高斯声束的示意图，如图 1.4 所示，其中，y 为径向坐标，以声轴中心为参考点，z 为轴向坐标，λ 为波长，$k = \dfrac{2\pi}{\lambda}$ 为波数。高斯声束的声斑半径随坐标 z 按双曲线的规律而扩展，在 $z = 0$ 处，$w(z) = w_0$，它对应声波最细部分，即束腰。一般规定，当振幅减小到极大值的 $1/\mathrm{e}$ 时，对应的声波截面半径作为超声波的名义声波截面半径，即 $w(z)$。

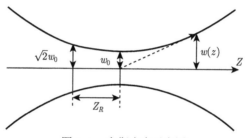

图 1.4　高斯声束示意图

当球形粒子正好处于高斯声束的轴线上时，由于声辐射力沿着横向位置对称，相互抵消，我们只考虑轴线的声辐射力 F_z。

如图 1.5 所示，O 为高斯聚焦超声的中心点，θ 为入射声线和粒子交点 A 与球心 C 的连线和 Z 轴的夹角，θ_i 和 θ_r 分别为入射角和折射角，y 和 z 分别为纵坐标和横坐标。

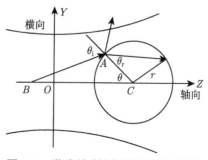

图 1.5　微球所受轴向声辐射力示意图

当超声功率为 P, 入射在半径为 r 的微球上时, 高斯超声的声场表达式为

$$I = \frac{P}{w^2(z)} \exp\left(\frac{-2y^2}{w^2(z)}\right) \tag{1.8}$$

或

$$I(r,z) = \frac{|E(r,z)|^2}{2\eta} = I_0 \left(\frac{w_0}{w(z)}\right)^2 \exp\left(\frac{-2y^2}{w^2(z)}\right)$$

其中, $I_0 = E_0^2/2\eta$ 为声波束腰中心的声强; η 为传播介质中的特征阻抗, 在空气中 $\eta \approx 337\mathrm{Pa\cdot s/m}$。

球形粒子所受辐射力等于单位时间内在单位面积上所受声场的能量, 则轴向声辐射力 F_z[6,11]

$$F_z = \frac{1}{c_\mathrm{w}} \oint_s I\mathrm{d}s = \frac{P}{c_\mathrm{w}} \int \frac{r^2}{w(z)^2} \exp\left[\frac{-2y^2}{w(z)^2}\right] H(\theta)\,\mathrm{d}\theta \tag{1.9}$$

其中,

$$H(\theta) = \cos\theta_\mathrm{i} \cdot \sin\theta$$
$$\cdot \left\{\cos(\theta_\mathrm{i} - \theta) + R\cos(\theta_\mathrm{i} + \theta) - \frac{T^2\left[\cos(\theta_\mathrm{i} + \theta - 2\theta_\mathrm{r}) + R\cos(\theta_\mathrm{i} + \theta)\right]}{1 + R^2 + 2R\cos 2\theta_\mathrm{r}}\right\}$$
$$\tag{1.10}$$

c_w 为声波在介质水中的速度。

$$R = \left|\frac{Z_2/\cos\theta_\mathrm{r} - Z_1/\cos\theta_\mathrm{i}}{Z_2/\cos\theta_\mathrm{r} + Z_1/\cos\theta_\mathrm{i}}\right|^2 \tag{1.11}$$

$$T = 1 - R \tag{1.12}$$

其中, Z_1, Z_2 分别为介质与粒子中的声阻抗。

1.2.2　横向声辐射力

当球形粒子不关于高斯超声轴线对称时, 我们要考虑横向辐射力对粒子的作用 [11,12]。

如图 1.6 所示, O 为高斯聚焦超声的中心点, θ 为入射声线和粒子交点 A 与球心 C 的连线和 Z 轴平行线的夹角, α 为点 A 与入射声线 Z 轴的交点 B 的连线和 Z 轴的夹角。θ_i 和 θ_r 分别为入射角和折射角, y_A, z_A 和 y_C, z_C 分别为 A 点和 C 点的纵坐标和横坐标。

将单束声线对粒子的作用力分为散射力和梯度力两个部分, 散射力沿着声线传播方向, 梯度力与之垂直, 指向声强梯度较大的方向:

$$\mathrm{d}\boldsymbol{F} = \mathrm{d}\boldsymbol{F}_\mathrm{s} + \mathrm{d}\boldsymbol{F}_\mathrm{g} \tag{1.13}$$

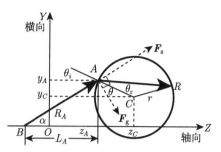

图 1.6 微球所受二维声辐射力示意图

$$\mathrm{d}\boldsymbol{F}_\mathrm{s} = \frac{I\mathrm{d}S\cos\theta_\mathrm{i}}{c_w}\boldsymbol{s} \tag{1.14}$$

$$\mathrm{d}\boldsymbol{F}_\mathrm{g} = \frac{I\mathrm{d}S\cos\theta_\mathrm{i}}{c_w}\boldsymbol{g} \tag{1.15}$$

$$\mathrm{d}S = r^2\sin\theta\mathrm{d}\theta \tag{1.16}$$

其中，$\boldsymbol{s}$，$\boldsymbol{g}$ 分别为散射力和梯度力的单位方向矢量。

与一维情形相似，由式 (1.6) 和式 (1.7)，得

$$\begin{aligned}
Q_\mathrm{s} &= 1 + R\cos 2\theta_\mathrm{i} - \sum_{n=0}^{\infty} T^2 R^n \cos\{2\theta_\mathrm{i} - 2\theta_\mathrm{r} + n(\pi - 2\theta_\mathrm{r})\} \\
&= 1 + R\cos 2\theta_\mathrm{i} - \frac{T^2\left[\cos(2\theta_\mathrm{i} - 2\theta_\mathrm{r}) + R\cos 2\theta_\mathrm{i}\right]}{1 + R^2 + 2R\cos 2\theta_\mathrm{r}}
\end{aligned} \tag{1.17}$$

$$\begin{aligned}
Q_\mathrm{g} &= -R\cos 2\theta_\mathrm{i} + \sum_{n=0}^{\infty} T^2 R^n \cos\{2\theta_\mathrm{i} - 2\theta_\mathrm{r} + n(\pi - 2\theta_\mathrm{r})\} \\
&= -R\cos 2\theta_\mathrm{i} + \frac{T^2\left[\cos(2\theta_\mathrm{i} - 2\theta_\mathrm{r}) + R\cos 2\theta_\mathrm{i}\right]}{1 + R^2 + 2R\cos 2\theta_\mathrm{r}}
\end{aligned} \tag{1.18}$$

$$\theta_\mathrm{i} = \alpha + \theta = \arccos\frac{L_A}{R_A} + \theta \tag{1.19}$$

$$\theta_\mathrm{r} = \arcsin\left(\frac{c_2\cdot\sin\theta_\mathrm{i}}{c_1}\right) \tag{1.20}$$

其中，c_1,c_2 分别表示声波在介质以及在粒子中的速度；Q_s，Q_g 分别定义了入射声波在粒子球面的传播方向以及强度梯度方向上的积分部分。

将散射力与梯度力分别在 Y，Z 轴方向分解

$$\mathrm{d}\boldsymbol{F}_\mathrm{s} = Q_\mathrm{s}\frac{I\mathrm{d}S\cos\theta_\mathrm{i}}{c_\mathrm{w}}\boldsymbol{s} = Q_\mathrm{s}\frac{I\mathrm{d}S\cos\theta_\mathrm{i}}{c_\mathrm{w}}(s_z,s_y) = (\mathrm{d}F_{sz},\mathrm{d}F_{sy}) \tag{1.21}$$

$$\mathrm{d}\boldsymbol{F}_{\mathrm{g}} = Q_{\mathrm{g}}\frac{I\mathrm{d}S\cos\theta_{\mathrm{i}}}{c_{\mathrm{w}}}\boldsymbol{g} = Q_{\mathrm{g}}\frac{I\mathrm{d}S\cos\theta_{\mathrm{i}}}{c_{\mathrm{w}}}\left(g_z, g_y\right) = \left(\mathrm{d}F_{\mathrm{g}z}, \mathrm{d}F_{\mathrm{g}y}\right) \tag{1.22}$$

由图 1.6 的几何矢量关系可得

$$\overrightarrow{OA} = (z_C - r\cos\theta, y_C + r\sin\theta) \tag{1.23}$$

$$\overrightarrow{OB} = (z_C - r\cos\theta - L_A, 0) \tag{1.24}$$

$$\overrightarrow{OC} = (z_C, y_C) \tag{1.25}$$

其中 z_C, y_C 为粒子球心的坐标。

$$\boldsymbol{s} = \frac{\overrightarrow{BA}}{\left|\overrightarrow{BA}\right|} = \frac{\overrightarrow{OA} - \overrightarrow{OB}}{R_A} = \left(\frac{L_A}{R_A}, \frac{y_C + r\sin\theta}{R_A}\right) \tag{1.26}$$

$$\boldsymbol{g} = \left(\frac{y_C + r\sin\theta}{R_A}, -\frac{L_A}{R_A}\right) \tag{1.27}$$

其中，R_A 为入射声线的曲率半径；L_A 为 A, B 两点间的轴向距离

$$R_A = Z_A + \frac{\pi^2\lambda^2}{z_A} \tag{1.28}$$

$$L_A = \pm\sqrt{R_A^2 - (y_C + r\sin\theta)^2} \tag{1.29}$$

因此单束声线对粒子所产生 Y, Z 轴方向的声辐射压力为

$$\mathrm{d}F_y = \mathrm{d}F_{\mathrm{s}y} + \mathrm{d}F_{\mathrm{g}y} = \frac{r^2 I\mathrm{d}\theta\sin\theta\cos\theta_{\mathrm{i}}}{c_{\mathrm{w}}R_A}\left\{Q_{\mathrm{s}}\left(y_C + r\sin\theta\right) - Q_{\mathrm{g}}L_A\right\} \tag{1.30}$$

$$\mathrm{d}F_z = \mathrm{d}F_{\mathrm{s}z} + \mathrm{d}F_{\mathrm{g}z} = \frac{r^2 I\mathrm{d}\theta\sin\theta\cos\theta_{\mathrm{i}}}{c_{\mathrm{w}}R_A}\left\{Q_{\mathrm{s}}L_A + Q_{\mathrm{g}}\left(y_C + r\sin\theta\right)\right\} \tag{1.31}$$

粒子所受 Y, Z 轴方向的合力为

$$F_y = \int_{\theta_{\min}}^{\theta_{\max}}\frac{r^2 I\sin\theta\cos\theta_{\mathrm{i}}}{c_{\mathrm{w}}R_A}\left\{Q_{\mathrm{s}}\left(y_C + r\sin\theta\right) - Q_{\mathrm{g}}L_A\right\}\mathrm{d}\theta \tag{1.32}$$

$$F_z = \int_{\theta_{\min}}^{\theta_{\max}}\frac{r^2 I\sin\theta\cos\theta_{\mathrm{i}}}{c_{\mathrm{w}}R_A}\left\{Q_{\mathrm{s}}L_A + Q\left(y_C + r\sin\theta\right)\right\}\mathrm{d}\theta \tag{1.33}$$

因此

$$F_y = \frac{2P}{\pi c_{\mathrm{w}}} \int_{\theta_{\min}}^{\theta_{\max}} \left\{ \frac{r}{w(z)} \right\}^2$$
$$\cdot \exp\left[\frac{-2y^2}{w(z)^2} \right] \frac{\cos\theta_{\mathrm{i}}}{R_A} \{ Q_{\mathrm{s}}(y_C + r\sin\theta) - Q_{\mathrm{g}} L_A \} \sin\theta \mathrm{d}\theta \tag{1.34}$$

$$F_z = \frac{2P}{\pi c_{\mathrm{w}}} \int_{\theta_{\min}}^{\theta_{\max}} \left\{ \frac{r}{w(z)} \right\}^2$$
$$\cdot \exp\left[\frac{-2y^2}{w(z)^2} \right] \frac{\cos\theta_{\mathrm{i}}}{R_A} \{ Q_{\mathrm{s}} L_A + Q_{\mathrm{g}}(y_C + r\sin\theta) \} \sin\theta \mathrm{d}\theta \tag{1.35}$$

这里的 $\theta_{\max}$, $\theta_{\min}$ 分别为声线对粒子球声辐射压力面积分角度的上下限。

如图 1.7 所示, 设一正实数变量 m 使得 mw_0 的射线正好与粒子相切, 切点为 $A(z_A, y_A)$[3,11]。

$$mw(z) = y = mw_0 \sqrt{1 + \left(\frac{\lambda z}{\pi w_0^2} \right)^2} \tag{1.36}$$

则曲线在切点处切线的斜率为

$$y_A' = \frac{mw_0 \cdot 2\frac{\lambda z_A}{\pi w_0^2} \cdot \frac{\lambda}{\pi w_0^2}}{2\sqrt{1 + \left(\frac{\lambda z_A}{\pi w_0^2} \right)^2}} = \frac{m^2 \frac{\lambda^2 z_A}{\pi^2 w_0^2}}{mw_0 \sqrt{1 + \left(\frac{\lambda z_A}{\pi w_0^2} \right)^2}} = \frac{m^2 \lambda^2 z_A}{\pi^2 w_0^2 y_A} \tag{1.37}$$

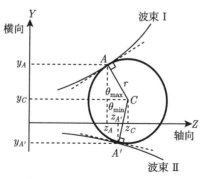

图 1.7   积分上下限 $\theta_{\max}$, $\theta_{\min}$ 求解的示意图

因此切线方程为

$$y = \left(\frac{m^2\lambda^2 z_A}{\pi^2 w_0^2 y_A}\right)(z - z_A) + y_A = M(z - z_A) + y_A \tag{1.38}$$

其中，

$$M = \frac{m^2\lambda^2 z_A}{\pi^2 w_0^2 y_A} \tag{1.39}$$

球心 C 与切点 A 的连线垂直于该切线，因此

$$\frac{y_C - y_A}{z_C - z_A} \cdot M = -1 \tag{1.40}$$

又有 A 点在圆上，得

$$(z_A - z_C)^2 + (y_A - y_C)^2 = r^2 \tag{1.41}$$

由上述四个方程解得 y_A, z_A 各两个解，根据这两个解，可分别求得式 (1.34) 及式 (1.35) 中的积分上下限

$$\theta_{\max}, \theta_{\min} = \arctan\left(\frac{y_C - y_A}{z_C - z_A}\right) \tag{1.42}$$

1.2.3　考虑衰减情况下的声辐射力

由于采用的声波为高频超声，所以衰减的影响是不可忽略的 [11,13,16,17]。这里研究了考虑超声在粒子内部传播时衰减的情况。

超声在传播过程中，振幅随着传播距离 z 增大而发生衰减

$$A_z = A_0 e^{-\mu_0 z} \tag{1.43}$$

换算成能量关系

$$E_z = E_0 e^{-2\mu_0 z} \tag{1.44}$$

又由于衰减系数在 100MHz 下，$\alpha = 20(\lg e)\mu_0$，单位为 dB/cm，代入式 (1.44)，得

$$E_z = E_0 e^{-\frac{\alpha \cdot z}{10}\ln 10} = E_0 \cdot 10^{\lg e^{-\frac{\alpha \cdot z \ln 10}{10}}} = E_0 \cdot 10^{-\frac{1}{10}\alpha z} \tag{1.45}$$

即超声波每传播距离 z(cm)，能量衰减为原来的 $10^{-0.1\alpha z}$。

如图 1.8 所示，入射角为 θ_i，折射角为 θ_r，由几何关系可得，只要粒子为均匀的球体，不论入射角与折射角的大小，声波在粒子中每一次反射之前传播的距离 $R_x = 2r \cdot \cos\theta_r$，其中 r 为粒子半径。

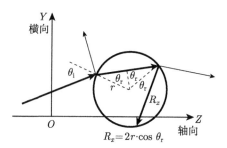

图 1.8　声线在粒子内部衰减过程的示意图

因此声波在粒子内部每发生一次反射, 衰减因子 $G = 10^{-0.2r\cos\theta_r\alpha}$。除了在第一次入射进入粒子, 之后每反射一次, 反射系数后都要乘以一个衰减因子 G。式 (1.17) 和式 (1.18) 应修正为

$$
\begin{aligned}
Q_s &= 1 + R\cos 2\theta_i - \sum_{n=0}^{\infty} T^2 \left(RG\right)^n \cos\left\{2\theta_i - 2\theta_r + n\left(\pi - 2\theta_r\right)\right\} \\
&= 1 + R\cos 2\theta_i - \frac{T^2 \left[\cos\left(2\theta_i - 2\theta_r\right) + RG\cos 2\theta_i\right]}{1 + \left(RG\right)^2 + 2RG\cos 2\theta_r}
\end{aligned} \tag{1.46}
$$

$$
\begin{aligned}
Q_g &= -R\sin 2\theta_i + \sum_{n=0}^{\infty} T^2 \left(RG\right)^n \sin\left\{2\theta_i - 2\theta_r + n\left(\pi - 2\theta_r\right)\right\} \\
&= -R\sin 2\theta_i + \frac{T^2 \left[\sin\left(2\theta_i - 2\theta_r\right) + RG\sin 2\theta_i\right]}{1 + \left(RG\right)^2 + 2RG\cos 2\theta_r}
\end{aligned} \tag{1.47}
$$

因此在二维情况中, 粒子所受 Y, Z 方向声辐射压力为

$$
\begin{aligned}
F_y &= \frac{2P}{\pi c_w} \int_{\theta_{\min}}^{\theta_{\max}} \left\{\frac{r}{w\left(z\right)}\right\}^2 \\
&\quad \cdot \exp\left[\frac{-2y^2}{w\left(z\right)^2}\right] \frac{\cos\theta_i}{R_A} \left\{Q_s\left(y_C + r\sin\theta\right) - Q_g L_A\right\} \sin\theta \mathrm{d}\theta
\end{aligned} \tag{1.48}
$$

$$
F_z = \frac{2P}{\pi c_w} \int_{\theta_{\min}}^{\theta_{\max}} \left\{\frac{r}{w\left(z\right)}\right\}^2 \exp\left[\frac{-2y^2}{w\left(z\right)^2}\right] \frac{\cos\theta_i}{R_A} \left\{Q_s L_A + Q_g\left(y_C + r\sin\theta\right)\right\} \sin\theta \mathrm{d}\theta \tag{1.49}
$$

由式 (1.48) 和式 (1.49) 可看出, 当衰减系数 α 为 0 时, 式 (1.48) 和式 (1.49) 便与未考虑衰减情况一致。

1.2.4　仿真分析与讨论

正如前文所提到，为了提供足够的强度梯度来产生捕获粒子的声阱力，我们假设仿真的粒子为脂肪细胞，周围介质为水，粒子与周围介质的声阻抗分别为 $1.4 \times 10^6 \mathrm{kg/(m^2 \cdot s)}$ 和 $1.5 \times 10^6 \mathrm{kg/(m^2 \cdot s)}$，并且脂肪中的声速为 1450m/s，水中的声速为 1500m/s。这两种介质声阻抗和声速相近，能够增加声线在粒子中的折射部分，提高声束对粒子产生的梯度力，从而实现声波对粒子的捕获。采用 100MHz 的高斯聚焦超声来进行仿真，即超声的波长 λ 为 15μm，其中超声的波束宽度 ω_0 为 15μm，输出声功率为 1mW。

在声线法近似的理论中，粒子的线度应该远大于声波的波长，在仿真里，粒子的半径 r 从 10λ 到 14λ 不等，即 150～210μm。

为了计算粒子在二维中所受的声辐射压力，首先必须计算所能入射到粒子表面声线的多少，即式 (1.44) 及式 (1.45) 中的积分上下限 $\theta_{\max}, \theta_{\min}$。假设粒子半径 $r = 150$μm，如图 1.9 和图 1.10 所示，其中图 1.9 表示 $\theta_{\max}$ 的大小，图 1.10 表示 $\theta_{\min}$ 的大小。图中列出了两种不同横向初始位置的情况，当 $y_{C1} = 100$μm 时，球心在超声轴线上方，即粒子大部分处于轴线上方；当 $y_{C2} = -100$μm 时，球心在超声轴线下方，即粒子大部分处于轴线下方。可以看出，当粒子球心处于超声轴心右方，即 $z_C > 0$ 时，不考虑角度的正负，y_{C1} 情况下的 $\theta_{\max}$ 小于 y_{C2} 情况下的 $\theta_{\max}$，$\theta_{\min}$ 反之，并且两种情况下的 $\theta_{\max}, \theta_{\min}$ 都为锐角；当粒子球心处于超声轴心左方，即 $z_C > 0$ 时，y_{C1} 情况下的 $\theta_{\max}$ 大于 y_{C2} 情况下的 $\theta_{\max}$，$\theta_{\min}$ 反之，并且 $\theta_{\max}, \theta_{\min}$ 都为钝角。这是由高斯聚焦超声的性质所决定的，当 $z_C > 0$ 时，高斯超声向外发散，当 $z_C < 0$ 时，高斯超声向内收敛。当粒子球心正好处于超声束轴心上，即 $z_C = 0$ 时，两种情况下的 $\theta_{\max}, \theta_{\min}$ 也都为直角。这是因为高斯超声在束腰位置处的波阵面半径为无限大，在 $z_C = 0$ 的声场为平面波。同时，当粒子沿轴向向远场移动时，两种情况下的 $\theta_{\max}, \theta_{\min}$ 也都趋向直角，这是由于高斯超声在远场处的声场也为平面波。如图 1.9 和图 1.10 所示，在超声束轴心两边附近所能够入射在粒子上的声线最多，因此，这附近便是粒子所受散射力及梯度力影响最大的地方，可能产生声辐射压力峰值。

图 1.11 反映了粒子所受轴向声辐射力与粒子轴向初始位置的关系，由图可以看出，粒子绝大多数情况下所受的辐射力为正值，作用于粒子使其沿着超声轴向正向移动，当到达 $z_C = 0.5 \times 10^{-3}$ m 附近，即超声束焦点附近时，粒子所受的辐射力变为负值，将粒子拉向超声轴线负方向，这便形成了一处势阱，使得粒子被捕获在产生负辐射力的位置，从而实现了声学镊子对粒子的轴线捕获。图 1.11 中列出了不同尺寸粒子的受力情况，可以看出，粒子的半径越大，所受负辐射力峰值，即声阱力峰值越大，同时，粒子的尺度越大，形成的声学势阱越宽，即粒子

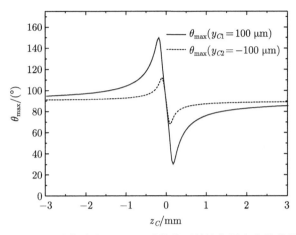

图 1.9 积分角度上限 $\theta_{\max}$ 随着粒子轴线位置变化的曲线

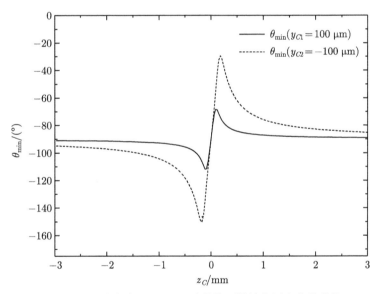

图 1.10 积分角度下限 $\theta_{\min}$ 随着粒子轴线位置变化的曲线

能够在更广阔的范围内被捕获,并且,随着粒子半径的增大,产生的势阱随之向正轴方向移动。图 1.12 反映了在粒子关于超声轴线非对称情况下,所受的横向的声辐射力,其中粒子球心在超声轴线上方 15μm。可以看出,当粒子球心处于 Z 轴正向或者负向的绝大多数情况下,粒子所受的辐射力都为负值,这使得粒子球向着超声轴线方向运动,即向着声场强度较大的地方运动,这与之前粒子会沿着强度梯度方向运动的推论相同;而当粒子正好处于超声轴心附近,即 $z_C = 0$ 附近时,粒子所受的横向辐射力变为正值,将粒子推离轴线位置,这是由于当粒子处于束腰附近时，波阵面为平面波，声线在粒子表面的反射部分相对增大，即产生的散射力相对增加，将粒子推离轴线位置。图 1.12 中列出了不同尺寸粒子的受力情况，可以看出，当粒子的半径逐渐增大时，尽管形成的势阱随之变宽，但是产生的声阱力峰值却随之减小，这与之前粒子所受轴向辐射力的性质相反。同时，将图 1.11 和图 1.12 比较可以发现，粒子在高斯聚焦超声束中，所受的横向声捕获力要远大于所受的轴向声捕获力，这也是实验中光学镊子及声学镊子经常采用横向捕获力来操纵粒子的主要原因。

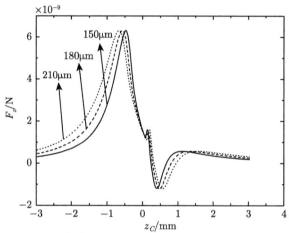

图 1.11　轴向声辐射力与粒子轴向初始位置的关系

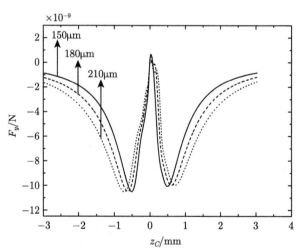

图 1.12　横向声辐射力与粒子轴向初始位置的关系

图 1.13 和图 1.14 分别反映了粒子所受轴向及横向辐射力与粒子横向初始

位置关系。这里选取了粒子的轴向初始位置分别为 $z_C = 0.3$mm, $z_C = 0.4$mm, $z_C = 0.5$mm 的三点来分析所受辐射力与粒子的横向初始位置之间的关系,这三点正是图 1.11 和图 1.12 中的势阱位置,即超声焦点附近。其中粒子半径 $r = 150$μm。如图 1.13 所示,当粒子较靠近超声轴线时 ($y_C < 0.2$mm),粒子所受轴向辐射力均为负值,即均受到声阱力作用。当粒子球心从超声轴线上开始横向往外移动时,粒子在焦点附近所受轴向声阱力先随之增大,在 $y_C = 0.1$mm 附近达到峰值随后逐渐减小。而当粒子逐渐远离超声轴线位置时,在焦点处所受的声辐射力随之增大为正值,这说明当粒子在超声束轴线较远处时,粒子不再受到负向声辐射压力,即超声束在轴向不再能够捕获粒子。当粒子处于横向远场时,粒子在焦点处所受轴向辐射力逐渐趋近于零,由于高斯聚焦超声的性质,这时声场的强度梯度以及声强都很小,粒子仅受到轻微的散射力作用,将粒子推离焦点位置。图 1.14 表示了粒子在焦点位置附近所受横向辐射力与粒子所处的初始横向位置的关系。从图中可以看出,无论粒子距离超声轴线的横向距离为多少,粒子在焦点处所受横向声辐射压力都为负值,这是因为粒子所受梯度力指向声场强度梯度方向,在高斯聚焦超声束中,粒子始终受到指向超声轴向方向的横向辐射力。与图 1.13 情况类似,当粒子距离超声轴线较近时,粒子所受横向声阱力首先逐渐增大到峰值,接着逐渐减小,在远场处逐渐趋近于零,这是由于在距离超声束轴线横向位置较远处,高斯聚焦超声的强度梯度很小,粒子所受梯度力很小。综上所述,当粒子处于 $y_C = 0.1$mm,在超声焦点处所受的轴向及横向声阱力都达到峰值,这时的声捕获效果最为明显;当粒子在超声轴向横向距离很远时,粒子受到超声束的轴向及横向声辐射压力均趋近于零,不能实现声捕获现象。

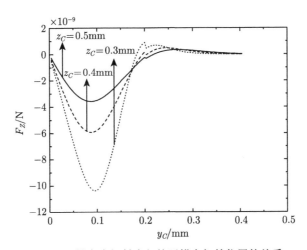

图 1.13　轴向声辐射力与粒子横向初始位置的关系

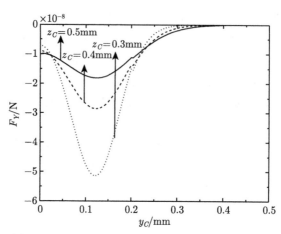

图 1.14　横向声辐射力与粒子横向初始位置的关系

　　本节仿真所采用的粒子为脂肪颗粒，在 100MHz 的超声条件下，其衰减系数为 150dB/cm。如图 1.15 所示，虚线描述了未考虑衰减情况下，粒子所受的轴向声辐射压力，而实线表示了考虑超声在粒子内部的衰减之后，粒子的受力情况。可以看出，当考虑衰减时，粒子所受轴向辐射力的正方向峰值，较未考虑衰减情况有所减小，但是其中最重要的部分，粒子所受的声阱力峰值及声势阱宽度，与未考虑衰减情况几乎都没有差异，这与我们想象中的衰减会导致能量的耗散，从而降低声学镊子操纵和捕获微粒的性能这一想法相违背。这是由于，当超声声线在粒子内部发生衰减时，沿声线传播方向的散射力部分与沿强度梯度方向的梯度力部分都有着一定的衰减，散射力将粒子推离焦点，梯度力将粒子拉向焦点，粒子所受轴向辐射力的正方向峰值由散射力决定，从而随之发生了一定的衰减；而轴向的声阱力主要由梯度力和散射力共同作用，从而衰减对声阱力的大小影响不大。但是，这一现象也仅存在于当衰减因子较小的情况下，若声波在粒子内部的衰减系数过大，则声波的强度梯度衰减得更加严重，从而对粒子所受梯度力产生影响，减小了声阱力峰值。图 1.16 比较了考虑声波在粒子内部衰减前后所受横向声辐射力的情况。如图可见：当考虑衰减之后，粒子所受横向辐射力的正值部分，较未考虑衰减的情况没有太大变化，但是粒子所受声阱力峰值及声势阱宽度较之都有了一定的减小，这与粒子所受轴向力的情况也正好相反。这是由于粒子所受横向力是由声辐射压力中的梯度力分量 F_g 决定，而与散射力分量 F_s 无关，所以，当考虑衰减之后，沿强度梯度方向的梯度力部分有着一定的衰减，从而粒子所受声阱力峰值随之减小。同时，由图 1.16 还可以看出，当粒子处于超声轴心，即 $z_C = 0$ 两边时，受到的横向声辐射压力都为负值，使粒子向着超声强度较大方向运动，显然 $z_C < 0$ 附近所受的声阱力峰值，比 $z_C > 0$ 附近所受的声阱力峰值要大。这是由于，当球心在轴心左方时，超声束呈聚焦状，而在轴心右方时；超声束呈发散状。如图 1.16 所示，聚焦情况的积分上下限要比发散情况下的大，从而导致高斯超声在聚焦情况下对粒子产生的声阱力更大。这也是在实际应用中，当光镊和声镊在实现粒子的横向移动时，采用声束聚焦部分的原因。

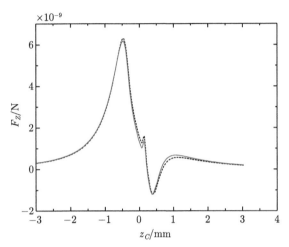

图 1.15　考虑粒子内部声衰减对轴向声辐射力的影响

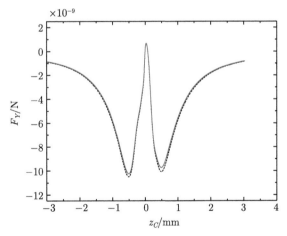

图 1.16　考虑粒子内部声衰减对横向声辐射力的影响

1.3　基于声线法研究高斯行波对双层球形粒子的声辐射力

1.2 节介绍了高斯声场对单层球的辐射力作用，但在生物医学工程和材料科学领域，多层球的模型则更有实际应用价值。例如，对细胞粒子进行操控和分离从而进行医学研究和实验 [19–21]，细胞分为细胞质、细胞膜等，而这几层细胞的结构和声学特性是不一样的，显然采用多层球的声辐射力模型将更加实用；又例如在药物输送的应用中 [22–25]，利用聚苯乙烯的微球壳内填充液体的药物，使用声辐射对微球进行有效的操控，使得球壳准确地在患处破裂并用药。

已有一些基于声散射理论的双层球的声辐射力模型 [26–30]，这将在第 5 章进行介绍。本节将着重聚焦于高频超声场对双层球形粒子的辐射力求解，详细介绍声线法近似基础上的声辐射力模型 [31]，对结果进行仿真并分析球壳厚度、各层介质声阻抗及声速对最终产生的声辐射力以及声捕获力的影响。其结果为细胞操控等生物医学应用提供了理论解决方法，并且该结论可拓展至多层球及更复杂的结构模型。

1.3.1　双层球形粒子中的声线追踪及分类

图 1.17 和图 1.18 描绘了一束声线入射在对称双层球上的示意图，其中 R_c 和 r_c 分别为外侧球和内侧球的半径，z_c 是球的轴向坐标。c_2 和 c_3 分别是超声在外侧球和内侧球中传播的纵波速度。c_1 是超声在微球周围介质中传播的速度。我们假设外侧球壳为边界 M，内侧球壳为边界 N。θ 为入射声线和粒子交点与球心 c 的连线和 Z 轴的夹角，θ_1 和 θ_2 分别为声线入射在外侧球壳上的入射角和折射角，y 和 z 分别为纵坐标和横坐标。

从图中不难发现，当一束声线入射在微球上，$\theta_1 \geqslant \arcsin\left[(c_1/c_2)(r_c/R_c)\right]$ 时，也就如图 1.17 所示，当声线在边界 M 处发生折射后，不会入射在内侧球之中，由于双层球是完全对称的，所以这种情况下，声线将永远不会入射在内侧球上，只会在外侧球壳上不停地发生反射和折射，直到所有的能量都折射出球或者衰减殆尽。

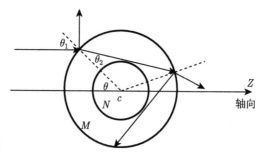

图 1.17　声线入射在对称双层球示意图 $\left(\theta_1 \geqslant \arcsin\left[(c_1/c_2)(r_c/R_c)\right]\right)$

我们这里注意到，在这种情况下，声波对双层球外侧部分的辐射力的贡献分量 F_{z1}，与 1.2 节讨论的内容相似 [32]。

由式 (1.9) 和式 (1.10) 可以得到

$$F_{z1} = \frac{P_0}{c_1} \int_{\theta_{\min}}^{\theta_{\max}} \frac{R_c^2}{w^2(z)} \exp\left[\frac{-2y^2}{w^2(z)}\right] H(\theta)\, \mathrm{d}\theta \tag{1.50}$$

其中，

$$H(\theta) = \cos\theta_1 \cdot \sin\theta \cdot \left\{ \cos(\theta_1 - \theta) + R_1\cos(\theta_1 + \theta) \right.$$
$$\left. - \frac{T_1^2\left[\cos(\theta_1 + \theta - 2\theta_2) + R_1 G\cos(\theta_1 + \theta)\right]}{1 + R_1^2 G^2 + 2R_1 G\cos 2\theta_2} \right\} \tag{1.51}$$

$$R_1 = \left| \frac{Z_2/\cos\theta_2 - Z_1/\cos\theta_1}{Z_2/\cos\theta_2 + Z_1/\cos\theta_1} \right|^2 \tag{1.52}$$

$$T_1 = 1 - R_1 \tag{1.53}$$

$$G = 10^{-0.2 R_c \cos\theta_2 \alpha_1} \tag{1.54}$$

$\theta_{\max}$ 的计算见式 (1.42)

$$\theta_{\min} = \theta_1 - \arcsin\left(\frac{R_c\sin\theta}{z_c\left[1 + (\pi w_0^2/\lambda z_c)^2\right]} \right)$$
$$= \arcsin\left[(c_1/c_2)(r_c/R_c)\right] - \arcsin\left(\frac{R_c\sin\theta}{z_c\left[1 + (\pi w_0^2/\lambda z_c)^2\right]} \right) \tag{1.55}$$

式中 R_1，T_1 分别为外侧球壳 M 的能量反射系数及折射系数；Z_1，Z_2 分别为周围介质与外侧球中的声阻抗；G 是一个与外侧球衰减系数 α_1 有关的无量纲衰减因子。

而当入射角满足 $\theta_1 < \arcsin\left[(c_1/c_2)(r_c/R_c)\right]$ 的情况时，当入射声线在界面 M 折射进入外侧球之后，声线将会传播到内侧球表面 N 处，并再次发生一系列复杂的反射和折射，如图 1.18 所示。

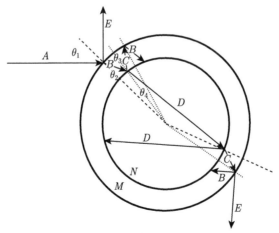

图 1.18　声线入射在对称双层球示意图 ($\theta_1 < \arcsin\left[(c_1/c_2)(r_c/R_c)\right]$)

　　我们这里将所有的声射线进行定义和归纳,以便之后进行分类计算。如图 1.18 所示,我们将所有从微球周围介质入射至边界 M 的声线定义为声线 A,由边界 M 入射至边界 N 的声线定义为声线 B,由边界 N 反射至边界 M 的声线定义为声线 C,在内侧球中传播的由边界 N 入射至边界 N 的声线定义为声线 D,最后将从边界 M 处出射至周围介质的声线定义为声线 E。这样我们发现所有的声线都已归类完毕。

　　通过射线追踪法,我们列出了一组树状结构图用于说明声线之间的关系,如图 1.19 所示。考虑衰减的情况下,一部分能量在粒子内部被吸收,剩下的能量将一直持续向声线的子集传播,直到所有能量通过声线 E 传播到球外。

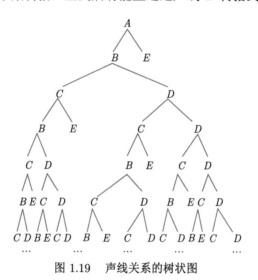

图 1.19　声线关系的树状图

　　通过观察和追踪所有声线在球内部的反射和折射,我们可以得出,所有的声能量都通过声线 A 传播给微球,而最后能量通过声线 E 传播出去或者在粒子内部衰减。因此在粒子内部传播的声线 B,C,D 对粒子受到的辐射力是不做贡献的,我们只需要考虑声线 A 和 E 之间的关系。

　　当声线入射在双层球外侧界面 M 或内侧界面 N 处后,发生折射或者反射,此时新的折射或反射声线与入射声线相比,角度和相对能量都会发生改变。表 1.1 列出了新产生的声线与原始声线相比,角度发生的变化 (以顺时针方向为正) 和能量发生的变化 (与入射声线相比的相对能量)。如图 1.18 所示,θ_3 和 θ_4 分别是在界面 N 处的入射角和反射角,R_2 和 T_2 是内侧球壳 N 的能量反射系数及折射系数,G_1 和 G_2 分别是一个外侧球和内侧球的无量纲衰减因子,将在后边部分进行介绍。

　　由于我们只考虑声线 A 和声线 E 之间的关系,我们这里将声线 E 再次进行归类，如图 1.20 所示，声线 E 将在粒子内部发生数次反射和折射后射出粒子外表面 M，我们设声线在边界 N 的外表面发生了 i 次反射，在边界 N 的外表面发生了 j 次折射，在边界 N 的内表面发生了 k 次反射，我们将声线 E 归类为 P_{ijk}，这样所有的出射声线 E 便得到了归类。

表 1.1　声线入射在界面处发生的角度及能量变化关系

类别	偏转角	相对能量
$A \to B$	$\theta_1 - \theta_2$	T_1
$A \to E$	$\pi + 2\theta_1$	R_1
$B \to C$	$-\pi + 2\theta_3$	$R_2 G_1$
$C \to B$	$-\pi - 2\theta_2$	$R_1 G_1$
$C \to E$	$-\theta_1 - \theta_2$	$T_1 G_1$
$B \to D$	$\theta_3 - \theta_4$	$T_2 G_1$
$D \to C$	$-\theta_3 - \theta_4$	$T_2 G_2$
$D \to D$	$-\pi - 2\theta_4$	$R_2 G_2$

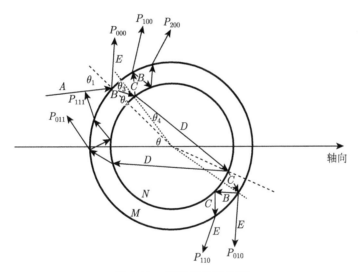

图 1.20　声线归类示意图

同样，我们将出射声线 E 和入射声线 A 间的相对能量定义为 τ_{ijk}，相对角度定义为 β_{ijk}。通过对表 1.1 的总结和归纳，我们得出

$$
\left.
\begin{aligned}
\tau_{ijk} &= T_1 \times (G_1 R_2)^i \times (G_1 R_1)^{i+j-1} \\
&\quad \times \left(T_2^2 G_1 G_2\right)^j \times (R_2 G_2)^k \times G_1 T_1 \\
\beta_{ijk} &= (\theta_1 - \theta_2) + i\,(\pi + 2\theta_3) \\
&\quad + (i+j-1)\,(\pi - 2\theta_2) + j\,(2\theta_3 - 2\theta_4) \\
&\quad + k\,(\pi - 2\theta_4) + (\theta_1 - \theta_2)
\end{aligned}
\right\}
\quad i,j,k = 0,1,2,3,\cdots \quad (1.56)
$$

其中，

$$R_2 = \left| \frac{Z_3/\cos\theta_4 - Z_2/\cos\theta_3}{Z_3/\cos\theta_4 + Z_2/\cos\theta_3} \right|^2 \tag{1.57}$$

$$T_2 = 1 - R_2 \tag{1.58}$$

$$\theta_2 = \arcsin\left[(c_2/c_1)\cdot\sin\theta_1\right] \tag{1.59}$$

$$\theta_3 = \arcsin\left[(R_c/r_c)\cdot\sin\theta_2\right] \tag{1.60}$$

$$\theta_4 = \arcsin\left[(c_3/c_2)\cdot\sin\theta_3\right] \tag{1.61}$$

Z_3 是内侧球的声阻抗。

$$\begin{cases} \tau_{000} = R_1 \\ \beta_{000} = \pi + 2\theta_1 \end{cases} \tag{1.62}$$

$$\tau_{i0k} = 0 \quad (i \neq 0, k \neq 0) \tag{1.63}$$

另外，当声线在界面 N 的外侧没有发生折射，即声线没有入射进粒子球内部时，在界面 N 的内侧就不存在声线的反射。

综上所述，由双层球内侧贡献的轴向声辐射力部分 F_{z2} 为

$$F_{z2} = \frac{P_0}{c_1} \int_0^{\theta_{\min}} \frac{R_c^2}{w(z)^2} \exp\left[\frac{-2y^2}{w(z)^2}\right] H'(\theta)\,\mathrm{d}\theta \tag{1.64}$$

其中，

$$H'(\theta) = \cos\theta_1\cdot\sin\theta\cdot\left\{\cos(\theta_1-\theta) - \sum_{i=0}^\infty\sum_{j=0}^\infty\sum_{k=0}^\infty\left[\tau_{ijk}\cdot\cos(\beta_{ijk}+\theta-\theta_1)\right]\right\} \tag{1.65}$$

1.3.2　考虑衰减情况下的声辐射力

与之前计算粒子内部的衰减类似，无量纲衰减因子 G_1 和 G_2 分别与外侧球和内侧球的衰减因子 α_1 和 α_2 有关

$$G_1 = 10^{-0.1L_1\alpha_1} \tag{1.66}$$

$$G_2 = 10^{-0.1L_2\alpha_2} \tag{1.67}$$

其中，

$$L_1 = R_c\cdot\cos\theta_2 - \sqrt{r_c^2 - (R_c\sin\theta_2)^2} \tag{1.68}$$

$$L_2 = 2r_c\cos\theta_4 \tag{1.69}$$

L_1 和 L_2 分别表示声线在粒子外侧和内侧中传播的距离, 如图 1.21 所示。

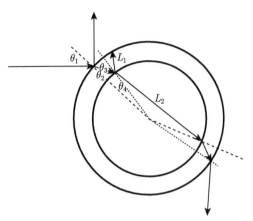

图 1.21   粒子中衰减的示意图

而高频超声在周围介质中的衰减将更会影响声辐射力的作用, 因此就聚焦超声而言, 焦点位置应该尽可能地靠近换能器表面, 也就是需求更小的 F 数 (聚焦换能器的焦距与直径之比) 来提供更近的焦点, 因此尽量选择大张角聚焦换能器来避免或减小衰减的作用。如图 1.22 所示, L_w 为从换能器表面出发的声线到粒子外侧表面的距离, 换能器的几何焦距, 也就是换能器表面和原点 O 的距离为 l, 因此周围介质 (水) 中的无量纲衰减因子 G_w 为

$$G_w = 10^{-0.1L\alpha} \tag{1.70}$$

$$L_w = \left| \overrightarrow{BP} \right|$$
$$= \sqrt{\left[(z_c - R_c \cos\theta) - l \right]^2 + \left[R_c \sin\theta - (l\tan\varphi + R_c\sin\theta - \tan\varphi(z_c - R_c\cos\theta)) \right]^2} \tag{1.71}$$

其中,

$$\varphi = \angle PAC = \arcsin\left(R_c \sin\theta/\eta\right) \tag{1.72}$$

$$\eta = \left| \overrightarrow{AP} \right| = z_p \left[1 + \left((\pi w_0^2)/\lambda z_p \right)^2 \right] \tag{1.73}$$

$$z_p = z_c - R_c \cos\theta \tag{1.74}$$

换能器表面和原点 O 的距离为 l。

因此

$$P = P_0 \cdot G_w \tag{1.75}$$

P 是指声波在经过周围介质的吸收，衰减后到达粒子表面的功率。

综上所述，由式 (1.70)~ 式 (1.75)，我们得出高斯聚焦超声对均匀对称双层球产生的声辐射力为

$$
F_z = \frac{1}{c_1} \left\{ \int_{\theta_{\min}}^{\theta_{\max}} \frac{R_c^2}{\omega (z)^2} \exp \left[\frac{-2y^2}{\omega (z)^2} \right] H (\theta) \cdot P \mathrm{d}\theta \right.
$$
$$
\left. + \int_0^{\theta_{\min}} \frac{R_c^2}{\omega (z)^2} \exp \left[\frac{-2y^2}{\omega (z)^2} \right] H' (\theta) \cdot P \mathrm{d}\theta \right\} \tag{1.76}
$$

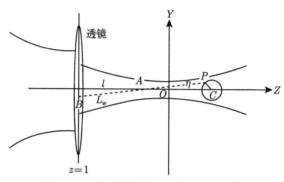

图 1.22　粒子周围介质中衰减的示意图

1.3.3　仿真分析与讨论

表 1.2 列出了本节仿真所要用的各种材料的声学性质，这里我们采用 100MHz 的高频聚焦超声来进行仿真计算，也就是说超声在水中的波长为 15μm，为了满足声线法的使用条件，粒子的尺度应该远大于声波的波长，因此我们选择外侧球半径为 150μm 的粒子用于仿真。超声的输出功率为 100mW。

表 1.2　各种材料的声学性质

材料	声阻抗/($\times 10^6$kg/(m²·s))	100MHz 时的声衰减系数 /(dB/cm)	纵波声速/(m/s)
水	1.5	20	1500
脂肪	1.4	150	1450
动物油脂	1.32	120	1400
低密度聚乙烯 (LDPE)	1.57	450	1745
空气	0.00043	966	340

首先我们假设双层粒子的外侧为脂肪，内侧填充为动物油脂，粒子周围介质为水。我们利用这个简单模型来模拟在人体组织中的大细胞。图 1.23 描绘了脂肪球壳中填充动物油脂粒子所受声辐射力。当 $r_c/R_c = 0$，也就是内侧球半径为零

的情况, 仿真曲线与之前的单层球所受轴向声辐射力模型曲线相似[32](图 1.11)。当内侧球的半径从零开始不断增大时, 背向辐射力 (即有可能产生声势阱位置处的捕获力) 不断减小, 当内侧球半径增大到某一定值时, 声捕获力甚至消失, 从负值变为正值, 而同时, 正向的声辐射力也随之不断变大。这表示此时粒子将不再能够被轴向捕获。原因是内侧球对声辐射力的贡献部分不断增大而产生更大的散射力, 我们之前在 1.2 节说过, 更大的散射力将导致更大的正向的声辐射力, 这将在之后的图 1.26 中深入讨论。

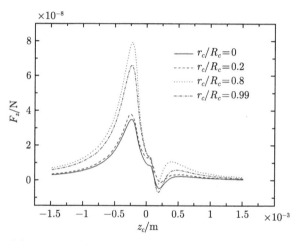

图 1.23 脂肪球壳中填充动物油脂粒子所受声辐射力

然而, 随着内侧球半径的进一步增大, 背向声辐射力的峰值由开始出现, 变化到甚至出现了比单层球更大的负向声辐射力, 特别是在薄球壳的仿真图中 ($r_c/R_c = 0.99$)。内侧球的动物油脂中的声速比水中和脂肪中的声速更低, 导致了更大的梯度力, 使得粒子相比脂肪球的情况, 受到更大的轴向捕获力。而此时, 内侧球的半径接近于外侧球半径, 外侧球壳对整体声辐射力的贡献极少, 这便导致了在薄球壳情况下的更大的背向辐射力。

我们仿真了脂肪球壳内填充水的双层球所受轴向声辐射力, 如图 1.24 所示, 与图 1.23 类似, 当 $r_c/R_c = 0$, 也就是内侧球半径为零的情况时, 粒子所受声辐射力与单层球的情况一致。接着, 随着内侧球半径的逐渐增大, 粒子所受的背向辐射力随之减小。同时, 当 $r_c/R_c = 0.8$ 时, 双层球所受的声辐射力曲线出现了两个峰值, 分别位于聚焦超声的左侧和右侧。这是因为内侧球有着比外侧球更大的声速, 这便导致了声波在内侧球表面更高的反射系数, 从而提供了对内侧球更大的散射力[19], 进而将双层球粒子沿着声波传播方向推动而无法产生声势阱。当内侧球的半径进一步增大, 内侧球反射系数逐渐减小 (这将在之后的图 1.27 进行分析) 时，双层球粒子所受的声辐射力将不断减小并且趋近于零。

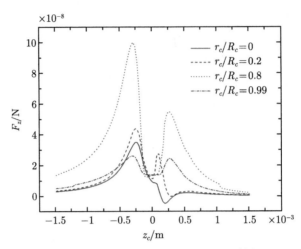

图 1.24 脂肪球壳中填充水所受声辐射力

声辐射力的重要应用是药物输送，是利用聚苯乙烯微球壳内填充液体药物，再通过声波的指向引导作用输送至固定患处。我们这里仿真了低密度聚苯乙烯 (LDPE) 球壳内填充水的双层球粒子所受声辐射力，如图 1.25 所示。由于 LDPE 球壳有着比周围介质 (水) 更大的声速，粒子所受到的背向辐射力出现在超声焦点位置的左侧，这意味着高斯聚焦超声对 LDPE 球壳粒子产生的声势阱是处于高斯声波的发散部分而不是聚焦部分[33]。同时，当 $r_c/R_c = 0$ 时，与之前的几个例子

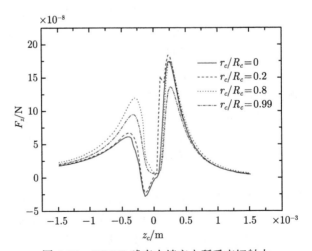

图 1.25 LDPE 球壳中填充水所受声辐射力

相比, 由于 LDPE 球壳与粒子周围介质有着更大的声阻抗差异, 超声对于粒子产生了更大的声辐射力。随着内侧球半径的不断增大, 粒子所受的背向辐射力不断减小, 直到消失。在内侧球半径不断增大, 趋向薄球壳的情况下, 正向的辐射力也不断地减小。这与图 1.24 的情况类似。

在图 1.26 和图 1.27 中, 我们描述了背向辐射力的最大值和内侧球半径之间的关系曲线, 分别对应了脂肪球壳填充动物油脂以及 LDPE 球壳填充水的两种双层球模型。从图中可以看出, 在两种情况下, 当球壳不断增大时, 粒子所受最大背向辐射力的绝对值不断减小, 直到变为正值。同时, 差不多当内侧球半径增大至外侧球半径的一半之后, 随着内侧球半径的进一步增大, 图 1.26 中再次出现了负向的声捕获力, 并且在薄球壳的情况下, 粒子所受负向捕获力的最大值大于单层球的情况。同样, 在图 1.27 中也再次出现了背向辐射力增大的情况, 但是图像表示, 在 LDPE 模型中, 粒子所受的背向辐射力远小于之前的粒子, 并且也没有再次达到负值。

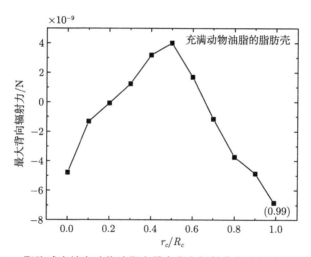

图 1.26　脂肪球壳填充动物油脂中最大背向辐射力与内侧球半径的关系

根据式 (1.57)~ 式 (1.61), 同时满足 $r_c/R_c > \sin\theta_1 \cdot c_1/c_2$ 的条件来保证入射声线能够入射到内侧球上, 我们给出了内侧球反射系数和内侧球半径之间的关系, 如图 1.28 所示。这里声线与外侧球的入射角设为 $\theta_1 = \pi/6$, 其他参数和条件采用之前的仿真参数。

我们发现内侧球的反射系数一开始比较高, 此外, 只要入射声线透过外侧球表面入射到内侧球表面, 也就是图 1.28 中 r_c/R_c 在 0.5 附近时, 内侧球的反射系数都是处于最大值, 这意味着内侧球将受到更大的散射力。这便是 r_c/R_c 在 0.5 附近时, 双层球粒子受到更大的正向辐射力的原因。

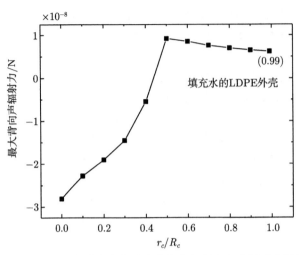

图 1.27　LDPE 球壳填充水中最大背向声辐射力与内侧球半径的关系

此外，我们从图 1.28 可以看出内侧球的反射随着内侧球半径的再次增大而不断降低，导致梯度力开始对声辐射力起主导作用，使得图 1.26 中的负向的声辐射力再次出现。同时，随着内侧球的半径不断增大，外侧球对辐射力的贡献也逐渐减小，这便导致了在脂肪球壳填充动物油脂的双层球模型中外侧球提供更少的梯度力，在 LDPE 球壳填充水的双层球模型中提供更大的梯度力。以上原因解释了图 1.26 和图 1.27 的结果。

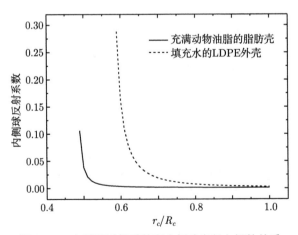

图 1.28　内侧球反射系数和内侧球半径之间的关系

我们还计算了空心 LDPE 球壳的模型，这里 $r_c/R_c = 0.8$，外侧球壳为 LDPE，内侧填充空气。图 1.29 和图 1.30 分别表示外侧球壳和内侧空气对整个粒子所受声辐射力的贡献。由图 1.29 可以看出，外侧球壳贡献的声辐射力产生一个声势阱，由于是薄球壳，外侧球壳所受的声辐射力和捕获力并不多。同时，相比较下，内侧空气受到一个相当大的声辐射力，如图 1.30 所示。然而这个力完全是正向的，将粒子推向声波传播方向。这是由于球壳和内部空气之间巨大的声阻抗差异，几乎没有声能量能够透射过 LDPE–空气层，从而导致了巨大的沿着声波传播方向的散射力。特别是在超声焦点位置，此时超声的波阵面近似于平面波，提供了最大的轴向推力。总地来说，在水中空心 LDPE 球壳模型中，粒子所受的声辐射力很大，且始终为正值。

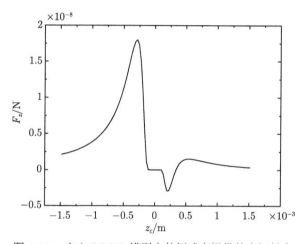

图 1.29 空心 LDPE 模型中外侧球壳提供的声辐射力

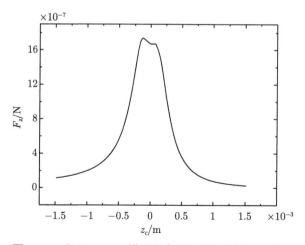

图 1.30 空心 LDPE 模型中内侧空气提供的声辐射力

参 考 文 献

[1] 杜功焕, 朱哲民, 龚秀芬. 声学基础. 2 版. 南京: 南京大学出版社, 2001.

[2] Ashkin A. Forces of a single beam gradient laser trap on a dielectric sphere in the ray optics regime. Biophysical Journal, 1992, 61: 569–582.

[3] Nemoto S, Togo H. Axial force acting on a dielectric sphere in a focused laser beam. Applied Optics, 1998, 37: 6386–6394.

[4] Sidick E, Collins S D, Knoesen A. Trapping forces in a multiple beam fiber-optic trap. Applied Optics, 1997, 36: 6423–6433.

[5] Schut T C B, Hesselink G, de Grooth B G, et al. Experimental and theoretical investigations on the validity of the geometrical optics model for calculating the stability of optical traps. Cytometry, 1991, 12: 479–485.

[6] Lee J W, Ha K L, Shung K K. A theoretical study of the feasibility of acoustical tweezers: Ray acoustics approach. Journal of Acoustical Society of America, 2005, 117: 3273–3280.

[7] Bandres. Ince Gaussian beams. Optics Letters, 2004, 29: 144–146.

[8] Garg A. Classical Electromagnetism in a Nutshell. Princeton, New Jersey: Princeton University Press, 2012.

[9] Wikipedia:"Gaussian beam", Wikipedia. https://en.wikipedia.org/wiki/Gaussianbeam.

[10] Thompson R B, Lopes E F. The effects of focusing and refraction on gaussian ultrasonic beams. Journal of Nondestructive Evaluation, 1984, 10: 107–123.

[11] Wu R R, Liu X Z, Gong X F. A study of the acoustical radiation force considering attenuation. Science China—Physics Mechanics & Astronomy, 2013, 56: 1237–1245.

[12] Lee J W, Shung K K. Radiation forces exerted on arbitrarily located sphere by acoustic tweezer. Journal of Acoustical Society of America, 2006, 120: 1084–1094.

[13] Lee J W, Shung K K. Effect of ultrasonic attenuation on the feasibility of acoustical tweezers. Ultrasound in Medicine & Biology, 2006, 32: 1575–1583.

[14] Kang S T, Yeh C K. Trapping of a Mie sphere by acoustic pulses: Effects of pulse length. IEEE Transactions on Ultrasonics, Ferroelectrics, and Frequency Control, 2013, 60: 1487–1497.

[15] Lee J. Numerical analysis for transverse microbead trapping using 30 MHz focused ultrasound in ray acoustics regime. Ultrasonics, 2014, 54: 11–19.

[16] Wu R R, Liu X Z, Liu J H, et al. Calculation of acoustical radiation force on microsphere by spherically-focused source. Ultrasonics, 2014, 54: 1977–1983.

[17] Wu R R, Cheng K X, Liu X Z, et al. Acoustic radiation force acting on double-layer microsphere placed in a Gaussian focused field. Journal of Applied Physics, 2014, 116: 144903.

[18] Roosen G, Imbert C. Optical levitation by means of two horizontal laser beams: A theoretical and experimental study. Physics Letters, 1976, 59: 6–8.

[19] Lee J W, Lee C Y, Shung K K. Calibration of sound forces in acoustic traps. IEEE Transactions on Ultrasonics, Ferroelectrics, and Frequency Control , 2019, 57: 2305–2310.

[20] Lee J, Lee C, Kim H H, et al. Targeted cell immobilization by ultrasound microbeam. Biotechnology and Bioengineering, 2011, 108: 1643–1650.

[21] Meng L, Cai F Y, Chen J J, et al. Precise and programmable manipulation of microbubbles by two dimensional standing surface acoustic waves. Applied Physics Letters, 2012, 100: 173701.

[22] Brannon-Peppas L. Polymers in controlled drug delivery. Medical lastics and Biomaterials, 1997, 97: 34–45.

[23] Hu Y, Qin S, Jiang Q. Characteristics of acoustic scattering rom a double-layered micro shell for encapsulated drug delivery. IEEE Transactions on Ultrasonics, Ferroelectrics, and Frequency Control, 2004, 51: 809–821.

[24] Jeffers R. Activation of anti-cancer drugs with ultrasound. Journal of Acoustical Society of America, 1995, 98: 2380.

[25] Munshi N, Rapoport N, Pitt W G. Ultrasonic activated drug delivery from Pluronic P-105 micelles. Cancer Letters, 1997, 118: 13–19.

[26] Hasegawa T, Hino Y, Annou A, et al. Acoustic radiation pressure acting on spherical and cylindrical shells. Journal of Acoustical Society of America, 1993, 93: 154–161.

[27] Marston P L. Negative axial radiation forces on solid spheres and shells in a Bessel beam. Journal of Acoustical Society of America, 2017, 122: 3162–3165.

[28] Marston P L. Scattering of a Bessel beam by a sphere: II. Helicoidal case and spherical shell example. Journal of Acoustical Society of America, 2008, 124: 2905–2910.

[29] Mitri F G, Lobo T P, Silva G T. Axial acoustic radiation torque of a Bessel vortex beam on spherical shells. Physical Review E, 2012, 85: 026602.

[30] Azarpyvand M. Application of acoustic Bessel beams for handling of hollow porous spheres. Ultrasound in Medicine and Biology, 2014, 40: 422–433.

[31] Wu R R, Cheng K X, Liu X Z, et al. Acoustic radiation force acting on double-layer microsphere placed in a Gaussian focused field. Journal of Applied Physics, 2014, 116: 144903.

[32] Wu R R, Liu X Z, Gong X F. A study of the acoustical radiation force considering attenuation. Science China—Physics Mechanics & Astronomy, 2013, 56: 1237–1245.

[33] Thompson P B, Lopes E F. The effects of focusing and refraction on Gaussian ultrasonic beams. Journal of Nondestructive Evaluation, 1984, 4: 107–123.

第 2 章　基于声线法研究球面聚焦超声对球形粒子的声辐射力

凹球面聚焦换能器 [1,2] 在生物医学超声领域有着重要的应用, 比如利用高强度聚焦超声 (high intensity focused ultrasound, HIFU) 的热效应治疗肿瘤 [3], 相控阵聚焦换能器的应用 [4], 声波的空化作用 [5] 等。本章以理想球面聚焦换能器为模型, 利用声线法近似, 计算水中球形粒子在高频聚焦声场中所受的三维声辐射力; 详细推导三维辐射力计算模型, 研究各项参数对辐射力的影响, 并给出球面聚焦声场对微粒产生的三维声势阱位置。这为球面聚焦换能器在声捕获方面的应用提供了理论基础。

2.1　理　论　方　法

2.1.1　球面聚焦声场对球形粒子的声辐射力

与第 1 章介绍的声线法的理论部分类似, 声辐射力由两部分组成 [6-9], 一部分是沿着声波传播方向的散射力, 它由声波的反射所引起, 大小正比于声强; 另一部分是梯度力, 它的方向为声强梯度方向, 与声场的能量梯度有关, 指向声场强度最大处。

作为近似计算, 我们假设凹球面聚焦声场为理想声源, 即超声聚焦焦点为完美的一个点。如图 2.1 所示, 声场聚焦于点 F, 换能器的几何焦距为 l, 换能器的孔径半径为 $r_{\max}$, 换能器的功率为 P。

显然可以知道, 每条声线的声功率为 [9]

$$\mathrm{d}P_0 = \left(P/\pi r_{\max}^2\right) r\mathrm{d}\varphi\mathrm{d}r \tag{2.1}$$

如图 2.1 所示建立直角坐标系, 点 $A\left(r\cos\varphi, r\sin\varphi, 0\right)$ 为球面聚焦换能器表面上入射处的声线与 $z = 0$ 的 X-Y 平面的交点, R_c 为球形粒子的半径, 点 $C\left(a,b,c\right)$ 为粒子中心坐标, 点 $F\left(0,0,l\right)$ 为声场的焦点位置, 点 $M\left(x,y,z\right)$ 为入射声线和球形粒子的交点坐标, 由空间几何关系可以得到以下关系式

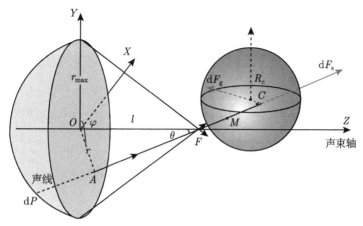

图 2.1   球面聚焦超声对球形粒子的声辐射力示意图

$$\begin{cases} \dfrac{x}{r\cos\varphi} = \dfrac{y}{r\sin\varphi} = \dfrac{z-l}{-l} \\ (x-a)^2 + (y-b)^2 + (z-c)^2 = R_c^2 \\ \dfrac{\left| ar\sin\varphi + b\left(l - r\cos\varphi\right) + cr\sin\varphi - lr\sin\varphi \right|}{\sqrt{\left(r\sin\varphi\right)^2 + \left(l - r\cos\varphi\right)^2 + \left(r\sin\varphi\right)^2}} < R_c \end{cases} \tag{2.2}$$

通过式 (2.2)，解出方程最小值 z，即可得到球面上的交点坐标 $M\left(x_m, y_m, z_m\right)$。

由于选用高频聚焦超声 (100MHz)，水中的衰减将不能忽视，根据第 1 章的推导，不难得到，经过水的衰减后，入射在粒子表面上的声线的能量为

$$\mathrm{d}P = \frac{\mathrm{d}P_0}{10^{\frac{\alpha' \cdot l_m}{10}}} \tag{2.3}$$

其中，

$$l_m = |\overrightarrow{AM}| = \sqrt{\left(x_m - r\cos\varphi\right)^2 + \left(y_m - r\sin\varphi\right)^2 + z_m^2} \tag{2.4}$$

α' 是水中的衰减系数；l_m 是各条声线在水中的传播距离。

通过几何关系，我们可以得到，$\overrightarrow{CM}$ 和 $\overrightarrow{AF}$ 之间的夹角 (锐角)，也就是声线在球面上的入射角应该满足以下方程：

$$\begin{aligned}
&\cos\left(\pi - \theta_i\right) \text{ 或 } \cos\theta_i \\
&= \frac{\overrightarrow{FA} \times \overrightarrow{CM}}{\left|\overrightarrow{FA}\right| \cdot \left|\overrightarrow{CM}\right|} \\
&= \frac{r\cos\varphi\left(x_m - a\right) + r\sin\varphi\left(y_m - b\right) - l\left(z_m - c\right)}{\sqrt{r^2\cos^2\varphi + r^2\sin^2\varphi + l^2} \cdot \sqrt{\left(x_m - a\right)^2 + \left(y_m - b\right)^2 + \left(z_m - c\right)^2}}
\end{aligned} \tag{2.5}$$

2.1.2 散射力和梯度力矢量的计算

声波对粒子的散射力沿着声波传播方向，也就是图 2.1 中的 $\overrightarrow{AF}$。

设 $\mathrm{d}\boldsymbol{F}_\mathrm{s}$ 为粒子所受辐射力的散射力分量，方向与入射声线的方向相同，如图 2.2 所示，$\mathrm{d}\boldsymbol{F}_\mathrm{s}$ 应满足

$$\mathrm{d}F_{sz} = \mathrm{d}F_\mathrm{s}\cos\theta, \quad \mathrm{d}F_{sx} = -\mathrm{d}F_\mathrm{s}\sin\theta\sin\varphi, \quad \mathrm{d}F_{sy} = -\mathrm{d}F_\mathrm{s}\sin\theta\cos\varphi \quad (2.6)$$

其中，$\theta = \arctan\dfrac{r}{l}$。

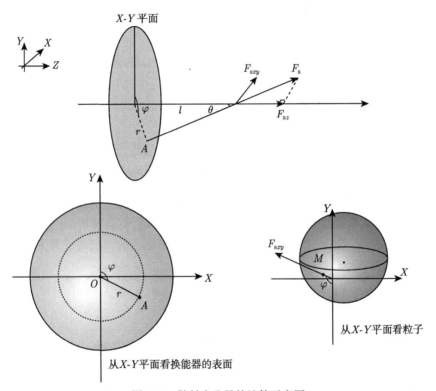

图 2.2   散射力分量的计算示意图

同时梯度力的方向为声强梯度方向，与声线的传播方向垂直，并且指向粒子球的中心位置。

设 $\mathrm{d}\boldsymbol{F}_\mathrm{g}$ 为粒子所受散射力的散射力分量，如图 2.3 所示，为了求解散射力分量，我们先假设一个平面 S，与入射声线 $\overrightarrow{AF}$ 垂直，并且通过粒子的中心 C 点，由空间几何关系，平面 S 的方程为

$$r\cos\phi(x - a) + r\sin(y - b) - l(z - l) = 0 \quad (2.7)$$

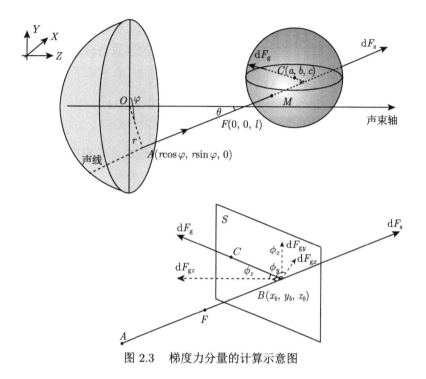

图 2.3　梯度力分量的计算示意图

而 $\overrightarrow{AF}$ 与平面 S 的交点 $B\left(x_b, y_b, z_b\right)$ 应该满足

$$\begin{cases} r\cos\varphi\,(x-a)+r\sin\varphi\,(y-b)-l\,(z-l)=0 \\ xr\sin\varphi-yr\cos\varphi=0 \\ yl+(z-l)\,r\sin\varphi=0 \end{cases} \tag{2.8}$$

同时，$\overrightarrow{BC}$ 与轴线 X 的方向余弦

$$\cos\phi_x=\frac{a-x_b}{\left|\overrightarrow{BC}\right|}=\frac{a-x_b}{\sqrt{\left(a-x_b\right)^2+\left(b-y_b\right)^2+\left(c-z_b\right)^2}} \tag{2.9}$$

$\overrightarrow{BC}$ 与轴线 Y 的方向余弦

$$\cos\phi_y=\frac{b-y_b}{\left|\overrightarrow{BC}\right|}=\frac{b-y_b}{\sqrt{\left(a-x_b\right)^2+\left(b-y_b\right)^2+\left(c-z_b\right)^2}} \tag{2.10}$$

$\overrightarrow{BC}$ 与轴线 Z 的方向余弦

$$\cos\phi_z=\frac{c-z_b}{\left|\overrightarrow{BC}\right|}=\frac{c-z_b}{\sqrt{\left(a-x_b\right)^2+\left(b-y_b\right)^2+\left(c-z_b\right)^2}} \tag{2.11}$$

综上所述，可以得到

$$dF_{gz} = dF_g \cos\phi_z, \quad dF_{gx} = dF_g \cos\phi_x, \quad dF_{gy} = dF_g \cos\phi_y \qquad (2.12)$$

因此，我们便得到每一条声线对粒子球在三维的辐射力分量：

$$
\begin{aligned}
dF_z &= dF_s \cos\theta + dF_g \cos\phi_z \\
dF_x &= -dF_s \sin\theta \sin\varphi + dF_g \cos\phi_x \\
dF_y &= -dF_s \sin\theta \cos\varphi + dF_g \cos\phi_y
\end{aligned}
\qquad (2.13)
$$

结合式 (2.6), 式 (2.12) 和式 (2.13)，我们得到球面聚焦超声对球形粒子的三维辐射力

$$F_z = \int_0^{2\pi}\int_0^{r_{\max}} dF_z, \quad F_x = \int_0^{2\pi}\int_0^{r_{\max}} dF_x, \quad F_y = \int_0^{2\pi}\int_0^{r_{\max}} dF_y \qquad (2.14)$$

2.1.3　空心聚焦声束对球形粒子的声辐射力

在生物医学超声中，在球面聚焦换能器中心处开口，可以应用于 HIFU 的治疗和超声的检测等应用范畴，图 2.4 描绘了空心聚焦超声对球形粒子的声辐射力示意图。

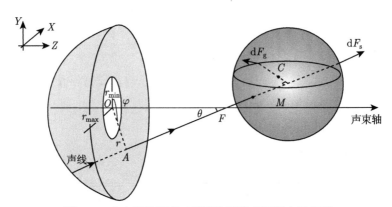

图 2.4　空心聚焦超声对球形粒子的声辐射力示意图

超声换能器的孔径半径为 $r_{\max}$，在其中心位置开一个半径为 $r_{\min}$ 的圆孔。不难得出，为了保证与之前的球面聚焦声场有着同样的声功率密度，此时每一束声线的功率为 $dP_0 = \left(P/\pi r_{\max}^2\right) r d\varphi dr$。

因此，此时空心聚焦声场对球形粒子的声辐射力为

$$F_z = \int_0^{2\pi}\int_{r_{\min}}^{r_{\max}} dF_z, \quad F_x = \int_0^{2\pi}\int_{r_{\min}}^{r_{\max}} dF_x, \quad F_y = \int_0^{2\pi}\int_{r_{\min}}^{r_{\max}} dF_y \qquad (2.15)$$

2.2 仿真分析与讨论

为了提供足够的声能量来产生所需要的声捕获力，我们选用脂肪微球来进行仿真，同时，周围的介质我们选用水，用于保证更多的声能量折射而非反射。粒子和周围介质的声阻抗分别为 $1.4 \times 10^6 \mathrm{kg}/(\mathrm{m}^2 \cdot \mathrm{s})$ 和 $1.5 \times 10^6 \mathrm{kg}/(\mathrm{m}^2 \cdot \mathrm{s})$，粒子和水中的声速分别为 1450 m/s 和 1500 m/s。在仿真中，我们假设聚焦换能器的输出功率为 100mW，频率为 100MHz，也就是说超声在水中的波长为 15μm。为了保证声线法近似理论的成立，我们选用粒子半径为超过 10 倍声波的波长，即 150μm。100MHz 的超声在水中和粒子中的声衰减系数分别为 20 dB/cm 和 150 dB/cm。我们利用 100MHz 的两种换能器参数进行仿真，其开孔尺寸为 0.635cm，焦距长度分别为 0.508cm 和 0.635cm。

如图 2.5 和图 2.6，设聚焦超声的焦点位置为原点，超声的焦距为 0.508cm。横坐标 z_c 表示原点和粒子中心点之间的轴向距离，范围从 -1×10^{-6}m 至 1×10^{-6}m，此时粒子中心点与 Z 轴的横向距离为 30×10^{-5}m。从图 2.5 和图 2.6 中可以清楚地看出，粒子所受的横向声辐射力，也就是 F_x 和 F_y 均为负值，这说明超声对粒子的横向力始终将粒子推向超声轴线位置，而负向捕获力在焦点位置，也就是 $z_c = 0$ 处达到峰值。而对于超声对粒子的轴向声辐射力 F_z 来说，当粒子在超声焦点的左侧时，轴向声辐射力为正值，沿着 Z 轴方向，而当粒子在超声焦点的右侧时，轴向声辐射力为负值。当粒子在超声焦点位置附近时，$F_z = 0$，这说明粒子将被稳定地捕获在超声焦点附近，此时便产生声势阱。此外，横向声辐射力 (F_x, F_y) 和轴向声辐射力 (F_z) 随着粒子的增大而增大，表明粒子越大则其受到的声辐射力越大，也越容易被捕获。同时，由于声捕获力与粒子的重力以及周围介质对粒子的

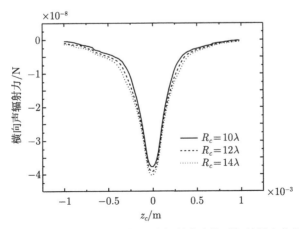

图 2.5　不同粒子半径情况下，横向声辐射力和粒子初始轴向位置的关系

黏滞力相比更大,所以,球面聚焦声场对粒子的捕获和操纵是可行并有效的。除此之外,我们还可以从图 2.5 和图 2.6 中看出,横向的捕获力要远大于轴向的捕获力,这也说明了对微粒的横向捕获将更容易,也是目前单波束声镊采用横向捕获的原因 [10-13]。

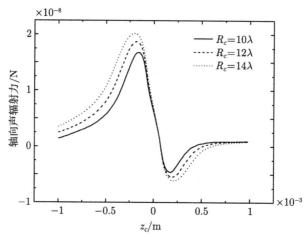

图 2.6 不同粒子半径情况下,轴向声辐射力和粒子初始轴向位置的关系

如图 2.7 和图 2.8 所示,粒子中心点与 Z 轴的横向距离为 3×10^{-5}m。当聚焦超声的焦距长度变大,或者说是超声换能器有着更小的张角时,横向和轴向声辐射力都明显地减小。此时由小张角聚焦换能器所导致更大的焦距,使得声能量在粒子周围介质的衰减更大,从而使得超声对粒子的捕获将更难以实现。因此超

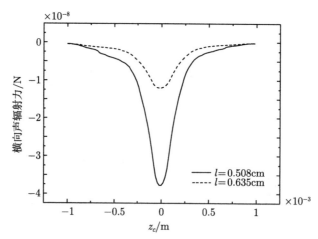

图 2.7 不同聚焦超声的焦距下,横向声辐射力和粒子初始轴向位置的关系

声的焦点应该尽可能靠近换能器表面, 也就是应该选取更小 F 数的聚焦换能器。同时, 更大张角的换能器将提供更大的声强梯度, 从而增大声波在粒子表面的折射作用, 最终提供更大的梯度力以增大对粒子的拉力作用。

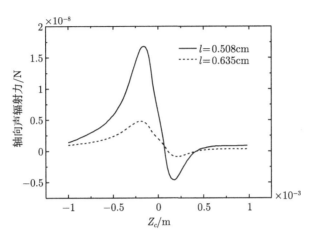

图 2.8 不同聚焦超声的焦距下, 轴向声辐射力和粒子初始轴向位置的关系

由于横向捕获力和轴向捕获力随着超声焦距的增大而减小, 在声镊的应用中, 我们应该选取大张角聚焦换能器来避免声波在粒子周围介质的衰减。

图 2.9 和图 2.10 描绘了中心带孔聚焦换能器和球形聚焦换能器中, 粒子所受横向和轴向声辐射间的差别。此时中心带孔聚焦换能器的孔径为 0.635cm, 中间的空心开口为 0.0635cm, 两个换能器的焦距都为 0.508cm, 两种情况下的声场功率密度是一致的。粒子中心点与 Z 轴的横向距离为 3×10^{-5}m。

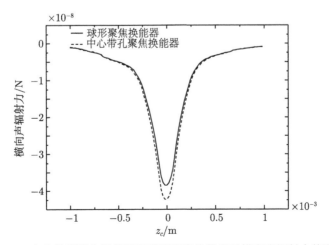

图 2.9 中心带孔聚焦换能器和球形聚焦换能器对横向声辐射力的影响

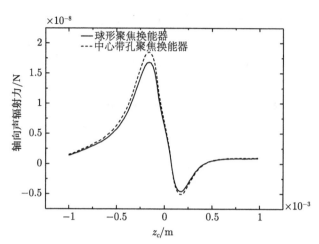

图 2.10　中心带孔聚焦换能器和球形聚焦换能器对轴向声辐射力的影响

　　当粒子处于中心带孔聚焦声场时，可以看出轴向捕获力和横向捕获力都比同条件下的球形聚焦声场情况要大。这是由于，在 Z 轴附近的声线可以近似看作沿着 Z 轴方向传播，这附近没有足够的强度梯度来产生梯度力，从而产生的占主导地位的散射力分量将把粒子推离焦点位置。相比之下，在中心带孔聚焦声场的情况下，减小了轴线附近的散射力分量，从而使得不论是横向捕获力、轴向捕获力，还是声势阱宽度都得到了增大。

　　图 2.11 和图 2.12 描绘了粒子在 X 轴上，沿着 Y-Z 平面运动时，球面聚焦声场对粒子的声辐射力空间分布情况。此时换能器的焦距为 0.508cm。图 2.11 清楚地显示出横向方向上的声势阱，当粒子中心处于 Z 轴线上时，粒子所受横向声辐射力为零，这说明三维模型退化为一维模型，由于粒子关于 Z 轴对称，所以不受到横向力，此时粒子将稳定在超声轴线上。而当粒子的中心沿着横向远离 Z 轴运动时，横向声辐射力逐渐增大到最大值，然后再逐渐地减小。当粒子距离 Z 轴很远时，横向声辐射力很小，近似于零，因此粒子在超声轴线远场范围时将不再能被捕获回超声轴线位置。此外，我们可以看出，当粒子处于聚焦超声束范围之外的区域时，粒子所受横向力也为零，不再受到声场的辐射力作用。从图 2.12 我们可以清楚看出轴向声捕获现象，同时，当粒子中心处于超声轴线上时，粒子所受轴向声辐射力最大。而当粒子中心沿着 Y 方向渐渐远离超声轴线时，粒子所受声辐射力不断减小。与横向声辐射力一样，当粒子离开超声束范围之后，所受轴向声辐射力也变为零，并且不能再被捕获。

　　假设粒子中心稳定在 X 轴，沿着 Y-Z 平面运动，图 2.13 给出了粒子在 Y-Z 空间平面内所受的声辐射力大小和方向示意图。其中颜色表示受力大小，箭头表示受力方向。从图中我们可以看出，只要粒子处于聚焦超声声束范围之内，粒子

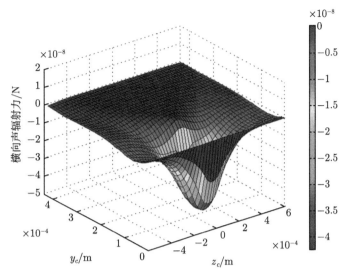

图 2.11 粒子在 X 轴沿着 Y-Z 平面移动所受的横向声辐射力的空间分布
(彩图请扫封底二维码)

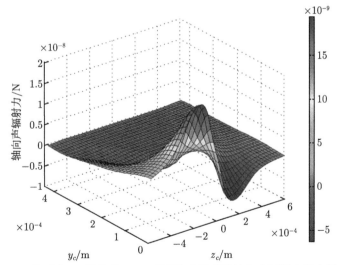

图 2.12 粒子在 X 轴沿着 Y-Z 平面移动所受的轴向声辐射力的空间分布
(彩图请扫封底二维码)

将会受到声辐射力作用，使得粒子向着超声焦点位置移动，而当粒子移动至焦点位置附近时，粒子受力为零，从而使得粒子稳定在该位置。同时我们可以看出，当粒子中心处于聚焦超声的聚焦区域时，所受到的声辐射力要远大于粒子处于超声的发散区域。而且，当粒子中心处于超声焦点附近的横向平面时，所受的声辐射力要大于其他位置，这也说明了单波束声镊采用横向捕获的重要性。最后我们可以看出，当粒子远离超声束范围之后，粒子将不再受到声辐射力的作用。

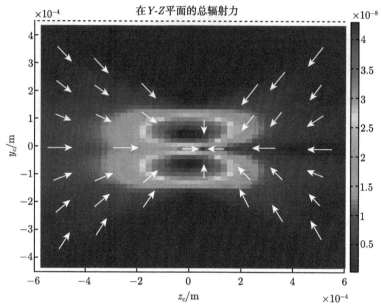

图 2.13　粒子在 X 轴沿着 Y-Z 平面移动所受的声辐射力的大小和方向

(彩图请扫封底二维码)

参 考 文 献

[1] 冯若. 超声手册. 南京: 南京大学出版社, 2001.

[2] 万明习, 卞正中, 程敬之. 医学超声学——原理与技术. 西安: 西安交通大学出版社, 1992.

[3] Kennedy J E. High-intensity focused ultrasound in the treatment of solid tumours. Nature Reviews Cancer, 2005, 5: 321–327.

[4] Wang H Z, Qian J P. Ultrasound dynamically focused phased array for local hyperthermia in cancer therapy. Acoustics Letters, 1986, 10: 5–10.

[5] Suslick K S, Price G J. Applications of ultrasound to materials chemistry. Annual Review of Materials Research, 1995, 26: 295–326.

[6] Ashkin A. Forces of a single beam gradient laser trap on a dielectric sphere in the ray optics regime. Biophysical Journal., 1992, 61: 569–582.

[7] Lee J W, Ha K L, Shung K K. A theoretical study of the feasibility of acoustical tweezers: Ray acoustics approach. Journal of Acoustical Society of America, 2005, 117: 3273–3280.

[8] Wu R R, Liu X Z, Gong X F. A study of the acoustical radiation force considering attenuation. Science China—Physics Mechanics & Astronomy, 2013, 56: 1237–1245.

[9] Wu J R. Calculation of acoustic radiation force generated by focused beams using the ray acoustics approach. Journal of Acoustical Society of America, 1995, 97: 2747–2750.

[10] Lee J W, Lee C Y, Shung K K. Calibration of sound forces in acoustic traps. IEEE Transactions on Ultrasonics Ferroelectrics and Frequency Control, 2010, 57: 2305–2310.

[11] Lee J W, Lee C Y, Kim H Y, et al. Targeted cell Immobilization by ultrasound microbeam. Biotechnology and Bioengineering, 2001, 108: 1643–1650.

[12] Ying L, Shung K K. A simple method for evaluating the trapping performance of acoustic tweezers. Applied Physics Letters, 2013, 102: 084102.

[13] Wu R R, Liu X Z, Liu J H, et al. Calculation of acoustical radiation force on microsphere by spherically-focused source. Ultrasonics, 2014, 54 : 1977–1983.

第 3 章　基于声散射法研究平面波和高斯行波对球形粒子的声辐射力

流体介质中传播的声波遇到障碍物时，会在障碍物表面处发生折射和散射，因此声场中的物体与声波间的作用是物体与入射声波，折射声波和散射声波间的相互作用。通过计算物体在声场中的散射系数，根据声波的辐射理论便可求解声辐射力。

Mie 散射是 Mie 于 1908 年提出的，用于计算物体对声波的散射 [1]，King 于 1934 年基于 Mie 散射法首次提出了声辐射力理论，给出了在理想流体中刚性球所受声辐射力的解析表达式 [2]。1955 年，Yosioka 和 Kawasima 在此基础上研究了平面波对可压缩性球的声辐射力 [3]。1969 年，Hasegawa 和 Yosioka 考虑了弹性球粒子的声辐射力，并且通过实验验证了理论的正确性 [4]。Marston 等将声辐射力的研究推广至贝塞尔声束，给出了贝塞尔波束声场中球壳和球所受的声辐射力与频率、半锥角的关系 [5-9]。Zhang 等利用有限级数展开，将高斯声波按球函数表达式展开，推导了球形或柱形粒子在高斯聚焦声场中的声辐射力 [10,11]。

本章将从声波的解析理论入手，着重介绍各种边界条件对声波的散射作用，利用声学边界条件介绍声波散射系数的解析表达式；同时将入射高斯声波按级数展开，根据非线性声学理论求得高斯波在各种边界条件下的球体的声辐射力，为之后章节的理论提供依据。

3.1　平面波对球形粒子的声辐射力

3.1.1　平面波对球形粒子的声散射

如图 3.1 所示，理想情况下，假设角频率为 ω 的平面波在水介质中沿着 z 轴正方向传播，当声波遇到球形粒子时会发生散射和折射，从而在球外产生散射波，在球内产生折射波。

入射平面波可以表示为

$$p_i = p_0 \sum_{n=0}^{\infty} (2n+1)\,(\mathrm{i})^n \mathrm{j}_n\,(k_0 r)\,\mathrm{P}_n\,(\cos\theta) \tag{3.1}$$

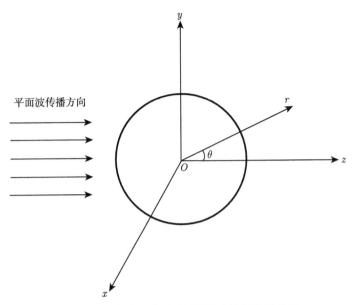

图 3.1 水中球形粒子对平面波声散射的示意图

其中，p_0 为入射声压幅值；k_0 为声波在介质中的波数；$\mathrm{j}_n(\cdot)$ 为第一类 n 阶球贝塞尔函数；$\mathrm{P}_n(\cdot)$ 为 n 阶勒让德函数。

不难得出散射波的表达式 [12,13]

$$p_{\mathrm{s}} = p_0 \sum_{n=0}^{\infty} A_{n,\mathrm{s}} (2n+1)(\mathrm{i})^n \mathrm{h}_n^{(1)}(k_0 r) \mathrm{P}_n(\cos\theta) \tag{3.2}$$

其中，$A_{n,\mathrm{s}}$ 为散射波的展开系数；$\mathrm{h}_n^{(1)}$ 为 n 阶第一类球汉克尔函数。

接下来将介绍各种边界条件下的声散射系数 [14]。

流体介质中传播的平面声波遇到刚性球时，无法在球内部传播，球内不存在声波，因此在球的边界处质点的振动速度为 0，则

$$(v_{\mathrm{s},n} + v_{\mathrm{i},n})|_{r=a} = 0 \tag{3.3}$$

即

$$\left. \frac{\partial}{\partial r}(p_{\mathrm{i}} + p_{\mathrm{s}}) \right|_{r=a} = 0 \tag{3.4}$$

其中，a 为球的半径。

将式 (3.1) 和式 (3.2) 代入式 (3.4)，即可求得散射系数 $A_{n,\mathrm{s}}$

$$A_{n,\mathrm{s}} = -\frac{\mathrm{j}_n'(ka)}{\mathrm{h}_n'(ka)} \tag{3.5}$$

当流体介质中传播的平面波遇到液体球时，球外的声场为入射平面波和散射波的叠加，球内为折射波。球内的折射波同样可以表示为

$$p_{\mathrm{r}} = p_0 \sum_{n=0}^{\infty} A_{n,\mathrm{r}} \left(2n+1\right) (\mathrm{i})^n \mathrm{h}_n^{(1)} \left(k_1 r\right) \mathrm{P}_n \left(\cos\theta\right) \tag{3.6}$$

其中，$A_{n,\mathrm{r}}$ 为折射波的展开系数；k_1 为声波在球内部介质中的波数。

在边界 $r=a$ 处，应满足以下两个声学边界条件：
在球的表面处声压连续

$$p_{\mathrm{i}} + p_{\mathrm{s}} = p_{\mathrm{t}} \tag{3.7}$$

质点速度径向方向连续

$$v_{\mathrm{i}} + v_{\mathrm{s}} = v_{\mathrm{t}} \tag{3.8}$$

将式 (3.1)、式 (3.2) 和式 (3.6) 代入式 (3.7) 和式 (3.8)，化简可得

$$A_{n,\mathrm{s}} = -\frac{\left[\rho_0 c_0 / \rho_1 c_1\right] \left[\mathrm{j}_n\left(k_1 a\right)\right]' \left[\mathrm{j}_n\left(k_0 a\right)\right] - \left[\mathrm{j}_n\left(k_0 a\right)\right]' \left[\mathrm{j}_n\left(k_1 a\right)\right]}{\left[\rho_0 c_0 / \rho_1 c_1\right] \left[\mathrm{j}_n\left(k_1 a\right)\right]' \left[\mathrm{h}_n\left(k_0 a\right)\right] - \left[\mathrm{h}_n\left(k_0 a\right)\right]' \left[\mathrm{j}_n\left(k_1 a\right)\right]} \tag{3.9}$$

其中，ρ_0, c_0 分别表示粒子球周围介质水中的密度和声速；ρ_1, c_1 分别表示液体球的密度和声速。

当流体介质中传播的平面波遇到弹性球时，球内既有横波又有纵波。此时，介质质点的位移满足以下声波方程：

$$\nabla^2 u + \frac{\lambda + \mu}{\mu} \frac{\partial}{\partial t} \nabla \left(\nabla \cdot u\right) = \frac{1}{c_{\mathrm{s}}^2} \frac{\partial^2 u}{\partial t^2} \tag{3.10}$$

其中，λ 和 μ 为拉梅 (Lame) 系数；$c_{\mathrm{s}} = \sqrt{\dfrac{\mu}{\rho_0}}$ 为横波声速。

在球坐标系下：
式 (3.10) 可以写为

$$\nabla_{\mathrm{r}\theta}^2 u_{\mathrm{r}} + \frac{2u_{\mathrm{r}}}{r^2} - \frac{2}{r^2} - \frac{\partial u_\theta \cot\theta}{r^2} + \frac{\lambda+\mu}{\mu} \cdot \frac{\partial \Delta}{\partial r} + k_{\mathrm{s}}^2 u_{\mathrm{r}} = 0 \tag{3.11}$$

$$\nabla_{\mathrm{r}\theta}^2 u_\theta + \frac{2}{r^2} \frac{\partial u_{\mathrm{r}}}{\partial \theta} - \frac{u_\theta}{r^2 \sin^2\theta} + \frac{\lambda+\mu}{\mu} \cdot \frac{1}{r} + k_{\mathrm{s}}^2 u_\theta = 0 \tag{3.12}$$

其中，$k_{\mathrm{s}} = \dfrac{\omega}{c_{\mathrm{s}}} = \omega \sqrt{\dfrac{\mu}{\rho_0}}$ 为横波波数。

引入两个标量速度势 $\varPhi_1$ 和 $\varPhi_2$，满足亥姆霍兹方程

$$\left(\nabla_{\mathrm{r}\theta}^2 + k_{\mathrm{d}}^2\right) \varPhi_1 = 0 \tag{3.13}$$

$$\left(\nabla_{\mathrm{r}\theta}^2 + k_{\mathrm{s}}^2\right)\Phi_2 = 0 \tag{3.14}$$

其中，$k_{\mathrm{d}} = \dfrac{\omega}{c_{\mathrm{d}}}$ 为纵波波数；$c_{\mathrm{d}} = \sqrt{\dfrac{\lambda + 2\mu}{\rho_1}}$ 为纵波声速。

在球中，速度势 Φ_1 和 Φ_2 的表达式为

$$\Phi_1(r,\theta,t) = \phi_0 \sum_{n=0}^{\infty} (2n+1)(\mathrm{i})^n \, \mathrm{P}_n(\cos\theta) \, B_n \mathrm{j}_n(k_{\mathrm{d}}r) \tag{3.15}$$

$$\Phi_2(r,\theta,t) = \phi_0 \sum_{n=0}^{\infty} (2n+1)(\mathrm{i})^n \, \mathrm{P}_n(\cos\theta) \, C_n \mathrm{j}_n(k_{\mathrm{s}}r) \tag{3.16}$$

应力的表达式为

$$\sigma_{rr} = -\lambda k_{\mathrm{d}}^2 \Phi_1 + 2\mu \left[\frac{\partial^2}{\partial r^2}\left(\Phi_1 + \frac{\partial}{\partial r}(r\Phi_2)\right) + k_{\mathrm{s}}^2\left(\frac{\partial}{\partial r}(r\Phi_2)\right) \right] \tag{3.17}$$

$$\sigma_{r\theta} = \mu \left[\frac{2\partial}{\partial}\left[\frac{1}{r}\frac{\partial}{\partial\theta}\left(\Phi_1 + \frac{\partial}{\partial r}(r\Phi_2)\right)\right] + k_{\mathrm{s}}^2\frac{\partial}{\partial r}(r\Phi_2) \right] \tag{3.18}$$

$$\sigma_{\theta\theta} = -\lambda k_{\mathrm{d}}^2 \Phi_1 + 2\mu \left[\left(\frac{1}{r}\frac{\partial}{\partial r} + \frac{1}{r^2}\frac{\partial^2}{\partial\theta^2}\right)\left(\Phi_1 + \frac{\partial}{\partial r}(r\Phi_2)\right) + k_{\mathrm{s}}^2\frac{\partial}{\partial r}(r\Phi_2) \right] \tag{3.19}$$

$$\sigma_{\varphi\varphi} = -\lambda k_{\mathrm{d}}^2 + 2\mu \left[\left(\frac{1}{r}\frac{\partial}{\partial r} + \frac{\cot\theta}{r^2}\frac{\partial}{\partial\theta}\right)\left(\Phi_1 + \frac{\partial}{\partial r}(r\Phi_2)\right) + k_{\mathrm{s}}^2\frac{\partial}{\partial r}(r\Phi_2) \right] \tag{3.20}$$

在边界 $r = a$ 处，边界条件应满足位移连续、法向应力连续和切向应力连续：

$$u_{1r} = u_{2r}, \quad \sigma_{rr} = -p, \quad \sigma_{r\theta} = 0 \tag{3.21}$$

此时球外总声压 p 的表达式为

$$p = p_0 \sum_{n=0}^{\infty} (2n+1)(\mathrm{i})^n \, \mathrm{P}_n(\cos\theta)\left[\mathrm{j}_n(k_0 r) + A_{n,\mathrm{s}} \mathrm{h}_n^1(k_0 r)\right] \tag{3.22}$$

质点位移可以表示为

$$u_{1r} = -\frac{1}{\rho\omega^2}\frac{\partial p}{\partial r} \tag{3.23}$$

将式 (3.22) 和式 (3.23) 代入边界条件，并结合式 (3.17) 和式 (3.18)，可以得到关于系数 $A_{n,\mathrm{s}}, B_n, C_n$ 的关系矩阵，并可最终求得散射系数 $A_{n,\mathrm{s}}$

$$A_{n,\mathrm{s}} = \cfrac{\begin{vmatrix} \dfrac{\rho_0}{\rho}x_2^2\mathrm{j}_n(x) & \left[2n(n+1)-x_2^2\right]\mathrm{j}_n(x_1)-4x_1\mathrm{j}_n'(x_1) \\[2mm] x\mathrm{j}_n'(x) & x_1\mathrm{j}_n'(x_1) \\[2mm] 0 & 2\left[\mathrm{j}_n(x_1)-x_1\mathrm{j}_n'(x_1)\right] \\[2mm] 2n(n+1)\left[x_2\mathrm{j}_n'(x_2)-\mathrm{j}_n(x_2)\right] \\[2mm] n(n+1)\mathrm{j}_n(x_2) \\[2mm] 2x_2\mathrm{j}_n'(x_2)+\left[x_2^2-2n(n+1)+2\right]\mathrm{j}_n(x_2) \end{vmatrix}}{\begin{vmatrix} \dfrac{\rho_0}{\rho}x_2^2\mathrm{h}_n(x) & \left[2n(n+1)-x_2^2\right]\mathrm{j}_n(x_1)-4x_1\mathrm{j}_n'(x_1) \\[2mm] x\mathrm{h}_n'(x) & x_1\mathrm{j}_n'(x_1) \\[2mm] 0 & 2\left[\mathrm{j}_n(x_1)-x_1\mathrm{j}_n'(x_1)\right] \\[2mm] 2n(n+1)\left[x_2\mathrm{j}_n'(x_2)-\mathrm{j}_n(x_2)\right] \\[2mm] n(n+1)\mathrm{j}_n(x_2) \\[2mm] 2x_2\mathrm{j}_n'(x_2)+\left[x_2^2-2n(n+1)+2\right]\mathrm{j}_n(x_2) \end{vmatrix}} \tag{3.24}$$

其中，$x=k_0a,\ x_1=x\dfrac{c_0}{c_\mathrm{d}},\ x_2=x\dfrac{c_0}{c_\mathrm{s}}$。

对于黏弹性材料[15]，具体体现在归一化的纵波吸收系数 γ_1 和横波吸收系数 γ_2，只需用 $\tilde{x}_1=k_1a(1-\mathrm{j}\gamma_1)$，$\tilde{x}_\mathrm{s}=k_\mathrm{s}a(1-\mathrm{j}\gamma_\mathrm{s})$ 分别替代上述弹性边界条件中的 $x_1=k_1a$，$x_2=k_\mathrm{s}a$。

3.1.2　声辐射力公式的推导

如图 3.1 所示，设备向同性液体介质处于平衡态的压强 P_0，密度为 ρ_0，在声波传输时，压强变成 P，密度变成 ρ，直角坐标下质点速度 v 在 x,y,z 方向的分量为 u,q,w，球外介质的叠加速度势为 Φ。根据声波的运动方程[13]以及速度和速度势之间的关系可以得出

$$\begin{aligned}
&\frac{\mathrm{D}u}{\mathrm{D}t}=-\frac{1}{\rho}\frac{\partial p}{\partial x}, \quad \frac{\mathrm{D}q}{\mathrm{D}t}=-\frac{1}{\rho}\frac{\partial p}{\partial y}, \quad \frac{\mathrm{D}w}{\mathrm{D}t}=-\frac{1}{\rho}\frac{\partial p}{\partial z} \\
&u=-\frac{\partial \Phi}{\partial x}, \quad q=-\frac{\partial \Phi}{\partial y}, \quad w=-\frac{\partial \Phi}{\partial z}
\end{aligned} \tag{3.25}$$

由于速度既是时间的函数，又是空间的函数，因此

$$\frac{\mathrm{D}}{\mathrm{D}t}=\frac{\partial}{\partial t}+\frac{\partial}{\partial x}\frac{\partial x}{\partial t}+\frac{\partial}{\partial y}\frac{\partial y}{\partial t}+\frac{\partial}{\partial z}\frac{\partial z}{\partial t}=\frac{\partial}{\partial t}+u\frac{\partial}{\partial x}+v\frac{\partial}{\partial y}+w\frac{\partial}{\partial z}$$

$$\frac{\mathrm{D}u}{\mathrm{D}t}=\frac{\partial u}{\partial t}+u\frac{\partial u}{\partial x}=\frac{\partial}{\partial t}\left(-\frac{\partial \Phi}{\partial x}\right)+u\frac{\partial u}{\partial x}$$

$$\frac{\mathrm{D}q}{\mathrm{D}t}=\frac{\partial q}{\partial t}+q\frac{\partial q}{\partial y}=\frac{\partial}{\partial t}\left(-\frac{\partial \Phi}{\partial y}\right)+q\frac{\partial q}{\partial y}$$

$$\frac{\mathrm{D}w}{\mathrm{D}t} = \frac{\partial w}{\partial t} + w\frac{\partial w}{\partial z} = \frac{\partial}{\partial t}\left(-\frac{\partial \Phi}{\partial z}\right) + w\frac{\partial w}{\partial z} \tag{3.26}$$

我们设 $\overline{w} = \int \dfrac{\mathrm{d}P}{\rho}$，则有

$$\frac{\mathrm{D}u}{\mathrm{D}t} = \frac{-\partial \overline{w}}{\partial x}, \quad \frac{\mathrm{D}q}{\mathrm{D}t} = \frac{-\partial \overline{w}}{\partial y}, \quad \frac{\mathrm{D}w}{\mathrm{D}t} = \frac{-\partial \overline{w}}{\partial z}$$

$$\frac{\partial}{\partial t}\left(-\frac{\partial \Phi}{\partial x}\right) + u\frac{\partial u}{\partial x} = -\frac{\partial \overline{w}}{\partial x}$$

$$\frac{\partial}{\partial t}\left(-\frac{\partial \Phi}{\partial y}\right) + q\frac{\partial q}{\partial y} = -\frac{\partial \overline{w}}{\partial y} \tag{3.27}$$

$$\frac{\partial}{\partial t}\left(-\frac{\partial \Phi}{\partial z}\right) + w\frac{\partial w}{\partial z} = -\frac{\partial \overline{w}}{\partial z}$$

当 $\bar{w} = \dfrac{\partial \Phi}{\partial t} = -\dfrac{1}{2}u^2$ 时，

$$-\frac{\partial \overline{w}}{\partial x} = -\frac{\partial}{\partial x}\left(\frac{\partial \Phi}{\partial t} - \frac{1}{2}u^2\right) = -\frac{\partial}{\partial x}\left(\frac{\partial \Phi}{\partial t}\right) + u\frac{\partial u}{\partial x} = -\frac{\partial}{\partial t}\left(\frac{\partial \Phi}{\partial x}\right) + u\frac{\partial u}{\partial x} \tag{3.28}$$

将三个方向的速度分量一起考虑，得

$$\bar{w} = \int \frac{\mathrm{d}P}{\rho} = \frac{\partial \Phi}{\partial t} - \frac{1}{2}\left(u^2 + q^2 + w^2\right) = \frac{\partial \Phi}{\partial t} - \frac{1}{2}\left(v^2\right) \tag{3.29}$$

其中，v 表示质点速度。

又由于压强是密度的函数，可以得到

$$P = f(\rho), \quad c^2 = \frac{\mathrm{d}P}{\mathrm{d}\rho} = f'(\rho) \tag{3.30}$$

设 $s = \dfrac{\rho - \rho_0}{\rho_0}$，在液体介质平衡态处 $\rho = \rho_0, P = P_0, s = 0$，将声压 P 展开为 s 的函数：

$$P = f(\rho) = f(\rho_0 + s\rho_0) = f(\rho_0) + s\rho_0 f'(\rho_0) + \frac{1}{2!}s^2\rho_0^2 f''(\rho_0) + \cdots$$

$$\mathrm{d}P = (\rho_0 f'(\rho_0) + s\rho_0^2 f''(\rho_0) + \frac{1}{2!}s^2\rho_0^3 f'''(\rho_0) + \cdots)\mathrm{d}s \tag{3.31}$$

根据 ρ 和 s 的关系

$$\frac{1}{\rho} = \frac{1}{\rho + s\rho_0} = \frac{1}{\rho_0}(1 - s + s^2 - s^3 + s^4 - \cdots) \tag{3.32}$$

对以上公式进行处理，可得

$$
\begin{aligned}
\overline{w} &= \int \frac{\mathrm{d}P}{\rho} = \int \frac{1}{\rho} \mathrm{d}P \\
&= \int \left(\frac{1}{\rho}(1 - s + s^2 - s^3 + s^4 - \cdots) \right) \\
&\quad \cdot \left(\rho_0 f'(\rho_0) + s\rho_0^2 f''(\rho_0) + \frac{1}{2!} s^2 \rho_0^3 f'''(\rho_0) + \cdots \right) \mathrm{d}s \\
&= \int \begin{bmatrix} (f'(\rho_0) - sf'(\rho_0) + s^2 f'(\rho_0) - s^3 f'(\rho_0) + s^4 f'(\rho_0) + \cdots) \\ +(\rho_0 s f''(\rho_0) - \rho_0 s^2 f''(\rho_0) + \rho_0 s^3 f''(\rho_0) - \rho_0 s^4 f''(\rho_0) + \cdots) \\ + \left(\rho_0^2 s^2 \frac{1}{2!} f'''(\rho_0) - \rho_0^2 s^3 \frac{1}{2!} f'''(\rho_0) + \rho_0^2 s^4 \frac{1}{2!} f'''(\rho_0) + \cdots \right) + \cdots \end{bmatrix} \mathrm{d}s \\
&= \begin{bmatrix} sf'(\rho_0) + \frac{1}{2} s^2 (\rho_0 f''(\rho_0) - f'(\rho_0)) \\ + \frac{1}{3} s^3 (f'(\rho_0) - \rho_0 f''(\rho_0) + \rho_0^2 \frac{1}{2!} f'''(\rho_0)) + \cdots \end{bmatrix}
\end{aligned}
\tag{3.33}
$$

根据 [2]

$$
s = \frac{\overline{w}}{f'(\rho_0)} - \frac{1}{2} \frac{\rho_0 f''(\rho_0) - f'(\rho_0)}{f'(\rho_0)} \left(\frac{\overline{w}}{f'(\rho_0)} \right)^2 + \cdots
\tag{3.34}
$$

从而求得

$$
\begin{aligned}
P - P_0 &= -\rho_0 f'(\rho_0) \left(\frac{\overline{w}}{f'(\rho_0)} - \frac{1}{2} \frac{\rho_0 f''(\rho_0) - f'(\rho_0)}{f'(\rho_0)} \left(\frac{\overline{w}}{f'(\rho_0)} \right)^2 \right) \\
&\quad + \frac{1}{2} \rho_0^2 \frac{f''(\rho_0)}{(f'(\rho^2))^2} (\overline{w})^2 + \cdots \\
&= \rho_0 \overline{w} + \frac{1}{2} \frac{\rho_0}{f'(\rho_0)} (\overline{w})^2 + \cdots = \rho_0 \overline{w} + \frac{1}{2} \frac{\rho_0}{c^2} (\overline{w})^2 + \cdots
\end{aligned}
\tag{3.35}
$$

因此

$$
\delta P = P - P_0 = \rho_0 \frac{\partial \Phi}{\partial t} - \frac{1}{2} \rho_0 v^2 + \frac{1}{2} \frac{\rho_0}{c^2} \left(\frac{\partial \Phi}{\partial t} \right)^2 - \frac{1}{2} \frac{\rho_0}{c^2} \frac{\partial \Phi}{\partial t} v^2 + \frac{1}{4} v^4 + \cdots
\tag{3.36}
$$

对声压 $P - P_0$ 在包围散射体的任意一个曲面做积分可以求得声辐射力 [3,4,16]

$$
\langle F \rangle = -\iint_{S_0} \langle P - P_0 \rangle \boldsymbol{n} \mathrm{d}S
\tag{3.37}
$$

保留二阶小量，可得

$$\langle F \rangle = \left\langle -\iint \rho_0 \frac{\partial \Phi}{\partial t} \boldsymbol{n} \mathrm{d}S \right\rangle + \left\langle \iint \frac{1}{2} \rho_0 v^2 \boldsymbol{n} \mathrm{d}S \right\rangle - \left\langle \iint \frac{1}{2} \frac{\rho_0}{c^2} \left(\frac{\partial \Phi}{\partial t} \right)^2 \boldsymbol{n} \mathrm{d}S \right\rangle$$

$$= -\left\langle \iint \rho_0 (v_n \boldsymbol{n} + v_t \boldsymbol{t}) v_n \mathrm{d}S \right\rangle + \left\langle \iint \frac{1}{2} \rho_0 v^2 \boldsymbol{n} \mathrm{d}S \right\rangle - \left\langle \iint \frac{1}{2} \frac{\rho_0}{c^2} \left(\frac{\partial \Phi}{\partial t} \right)^2 \boldsymbol{n} \mathrm{d}S \right\rangle$$

$$(3.38)$$

3.1.3 平面波对球形粒子的声辐射力函数

由式 (3.38)，当声波入射到球形物体上时，我们定义声辐射力为在一个周期时间 T 内通过表面 S 的压力

$$\langle \boldsymbol{F} \rangle = -\iint_{S_0} \langle P - P_0 \rangle \boldsymbol{n} \mathrm{d}S$$

$$= -\left\langle \iint \rho (v_n \boldsymbol{n} + v_t \boldsymbol{t}) v_n \mathrm{d}S \right\rangle + \left\langle \iint \frac{1}{2} \rho v^2 \boldsymbol{n} \mathrm{d}S \right\rangle - \left\langle \iint \frac{1}{2} \frac{\rho}{c^2} \left(\frac{\partial \Phi_t}{\partial t} \right)^2 \boldsymbol{n} \mathrm{d}S \right\rangle$$

其中，S_0 为包围散射体的横截面。$v_n|_{r=a} = -\partial \Phi_t / \partial r$，$v_t|_{r=a} = -\partial \Phi_t / (r \partial r)$ 分别表示粒子边界处速度的法向分量和切向分量。$\boldsymbol{n}$ 为曲面 $\mathrm{d}S$ 的法向向量，$\boldsymbol{t}$ 为曲面 $\mathrm{d}S$ 的切向分量，$\mathrm{d}S = 2\pi r^2 \sin\theta \mathrm{d}\theta$。

在球坐标系下，如图 3.1 所示，当一束平面波入射到球形物体上时，液体中入射波的速度势为

$$\Phi_{\mathrm{i}} = \phi_0 \mathrm{e}^{-\mathrm{i}\omega t} \sum_{n=0}^{\infty} (2n+1) (\mathrm{i})^n \, \mathrm{P}_n (\cos\theta) \mathrm{j}_n (kr) \tag{3.39}$$

其中，ϕ_0 为速度势幅值。

同时，不难得出散射波的速度势：

$$\Phi_{\mathrm{s}} = \phi_0 \mathrm{e}^{-\mathrm{i}\omega t} \sum_{n=0}^{\infty} (2n+1) (\mathrm{i})^n \, A_{n,\mathrm{s}} \mathrm{P}_n (\cos\theta) \, \mathrm{h}_n^1 (kr) \tag{3.40}$$

则液体中的总速度势为

$$\Phi_{\mathrm{t}} = \phi_0 \mathrm{e}^{-\mathrm{i}\omega t} \sum_{n=0}^{\infty} (2n+1) (\mathrm{i})^n \, (U_n + \mathrm{i}V_n) \, \mathrm{P}_n (\cos\theta) \tag{3.41}$$

其中，

$$U_n + \mathrm{i}V_n = \mathrm{j}_n (kr) + A_{n,\mathrm{s}} \mathrm{h}_n^{(1)} (kr)$$

$$=\mathrm{j}_n\,(kr)\,(1+\alpha_n)-\beta_n n_n\,(kr)+\mathrm{i}\,[\beta_n\mathrm{j}_n\,(kr)+\alpha_n n_n\,(kr)] \tag{3.42}$$

设 α_n,β_n 分别为散射系数 $A_{n,\mathrm{s}}$ 的实部和虚部，则

$$\begin{cases} U_n = (1+\alpha_n)\,\mathrm{j}_n\,(kr) - \beta_n n_n\,(kr) \\ V_n = \beta_n\mathrm{j}_n\,(kr) + \alpha_n n_n\,(kr) \end{cases} \tag{3.43}$$

对辐射力公式 (3.38) 沿着声波传播方向 z 轴进行投影，可以得到

$-\iint_{S_0}\rho v_n^2\boldsymbol{n}\mathrm{d}S$ 在 z 轴方向的投影为

$$-\iint_{S_0}\rho v_n^2\boldsymbol{n}\mathrm{d}S = -\iint_{S_0}\rho v_n^2\cos\theta\mathrm{d}S = -2\pi a^2\rho\int_0^\pi\left(\frac{\partial\varPhi_\mathrm{t}}{\partial r}\right)^2_{r=a}\sin\theta\cos\theta\mathrm{d}\theta \tag{3.44}$$

$-\iint_{S_0}\rho v_n\cdot v_t\boldsymbol{t}\mathrm{d}S$ 在 z 轴方向的投影为

$$\begin{aligned} -\iint_{S_0}\rho v_n\cdot v_t\boldsymbol{t}\mathrm{d}S &= \iint_{S_0}\rho v_n\cdot v_t\cos\left(\frac{\pi}{2}-\theta\right)\mathrm{d}S \\ &= 2\pi a\rho\int_0^\pi\left(\frac{\partial\varPhi_\mathrm{t}}{\partial r}\right)_{r=a}\left(\frac{\partial\varPhi_\mathrm{t}}{\partial\theta}\right)_{r=a}\sin^2\theta\mathrm{d}\theta \end{aligned} \tag{3.45}$$

$\iint_{S_0}\rho v^2\boldsymbol{n}\mathrm{d}S$ 在 z 轴方向的投影为

$$\begin{aligned} \iint_{S_0}\rho v^2\boldsymbol{n}\mathrm{d}S &= \iint_{S_0}\rho\left(v_n^2+v_t^2\right)\cos\theta\mathrm{d}S \\ &= \pi a^2\rho\int_0^\pi\left(\frac{\partial\varPhi_\mathrm{t}}{\partial r}\right)^2_{r=a}\sin\theta\cos\theta\mathrm{d}\theta + \pi\rho\int_0^\pi\left(\frac{\partial\varPhi_\mathrm{t}}{\partial\theta}\right)^2_{r=a}\sin\theta\cos\theta\mathrm{d}\theta \end{aligned} \tag{3.46}$$

$-\iint_{S_0}\frac{1}{2}\frac{\rho}{c^2}\left(\frac{\partial\varPhi_\mathrm{t}}{\partial t}\right)^2\boldsymbol{n}\mathrm{d}S$ 在 z 轴方向的投影为

$$\begin{aligned} -\iint_{S_0}\frac{1}{2}\frac{\rho}{c^2}\left(\frac{\partial\varPhi_\mathrm{t}}{\partial t}\right)^2\boldsymbol{n}\mathrm{d}S &= -\iint_{S_0}\frac{1}{2}\frac{\rho}{c^2}\left(\frac{\partial\varPhi_\mathrm{t}}{\partial t}\right)^2\cos\theta\mathrm{d}S \\ &= -\frac{\pi a^2\rho}{c^2}\int_0^\pi\left(\frac{\partial\varPhi_\mathrm{t}}{\partial t}\right)^2_{r=a}\sin^2\theta\cos\theta\mathrm{d}\theta \end{aligned} \tag{3.47}$$

将式 (3.44)∼ 式 (3.47) 整理可得

$$\langle F_z\rangle = \langle F_r\rangle + \langle F_\theta\rangle + \langle F_{r,\theta}\rangle + \langle F_t\rangle \tag{3.48}$$

$$\langle F_r \rangle = \left\langle -\pi a^2 \rho \int_0^\pi \left(\frac{\partial \Phi_t}{\partial r} \right)_{r=a}^2 \sin\theta \cos\theta \mathrm{d}\theta \right\rangle \tag{3.49}$$

$$\langle F_\theta \rangle = \left\langle \pi \rho \int_0^\pi \left(\frac{\partial \Phi_t}{\partial \theta} \right)_{r=a}^2 \sin\theta \cos\theta \mathrm{d}\theta \right\rangle \tag{3.50}$$

$$\langle F_{r,\theta} \rangle = \left\langle 2\pi a \rho \int_0^\pi \left(\frac{\partial \Phi_t}{\partial r} \right)_{r=a} \left(\frac{\partial \Phi_t}{\partial \theta} \right)_{r=a} \sin^2\theta \mathrm{d}\theta \right\rangle \tag{3.51}$$

$$\langle F_t \rangle = \left\langle -\frac{\pi a^2 \rho}{c^2} \int_0^\pi \left(\frac{\partial \Phi_t}{\partial t} \right)_{r=a}^2 \sin^2\theta \cos\theta \mathrm{d}\theta \right\rangle \tag{3.52}$$

由式 (3.41)~ 式 (3.43) 可知，速度势 Φ_t 为一复数，有物理意义的是它的实部，我们设

$$R_n = \mathrm{Re}\left[\mathrm{i}^n (U_n + \mathrm{i}V_n)(\cos\omega t - \mathrm{i}\sin\omega t) \right] \tag{3.53}$$

$$\Phi_t = \sum_{n=0}^\infty (2n+1)R_n \mathrm{P}_n(\cos\theta) \tag{3.54}$$

则

$$R_n \cdot R_{n+1}$$

$$= \mathrm{Re}\left\{ \left[\mathrm{i}^n (U_n + \mathrm{i}V_n)(\cos\omega t - \mathrm{i}\sin\omega t) \right] \cdot \left[\mathrm{i}^{n+1} (U_{n+1} + \mathrm{i}V_{n+1})(\cos\omega t - \mathrm{i}\sin\omega t) \right] \right\} \tag{3.55}$$

又因为 $(\cos\omega t - \mathrm{i}\sin\omega t)^2$ 项对时间求平均后，三角函数项全部为零。

通过代数计算不难得出

$$\langle R_n \cdot R_{n+1} \rangle = \frac{1}{2}(U_n V_{n+1} - V_n U_{n+1}) \tag{3.56}$$

同理可以计算出

$$\langle R_n' \cdot R_{n+1} \rangle = \frac{1}{2}(U_n' V_{n+1} - V_n' U_{n+1}) \tag{3.57}$$

$$\langle R_n \cdot R_{n+1}' \rangle = \frac{1}{2}(U_n V_{n+1}' - V_n U_{n+1}') \tag{3.58}$$

$$\langle R_n' \cdot R_{n+1}' \rangle = \frac{1}{2}(U_n' V_{n+1}' - V_n' U_{n+1}') \tag{3.59}$$

由勒让德函数的正交性 [12,17]

$$\int_0^\pi \mathrm{P}_n(\cos\theta)\mathrm{P}_m(\cos\theta)\cos\theta\sin\theta\mathrm{d}\theta = \frac{2\,(n+1)}{(n+1)\,(2n+3)}, \quad m = n+1 \quad (3.60)$$

$$\int_0^\pi \mathrm{P}_n(\cos\theta)\mathrm{P}_m(\cos\theta)\cos\theta\sin\theta\mathrm{d}\theta = 0, \quad m > n+1 \quad (3.61)$$

可得

$$\langle F_r \rangle = -4\pi a^2 \rho \sum_{n=0}^{\infty} (n+1) \left\langle \frac{\partial R_n}{\partial r} \cdot \frac{\partial R_{n+1}}{\partial r} \right\rangle \bigg|_{r=a} \quad (3.62)$$

$$\langle F_\theta \rangle = 4\pi\rho \sum_{n=0}^{\infty} n\,(n+1)\,(n+2)\,\langle R_n \cdot R_{n+1} \rangle|_{r=a} \quad (3.63)$$

$$\langle F_{r,\theta} \rangle$$
$$= 4\pi a\rho \left[\sum_{n=0}^{\infty} n\,(n+1) \left\langle R_n \cdot \frac{\partial R_{n+1}}{\partial r} \right\rangle \bigg|_{r=a} - (n+1)\,(n+2) \left\langle \frac{\partial R_n}{\partial r} \cdot R_{n+1} \right\rangle \bigg|_{r=a} \right]$$
$$(3.64)$$

$$\langle F_t \rangle = -\frac{4\pi a^2 \rho}{c^2} \sum_{n=0}^{\infty} (n+1) \left\langle \frac{\partial R_n}{\partial t} \cdot \frac{\partial R_{n+1}}{\partial t} \right\rangle \bigg|_{r=a} \quad (3.65)$$

最后利用球贝塞尔函数的递推公式 [12,17]

$$x\mathrm{h}_n'\,(x) = n\mathrm{h}_n\,(x) - x\mathrm{h}_{n+1}\,(x) \quad (3.66)$$

$$x\mathrm{h}_{n+1}'\,(x) = x\mathrm{h}_n\,(x) - (n+1)\,\mathrm{h}_{n+1}\,(x) \quad (3.67)$$

$$x^2 \left[\mathrm{j}_{n+1}\,(x)\,\mathrm{n}_n\,(x+1) - \mathrm{j}_n\,(x)\,\mathrm{n}_{n+1}\,(x+1) \right] = 1 \quad (3.68)$$

综上所述的公式, 最终可以化简求得平面波对球的轴向声辐射力公式

$$F_z = \pi a^2 E Y_p \quad (3.69)$$

其中, $E = \dfrac{1}{2}\rho k^2 A^2$ 为入射波能量密度; Y_p 为声辐射力函数, 表达式为 [3,4]

$$Y_p = -\frac{4}{(ka)^2} \sum_{n=0}^{\infty} (n+1) \left\{ \mathrm{Re}\left(\alpha_n + \alpha_{n+1} + 2\alpha_n\alpha_{n+1} + 2\beta_n\beta_{n+1} \right) \right. \quad (3.70)$$
$$\left. + \mathrm{Im}\left[\beta_{n+1}\,(1 + 2\alpha_n) - \beta_n\,(1 + 2\alpha_n) \right] \right\}$$

3.2　高斯行波对球形粒子的声辐射力

正如第 2 章提到的那样，高斯波束在生物医学超声的应用中有着重要的作用。本节将从函数级数展开法入手，近似地将入射高斯波束展开为含有包含波束因子的球面波的叠加形式，再根据相应的声辐射力理论，推导出高斯声波作用于水中粒子球的声辐射力的解析表达式。

当高斯波束在空间传播时，我们将其束腰附近的波前近似地看作一个平面。也就是说高斯波束可以近似地看作声波在束腰区域的高斯幅度分布。因此，当处理球形粒子在液体中的声波散射时，如图 3.2 所示，小球半径为 a，一列高斯声束在均匀流体介质中沿着 z 轴方向传播，实数 A 为入射声波的速度势幅值，介质密度为 ρ，声波在介质中的速度为 c。球形粒子位于高斯波束的焦点位置，设球的中心点 O 为坐标原点。此时入射的高斯波束的速度势可以表示为

$$\Phi_{\mathrm{i}} = A\mathrm{e}^{-\left(\frac{x^2+y^2}{w_0^2}\right)}\mathrm{e}^{-\mathrm{i}kz}\mathrm{e}^{-\mathrm{i}\omega t} \tag{3.71}$$

其中，k 为声波在介质中的波数；w_0 为高斯波的宽度；ω 为声波的角频率。

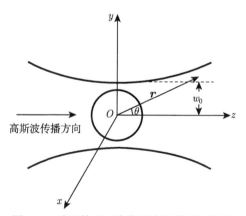

图 3.2　球形粒子对高斯波束的散射示意图

以球的中心点为坐标原点，建立球坐标系，则空间内任意一点 (x, y, z) 的坐标可以表示为

$$\begin{cases} x = r\sin\theta\cos\varphi \\ y = r\sin\theta\sin\varphi \\ z = r\cos\theta \end{cases} \tag{3.72}$$

其中，θ 为 r 和 z 轴的夹角。

我们设

$$
\begin{cases}
R = \sqrt{x^2 + y^2} = r \sin\theta \\
\delta = \dfrac{1}{kw_0} = \dfrac{\lambda}{2\pi w_0} \\
\gamma = kr
\end{cases}
\tag{3.73}
$$

将入射波按球函数展开，可得

$$
\mathrm{e}^{-\left(\frac{x^2+y^2}{w_0^2}\right)}\mathrm{e}^{-\mathrm{i}kz} = \mathrm{e}^{-\delta^2\gamma^2\sin^2\theta}\mathrm{e}^{\mathrm{i}\gamma\cos\theta} = \sum_{n=0}^{\infty} G_n\,(2n+1)\cdot\mathrm{i}^n\mathrm{j}_n\,(\gamma)\,\mathrm{P}_n\,(\cos\theta) \tag{3.74}
$$

其中，$\mathrm{P}_n\,(\cdot)$ 为 n 阶勒让德函数；$\mathrm{j}_n\,(\cdot)$ 为 n 阶第一类球贝塞尔函数；G_n 为入射高斯波的波束因子。

我们参照电磁场 [18,19] 中高斯波的波束因子的方法计算波束因子 G_n。

取 $\theta = \pi/2$，式 (3.74) 可以表示为

$$
\mathrm{e}^{-\delta^2\gamma^2} = \sum_{n=0}^{\infty} G_n\,(2n+1)\cdot\mathrm{i}^n\mathrm{j}_n\,(\gamma)\,\mathrm{P}_n\,(0) \tag{3.75}
$$

利用公式

$$
\begin{cases}
\mathrm{P}_{2n}\,(0) = \dfrac{(-1)^n\,\Gamma\left(n+\dfrac{1}{2}\right)}{\sqrt{\pi}\,\Gamma\,(n+1)} \\[3mm]
\mathrm{P}_{2n+1}\,(0) = 0
\end{cases}
\tag{3.76}
$$

得

$$
\mathrm{e}^{-\delta^2\gamma^2} = \sum_{n=\mathrm{even}} (2n+1)\,G_n\mathrm{j}_n\,(\gamma)\,\frac{\Gamma\left(\dfrac{n}{2}+\dfrac{1}{2}\right)}{\sqrt{\pi}\,\Gamma\left(\dfrac{n}{2}+1\right)} \tag{3.77}
$$

又有公式

$$
\mathrm{j}_n\,(\gamma) = \sqrt{\frac{\pi}{2\gamma}}\,\mathrm{J}_{n+1}\,(\gamma) \tag{3.78}
$$

则

$$
\mathrm{e}^{-\delta^2\gamma^2} = \sum_{n=0}^{\infty} (2n+1)\,G_n\mathrm{J}_n\,(\gamma)\,\frac{\Gamma\left(\dfrac{n}{2}+\dfrac{1}{2}\right)}{\sqrt{\pi}\,\Gamma\left(\dfrac{n}{2}+1\right)} \tag{3.79}
$$

以上各式中，$\mathrm{J}_n\,(\cdot)$ 为 n 阶第一类贝塞尔函数；$\Gamma\,(\cdot)$ 为伽马函数。

又有纽曼展式

$$z'' f(z) = \sum_{n=0}^{\infty} a_n \mathrm{J}_{v+n}(z)$$

$$f(z) = \sum_{n=0}^{\infty} b_n z^n \tag{3.80}$$

比较式 (3.79) 和式 (3.80) 可得

$$a_n = (2n+1) \frac{\Gamma\left(\dfrac{n}{2} + \dfrac{1}{2}\right)}{\sqrt{\pi}\,\Gamma\left(\dfrac{n}{2} + 1\right)} G_n, \quad v = \frac{1}{2} \tag{3.81}$$

$$\mathrm{e}^{-\delta^2 \gamma^2} = \sum_{n=0}^{\infty} (2n+1) G_n \mathrm{J}_n(\gamma) \frac{\Gamma\left(\dfrac{n}{2} + \dfrac{1}{2}\right)}{\sqrt{\pi}\,\Gamma\left(\dfrac{n}{2} + 1\right)} = \sum_{n=0}^{\infty} b_n z^n \tag{3.82}$$

不难得出系数

$$b_n = \frac{(-\delta^2)^{\frac{n}{2}}}{\left(\dfrac{n}{2}\right)!} \tag{3.83}$$

最后根据公式

$$a_n = (v+n) \sum 2^{v+n-2m} \frac{\Gamma(v+n-m)}{m!} b_{n-2m} \tag{3.84}$$

经过化简计算，最终可以求得 n 为偶数情况下波束因子的表达式 [20,21]

$$G_{2p} = \frac{\Gamma(p+1)}{\Gamma(p+1/2)} \sum_{j=0}^{p} \frac{\Gamma(p+j+1/2)}{\Gamma(p-j)!j!} \times \left(-4\,(1/kw_0)^2\right)^j \tag{3.85}$$

同理，和之前的类似，利用公式

$$\begin{cases} \mathrm{P}'_{2n+1}(0) = \dfrac{(-1)^n \Gamma\left(n + \dfrac{3}{2}\right)}{\sqrt{\pi}\,\Gamma(n+1)} \\[4mm] \mathrm{P}'_{2n}(0) = 0 \end{cases} \tag{3.86}$$

可以求得 n 为奇数情况下的波数因子表达式

$$G_{2p+1} = \frac{\Gamma(p+1)}{\Gamma(p+3/2)} \sum_{j=0}^{p} \frac{\Gamma(p+j+3/2)}{\Gamma(p-j)!j!} \times \left(-4\,(1/kw_0)^2\right)^j \tag{3.87}$$

上述方法利用有限级数对波数因子进行展开，根据波数因子的表达式 (3.85) 和式 (3.87)，我们可以看出波数因子 G_n 和参数 $1/kw_0$ 有关，表 3.1 给出了高斯波中不同束腰宽度和波数因子之间的关系。其中当计算值 $G_n \leqslant 0.0001$ 时，我们便认为此时函数已经收敛。

表 3.1　不同束腰宽度时的高斯波波束因子收敛关系

n	G_n		
	$w_0 = \lambda$	$w_0 = 2\lambda$	$w_0 = 3\lambda$
1	1.0000	1.0000	1.0000
2	1.0000	1.0000	1.0000
3	0.8480	0.9620	0.9831
4	0.7467	0.9367	0.9719
5	0.4524	0.8790	0.9448
10	0.0976	0.5639	0.7780
15	0.0040	0.2619	0.5517
16	0.0001	0.2153	0.5078
20		0.0889	0.3414
25		0.0235	0.1841
30		0.0044	0.0859
35		0.0007	0.0356
39		0.0001	0.0159
45			0.0041
50			0.0011
55			0.0003
58			0.0001

从表 3.1 的计算可以看出，束腰半径 w_0 和声波波长 λ 之间的比率越大，函数收敛项越多。此外，当 $w_0 \gg \lambda$ 时，$G_n \to 1$，说明当高斯波的束腰宽度很大时，可以将其近似看作平面波。

同时，为了验证有限级数法展开高斯波束的正确性，我们分别对解析解式 (3.71) 和有限级数展开式 (3.74) 表示的入射波形进行了仿真。

仿真图结果如图 3.3 ～ 图 3.6。从图中的仿真结果可以看出，当高斯波的束腰宽度大于声波的波长时，采用有限级数法仿真的高斯波，其空间分布与解析结果拟合程度很高。因此，在高斯波的束腰宽度较大时，可以采用上述方法进行近似求解 [22,23]。

设入射高斯波关于 z 轴对称，如图 3.2 所示，由式 (3.74)，我们可以得到入射波在球坐标系中总的速度势为

$$\Phi_t = \phi_0 e^{-i\omega t} \sum_{n=0}^{\infty} G_n (2n+1) i^n (U_n + iV_n) P_n (\cos\theta) \tag{3.88}$$

$$\begin{cases} U_n = (1+\alpha_n) j_n (kr) - \beta_n n_n (kr) \\ V_n = \beta_n j_n (kr) + \alpha_n n_n (kr) \end{cases} \tag{3.89}$$

其中，α_n, β_n 分别为散射系数 $A_{n,s}$ 的实部和虚部。

仿照 3.1 节求解平面波的声辐射力函数的方法，我们可以求得高斯波对球形

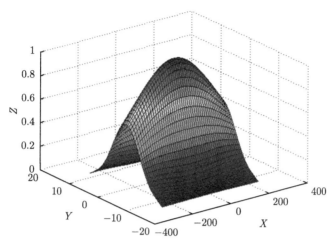

图 3.3　$w_0 = 5\lambda$ 时的入射高斯波形的解析表达式三维图解 (彩图请扫封底二维码)

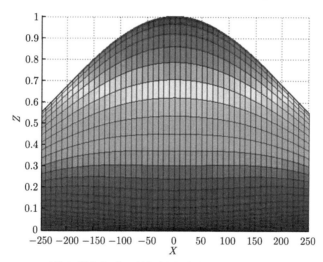

图 3.4　$w_0 = 5\lambda$ 时的入射高斯波形的解析表达式 X-Z 视图 (彩图请扫封底二维码)

粒子的轴向声辐射力表达式如下 [20]

$$Y_{\mathrm{G}} = -\frac{4}{(ka)^2} \sum_{n=0}^{\infty} (n+1) \left\{ \mathrm{Re}\left[G_n G_{n+1}^*\right] \left[\alpha_n + \alpha_{n+1} + 2\alpha_n \alpha_{n+1} + 2\beta_n \beta_{n+1}\right] \right.$$

$$\left. + \mathrm{Im}\left[G_n G_{n+1}^*\right] \left[\beta_{n+1}\left(1 + 2\alpha_n\right) - \beta_n\left(1 + 2\alpha_{n+1}\right)\right] \right\} \tag{3.90}$$

其中，$*$ 表示复数共轭。

$$F_z = \pi a^2 E Y_{\mathrm{G}} \tag{3.91}$$

其中，$E = \dfrac{1}{2}\rho k^2 A^2$ 为入射波能量密度；Y_{G} 为高斯波的声辐射力函数。

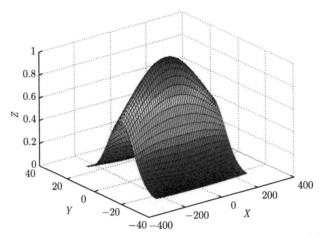

图 3.5　$w_0 = 5\lambda$ 时的入射高斯波形的有限级数展开法的三维图解 (彩图请扫封底二维码)

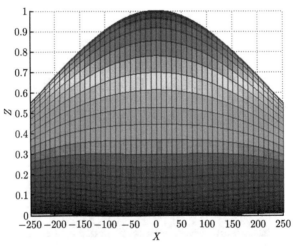

图 3.6　$w_0 = 5\lambda$ 时的入射高斯波形的有限级数展开法 X-Z 视图 (彩图请扫封底二维码)

　　由式 (3.90) 可以看出, 高斯波的辐射力函数 Y_{G} 是一个无量纲的数, 表示了单位横截面积内单位能量密度的变化, 它的大小与波数 k、粒子的半径 a、散射系数 $A_{n,\mathrm{s}}$ 相关。

参 考 文 献

[1] Beitrage M. Zur Optik truber Medien speziell kolloidaler Metallosungen. Annals of Physics, 2008, 25: 377–445.

[2] King L V. On the acoustic radiation pressure on sphere. Proceedings of the Royal Society A, 1934, 147: 212–240.

[3] Yosioka K, Kawasima Y. Acoustic radiation pressure on a compressible sphere. Acta Acustica United with Acustica, 1995, 5: 167–173.

[4] Hasegawa T, Yosioka K. Acoustic radiation on force on a solid elastic sphere. Journal of Acoustical Society of America, 1996, 46: 1139.

[5] Marston P L. Axial radiation force of a Bessel beam on a sphere and direction reversal of the force. Journal of Acoustical Society of America, 2006, 120: 3518–3524.

[6] Mitri F G. Acoustic scattering of a high-order Bessel beam by an elastic sphere. Annals of Physics, 2008, 323: 2840–2850.

[7] Marston P L. Negative axial radiation forces on solid spheres and shells in a Bessel beam. Journal of Acoustical Society of America, 2007, 122: 3162–3165.

[8] Mitri F G. Negative axial radiation force on a fluid and elastic spheres illuminated by a high-order Bessel beam of progressive waves. Journal of Physics A—Mathematical and Theoretical, 2009, 42: 1947–1957.

[9] Azarpeyvand M. Prediction of negative radiation forces due to a Bessel beam. Journal of Acoustical Society of America, 2014, 136: 547–555.

[10] Zhang X F, Zhang G B. Acoustic radiation force of a Gaussian beam incident on spherical particles in water. Ultrasound in Medicine and Biology, 2012, 38: 2007–2017.

[11] Zhang X F, Song Z G, Chen D M, et al. Finite series expansion of a Gaussian beam for the acoustic radiation force calculation of cylindrical particles in water. Journal of Acoustical Society of America, 2015, 137: 1826–1833.

[12] 梁昆淼. 数学物理方法. 2 版. 北京: 高等教育出版社，1998.

[13] 杜功焕, 朱哲民, 龚秀芬. 声学基础. 2 版. 南京: 南京大学出版社，2001.

[14] Ayres V M, Gaunaurd G C. Acoustic resonance scattering by viscoelastic objects. Journal of Acoustical Society of America, 1986, 81: 301–311.

[15] Hartmann B, Jarzynski J. Ultrasonic hysteresis absorption in polymers. Journal of Applied Physics, 1972, 43: 4304.

[16] 宋智广. 单波束微小柱形粒子声辐射力的研究. 西安: 陕西师范大学，2013.

[17] 刘式适, 刘式达. 特殊函数. 2 版. 北京: 气象出版社, 2002.

[18] Love A. A treatise on the mathematical theory of elasticity. Nature, 1906, 9: 1385.

[19] Gouesbet G, Maheu B, Gréhan G. Scattering of a Gaussian beam by a sphere using a Bromwich formulation: case of an arbitrary location. Optical Particle Sizing, 1998: 27–42.

[20] Zhang X F, Zhang G B. Acoustic radiation force of a Gaussian beam incident on spherical particles in water. Ultrasound in Medicine and Biology, 2012, 38: 2007–2017.

[21] Wu R R, Cheng K X, Liu X Z. Study of axial acoustic radiation force on a sphere in a Gaussian quasi-standing field. Wave Motion, 2016, 62: 63–74.

[22] Hinders M K. Elastic-wave scattering from an elastic cylinder. IL Nuovo Cimento B, 1993, 108: 285–301.

[23] Jiang Y F, Lu X H, Zhao C L. Radiation force of highly focused cosine-Gaussian beam on a particle in the Rayleigh scattering regime. Acta Physica Sinica, 2010, 6: 3959–3964.

第 4 章　基于声散射法研究高斯驻波对球形粒子的声辐射力

驻波是指频率相同、传输方向相反的两种声波，沿传输方向形成的一种分布状态。其中的一个波一般是另一个波的反射波。在两者声压相加的点出现波腹，在两者声压相减的点形成波节。在波形上，波节和波腹的位置始终是不变的，但它的瞬时值是随时间而改变的。如果这两种波的幅值相等，则波节的幅值为零。通过驻波场操控微粒和细胞在近几年得到了迅速的发展 [1−5]，对驻波声场中的辐射力计算也逐渐拓展到贝塞尔驻波声场等领域 [6−8]。

本章将基于声散射法，推导高斯驻波场和类高斯驻波场对小球的轴向声辐射力函数，并求解各种类型的小球的边界条件，其中包括刚性球、流体球、弹性球及黏弹性的球。本章还将分析讨论声场中的各种参数对辐射力函数的影响。

4.1　理　论　方　法

Wu 于 1991 年首次实现了声波对微小粒子的捕获作用 [9]，当时所采用的正是聚焦高斯驻波声束，采用两束相对放置的高斯聚焦声束形成驻波场，将微粒捕获在声场的波节处。与平面驻波 [6] 和贝塞尔驻波 [7,8] 相似，高斯驻波场或类高斯驻波场是指两束幅值相同或不同的高斯声波沿着同一轴线相对传播，其频率相同。

4.1.1　高斯驻波对球形粒子的声辐射力

为了计算的精确，我们假设这里的高斯驻波场为弱聚焦声场，也就是有着较大的束腰宽度 w_0，这使得波阵面的传播相位和平面波一致，我们可以将此时的波形看成是有着高斯分布的平面驻波场。

如图 4.1 所示，在均匀的介质水中，两列速度势幅值为 A 的高斯聚焦声波沿着同一轴线 Z 相对传播，两列高斯波的束腰位置相距为 $2h$，以驻波场的中心位置为原点建立直角坐标系，一个球形粒子放置在两束声波之中，假设介质中的声速为 c，密度为 ρ，入射波速度势可表示如下

$$\Phi_i = A e^{-\left(\frac{x^2+y^2}{w_0^2}\right)} \left[e^{ik(z+h)} + e^{-ik(z+h)} \right] e^{-i\omega t} \tag{4.1}$$

其中，w_0 是高斯波的波束宽度；k 是波数；ω 是声波的角频率。

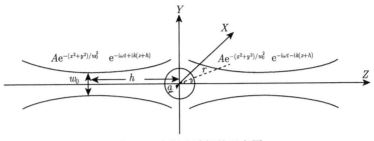

图 4.1　高斯驻波场的示意图

可以看出, 式 (4.1) 并不是亥姆霍兹方程的精确解, 从而不能用传统的散射方法来解决, 按照球函数展开为亥姆霍兹方程[10,11]。

首先将入射波进行有限级数展开

$$\varPhi_{\mathrm{i}} = \sum_{n=0}^{\infty} (2n+1)\mathrm{i}^n G_n \delta_n \mathrm{j}_n\left(kr\right) \mathrm{P}_n\left(\cos\theta\right) \mathrm{e}^{-\mathrm{i}\omega t} \tag{4.2}$$

其中,

$$\delta_n = A\left[\mathrm{e}^{\mathrm{i}kh} + (-1)^n \mathrm{e}^{-\mathrm{i}kh}\right] \tag{4.3}$$

G_n 为高斯波束的展开因子

$$\begin{cases} G_{2p} = \dfrac{\Gamma\left(p+1\right)}{\Gamma\left(p+1/2\right)} \sum\limits_{j=0}^{p} \dfrac{\Gamma\left(p+j+1/2\right)}{\Gamma\left(p-j\right)! j!} \times \left(-4\left(1/kw_0\right)^2\right)^j \\ G_{2p+1} = \dfrac{\Gamma\left(p+1\right)}{\Gamma\left(p+3/2\right)} \sum\limits_{j=0}^{p} \dfrac{\Gamma\left(p+j+3/2\right)}{\Gamma\left(p-j\right)! j!} \times \left(-4\left(1/kw_0\right)^2\right)^j \end{cases} \tag{4.4}$$

$\mathrm{j}_n(\cdot)$ 是 n 阶球贝塞尔函数; $\mathrm{P}_n(\cdot)$ 是 n 阶勒让德函数; $\Gamma(\cdot)$ 是伽马函数。

此时, 散射波的速度势可以表示为

$$\varPhi_{\mathrm{s}} = \sum_{n=0}^{\infty} (2n+1)\mathrm{i}^n A_n G_n \delta_n \mathrm{h}_n\left(kr\right) \mathrm{P}_n\left(\cos\theta\right) \mathrm{e}^{-\mathrm{i}\omega t} \tag{4.5}$$

其中, $A_n = \alpha_n + \mathrm{i}\beta_n$ 表示散射因子, 由粒子球的边界条件所决定, 这里 α_n, β_n 分别表示散射系数的实部和虚部; $\mathrm{h}_n(\cdot)$ 为第一类 n 阶球汉克尔函数。

因此, 总速度势应包含入射波和散射波, 其中有意义的部分为其实部, 可以表示为

$$\varPhi_{\mathrm{t}} = \mathrm{Re}\left[\sum_{n=0}^{\infty} (2n+1)\mathrm{i}^n G_n \delta_n\left(U_n + \mathrm{i}V_n\right) \mathrm{P}_n\left(\cos\theta\right) \mathrm{e}^{-\mathrm{i}\omega t}\right] \tag{4.6}$$

其中,

$$\begin{cases} U_n = (1 + \alpha_n)\,\mathrm{j}_n\,(kr) - \beta_n \mathrm{n}_n\,(kr) \\ V_n = \beta_n \mathrm{j}_n\,(kr) + \alpha_n \mathrm{n}_n\,(kr) \end{cases} \tag{4.7}$$

这里，$\mathrm{j}_n(\cdot)$ 为 n 阶球贝塞尔函数；$\mathrm{n}_n(\cdot)$ 为 n 阶球诺依曼函数。

因此，总速度势可以表示为

$$\Phi_{\mathrm{t}} = \sum_{n=0}^{\infty} (2n + 1) R_n \mathrm{P}_n\,(\cos\theta) \tag{4.8}$$

其中，

$$R_n = \mathrm{Re}\,[G_n \delta_n \mathrm{i}^n\,(U_n + \mathrm{i}V_n)\,(\cos\omega t - \mathrm{i}\sin\omega t)] \tag{4.9}$$

则

$$\begin{aligned} R_n \cdot R_{n+1} = \mathrm{Re}\,\{&[\mathrm{i}^n G_n \delta_n\,(U_n + \mathrm{i}V_n)\,(\cos\omega t - \mathrm{i}\sin\omega t)] \\ &\cdot [\mathrm{i}^{n+1} G_{n+1} \delta_{n+1}\,(U_{n+1} + \mathrm{i}V_{n+1})\,(\cos\omega t - \mathrm{i}\sin\omega t)]\} \end{aligned} \tag{4.10}$$

又因为

$$\delta_n \cdot \delta_{n+1} = A^2\,[\mathrm{e}^{\mathrm{i}kh} + (-1)^n\,\mathrm{e}^{-\mathrm{i}kh}] \cdot [\mathrm{e}^{\mathrm{i}kh} + (-1)^{n+1}\,\mathrm{e}^{-\mathrm{i}kh}] = A^2\,[2\mathrm{i}\sin(2kh)] \tag{4.11}$$

通过代数运算和化简，可以得出

$$\begin{aligned} \langle R_n \cdot R_{n+1} \rangle = (-1)^{n+1}\,A^2\,\big[&(g_n^{\mathrm{i}}g_{n+1}^{\mathrm{i}} + g_n^{\mathrm{r}}g_{n+1}^{\mathrm{r}})\,(U_n U_{n+1} + V_n V_{n+1}) \\ &+ (g_n^{\mathrm{i}}g_{n+1}^{\mathrm{r}} - g_n^{\mathrm{r}}g_{n+1}^{\mathrm{i}})\,(V_n U_{n+1} - U_n V_{n+1})\big]\sin(2kh) \end{aligned} \tag{4.12}$$

$$\begin{aligned} \langle R_n' \cdot R_{n+1}' \rangle = (-1)^{n+1}\,A^2\,\big[&(g_n^{\mathrm{i}}g_{n+1}^{\mathrm{i}} + g_n^{\mathrm{r}}g_{n+1}^{\mathrm{r}})\,(U_n' U_{n+1}' + V_n' V_{n+1}') \\ &+ (g_n^{\mathrm{i}}g_{n+1}^{\mathrm{r}} - g_n^{\mathrm{r}}g_{n+1}^{\mathrm{i}})\,(V_n' U_{n+1}' - U_n' V_{n+1}')\big]\sin(2kh) \end{aligned} \tag{4.13}$$

$$\begin{aligned} \langle R_n \cdot R_{n+1}' \rangle = (-1)^{n+1}\,A^2\,\big[&(g_n^{\mathrm{i}}g_{n+1}^{\mathrm{i}} + g_n^{\mathrm{r}}g_{n+1}^{\mathrm{r}})\,(U_n U_{n+1}' + V_n V_{n+1}') \\ &+ (g_n^{\mathrm{i}}g_{n+1}^{\mathrm{r}} - g_n^{\mathrm{r}}g_{n+1}^{\mathrm{i}})\,(V_n U_{n+1}' - U_n V_{n+1}')\big]\sin(2kh) \end{aligned} \tag{4.14}$$

$$\begin{aligned} \langle R_n' \cdot R_{n+1} \rangle = (-1)^{n+1}\,A^2\,\big[&(g_n^{\mathrm{i}}g_{n+1}^{\mathrm{i}} + g_n^{\mathrm{r}}g_{n+1}^{\mathrm{r}})\,(U_n' U_{n+1} + V_n' V_{n+1}) + \\ &(g_n^{\mathrm{i}}g_{n+1}^{\mathrm{r}} - g_n^{\mathrm{r}}g_{n+1}^{\mathrm{i}})\,(V_n' U_{n+1} - U_n' V_{n+1})\big]\sin(2kh) \end{aligned} \tag{4.15}$$

$$\left\langle \frac{\partial R_n}{\partial t} \cdot \frac{\partial R_{n+1}}{\partial t} \right\rangle = \omega^2\,\langle R_n \cdot R_{n+1} \rangle \tag{4.16}$$

其中，$g_n^{\mathrm{r}} = \mathrm{Re}\,[G_n]$，$g_n^{\mathrm{i}} = \mathrm{Im}\,[G_n]$ 分别表示高斯波展开因子 G_n 的实部和虚部。

沿着声波轴线方向的声辐射力公式可以表述为

$$\langle F_z \rangle = \langle F_r \rangle + \langle F_\theta \rangle + \langle F_{r,\theta} \rangle + \langle F_t \rangle \tag{4.17}$$

$$\langle F_r \rangle = \left\langle -\pi a^2 \rho \int_0^\pi \left(\frac{\partial \Phi_{\mathrm{t}}}{\partial r} \right)^2_{r=a} \sin\theta\cos\theta\mathrm{d}\theta \right\rangle \tag{4.18}$$

$$\langle F_\theta \rangle = \left\langle \pi\rho \int_0^\pi \left(\frac{\partial \Phi_{\mathrm{t}}}{\partial r} \right)^2_{r=a} \sin\theta\cos\theta\mathrm{d}\theta \right\rangle \tag{4.19}$$

$$\langle F_{r,\theta} \rangle = \left\langle 2\pi a\rho \int_0^\pi \left(\frac{\partial \Phi_{\mathrm{t}}}{\partial r} \right)_{r=a} \left(\frac{\partial \Phi_{\mathrm{t}}}{\partial \theta} \right)_{r=a} \sin^2\theta\mathrm{d}\theta \right\rangle \tag{4.20}$$

$$\langle F_t \rangle = \left\langle -\frac{\pi a^2 \rho}{c^2} \int_0^\pi \left(\frac{\partial \Phi_{\mathrm{t}}}{\partial t} \right)^2_{r=a} \sin^2\theta\cos\theta\mathrm{d}\theta \right\rangle \tag{4.21}$$

由勒让德函数的正交性、球贝塞尔函数的递推公式等，最终我们可以得出粒子球在高斯驻波场中所受轴向 (z 轴) 声辐射力为

$$F_{\mathrm{st}} = \pi a^2 E Y_{\mathrm{st}} \cdot \sin\left(2kh\right) \tag{4.22}$$

其中，$E = \dfrac{1}{2}\rho k^2 A^2$ 表示声能量密度；Y_{st} 为声辐射力函数 [12]

$$\begin{aligned}
Y_{\mathrm{st}} &= \frac{8}{(ka)^2} \sum_{n=0}^\infty (n+1)(-1)^{n+1} \\
&\quad \cdot \left\{ \left(g_n^{\mathrm{r}} g_{n+1}^{\mathrm{r}} + g_n^{\mathrm{i}} g_{n+1}^{\mathrm{i}} \right) \left[\beta_{n+1}\left(1+2\alpha_n\right) - \beta_n\left(1+2\alpha_n\right) \right] \right. \\
&\quad \left. - \left(g_n^{\mathrm{i}} g_{n+1}^{\mathrm{r}} - g_n^{\mathrm{r}} g_{n+1}^{\mathrm{i}} \right) \left(\alpha_n + \alpha_{n+1} + 2\alpha_n\alpha_{n+1} + 2\beta_n\beta_{n+1} \right) \right\}
\end{aligned} \tag{4.23}$$

4.1.2 类高斯驻波对球形粒子的声辐射力

当两束频率相同、幅值不同的高斯声波沿着同一轴线相对传播时，将会形成类高斯驻波场。

如图 4.2 所示，入射类高斯驻波的速度势可以表示为

$$\Phi_{\mathrm{i}} = \mathrm{e}^{-(x^2+y^2)/w_0^2} \left[A\mathrm{e}^{\mathrm{i}k(z+h)} + B\mathrm{e}^{-\mathrm{i}k(z+h)} \right] \mathrm{e}^{-\mathrm{i}\omega t} \tag{4.24}$$

式 (4.24) 中的第一项和第二项分别代表了沿着 z 轴正方向和负方向传播的高斯行波，其速度势幅度分别为实数 A 和 B (设 $A \geqslant B$)。

定义：

$$\delta_n' = A\mathrm{e}^{\mathrm{i}kh} + (-1)^n B\mathrm{e}^{-\mathrm{i}kh} \tag{4.25}$$

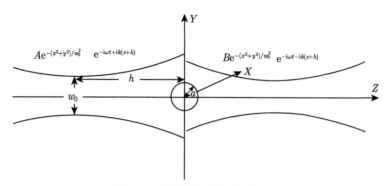

图 4.2　类高斯驻波场的示意图

则入射波速度势可以表示为

$$\Phi_{\mathrm{i}} = \sum_{n=0}^{\infty} (2n+1)\mathrm{i}^n G_n \delta'_n \mathrm{j}_n\,(kr)\,\mathrm{P}_n\,(\cos\theta)\,\mathrm{e}^{-\mathrm{i}\omega t} \tag{4.26}$$

$$R_n = \mathrm{Re}\left[G_n \delta'_n \mathrm{i}^n\,(U_n + \mathrm{i}V_n)\,(\cos\omega t - \mathrm{i}\sin\omega t)\right] \tag{4.27}$$

仿照前几节的化简方法，可以得到

$$
\begin{aligned}
\langle R_n \cdot R_{n+1} \rangle =\ &(-1)^{n+1} AB\left[\left(g_n^{\mathrm{i}} g_{n+1}^{\mathrm{i}} + g_n^{\mathrm{r}} g_{n+1}^{\mathrm{r}}\right)\left(U_n U_{n+1} + V_n V_{n+1}\right)\right.\\
&+ \left.\left(g_n^{\mathrm{i}} g_{n+1}^{\mathrm{r}} - g_n^{\mathrm{r}} g_{n+1}^{\mathrm{i}}\right)\left(V_n U_{n+1} - U_n V_{n+1}\right)\right]\sin\left(2kh\right)\\
&+ \frac{A^2 - B^2}{2}\left[\left(g_n^{\mathrm{i}} g_{n+1}^{\mathrm{r}} - g_n^{\mathrm{r}} g_{n+1}^{\mathrm{i}}\right)\left(U_n U_{n+1} + V_n V_{n+1}\right)\right.\\
&+ \left.\left(g_n^{\mathrm{i}} g_{n+1}^{\mathrm{i}} + g_n^{\mathrm{r}} g_{n+1}^{\mathrm{r}}\right)\left(U_n V_{n+1} - V_n U_{n+1}\right)\right]
\end{aligned}
\tag{4.28}
$$

$$
\begin{aligned}
\langle R'_n \cdot R'_{n+1} \rangle =\ &(-1)^{n+1} AB\left[\left(g_n^{\mathrm{i}} g_{n+1}^{\mathrm{i}} + g_n^{\mathrm{r}} g_{n+1}^{\mathrm{r}}\right)\left(U'_n U'_{n+1} + V'_n V'_{n+1}\right)\right.\\
&+ \left.\left(g_n^{\mathrm{i}} g_{n+1}^{\mathrm{r}} - g_n^{\mathrm{r}} g_{n+1}^{\mathrm{i}}\right)\left(V'_n U'_{n+1} - U'_n V'_{n+1}\right)\right]\sin\left(2kh\right)\\
&+ \frac{A^2 - B^2}{2}\left[\left(g_n^{\mathrm{i}} g_{n+1}^{\mathrm{r}} - g_n^{\mathrm{r}} g_{n+1}^{\mathrm{i}}\right)\left(U'_n U'_{n+1} + V'_n V'_{n+1}\right)\right.\\
&+ \left.\left(g_n^{\mathrm{i}} g_{n+1}^{\mathrm{i}} + g_n^{\mathrm{r}} g_{n+1}^{\mathrm{r}}\right)\left(U'_n V'_{n+1} - V'_n U'_{n+1}\right)\right]
\end{aligned}
\tag{4.29}
$$

$$
\begin{aligned}
\langle R_n \cdot R'_{n+1} \rangle =\ &(-1)^{n+1} AB\left[\left(g_n^{\mathrm{i}} g_{n+1}^{\mathrm{i}} + g_n^{\mathrm{r}} g_{n+1}^{\mathrm{r}}\right)\left(U_n U'_{n+1} + V_n V'_{n+1}\right)\right.\\
&+ \left.\left(g_n^{\mathrm{i}} g_{n+1}^{\mathrm{r}} - g_n^{\mathrm{r}} g_{n+1}^{\mathrm{i}}\right)\left(V_n U'_{n+1} - U_n V'_{n+1}\right)\right]\sin\left(2kh\right)\\
&+ \frac{A^2 - B^2}{2}\left[\left(g_n^{\mathrm{i}} g_{n+1}^{\mathrm{r}} - g_n^{\mathrm{r}} g_{n+1}^{\mathrm{i}}\right)\left(U_n U'_{n+1} + V_n V'_{n+1}\right)\right.\\
&+ \left.\left(g_n^{\mathrm{i}} g_{n+1}^{\mathrm{i}} + g_n^{\mathrm{r}} g_{n+1}^{\mathrm{r}}\right)\left(U_n V'_{n+1} - V_n U'_{n+1}\right)\right]
\end{aligned}
\tag{4.30}
$$

$$
\begin{aligned}
\langle R_n' \cdot R_{n+1} \rangle = {}&(-1)^{n+1} AB \left[\left(g_n^{\mathrm{i}} g_{n+1}^{\mathrm{i}} + g_n^{\mathrm{r}} g_{n+1}^{\mathrm{r}} \right) \left(U_n' U_{n+1} + V_n' V_{n+1} \right) \right. \\
&\left. + \left(g_n^{\mathrm{i}} g_{n+1}^{\mathrm{r}} - g_n^{\mathrm{r}} g_{n+1}^{\mathrm{i}} \right) \left(V_n' U_{n+1} - U_n' V_{n+1} \right) \right] \sin\left(2kh \right) \\
&+ \frac{A^2 - B^2}{2} \left[\left(g_n^{\mathrm{i}} g_{n+1}^{\mathrm{r}} - g_n^{\mathrm{r}} g_{n+1}^{\mathrm{i}} \right) \left(U_n' U_{n+1} + V_n' V_{n+1} \right) \right. \\
&\left. + \left(g_n^{\mathrm{i}} g_{n+1}^{\mathrm{i}} + g_n^{\mathrm{r}} g_{n+1}^{\mathrm{r}} \right) \left(U_n' V_{n+1} - V_n' U_{n+1} \right) \right]
\end{aligned}
\tag{4.31}
$$

$$
\left\langle \frac{\partial R_n}{\partial t} \cdot \frac{\partial R_{n+1}}{\partial t} \right\rangle = \omega^2 \left\langle R_n \cdot R_{n+1} \right\rangle
\tag{4.32}
$$

其中, $g_n^{\mathrm{r}} = \mathrm{Re}\left[G_n \right]$, $g_n^{\mathrm{i}} = \mathrm{Im}\left[G_n \right]$ 分别表示高斯波展开因子 G_n 的实部和虚部。

从而可以得到, 类高斯驻波场对球形粒子的辐射力 F_{qst}

$$
F_{\mathrm{qst}} = \pi a^2 E Y_{\mathrm{qst}}
\tag{4.33}
$$

辐射力函数 Y_{qst} 为 [12]

$$
\begin{aligned}
Y_{\mathrm{qst}} = {}&\frac{8}{(ka)^2} \sum_{n=0}^{\infty} (n+1) \\
&\cdot \left\{ (-1)^{n+1} \frac{B}{A} \left[\begin{array}{l} \left(g_n^{\mathrm{r}} g_{n+1}^{\mathrm{r}} + g_n^{\mathrm{i}} g_{n+1}^{\mathrm{i}} \right) \\ \cdot \left[\beta_{n+1} \left(1 + 2\alpha_n \right) - \beta_n \left(1 + 2\alpha_n \right) \right] \\ - \left(g_n^{\mathrm{i}} g_{n+1}^{\mathrm{r}} - g_n^{\mathrm{r}} g_{n+1}^{\mathrm{i}} \right) \\ \cdot \left(\alpha_n + \alpha_{n+1} + 2\alpha_n \alpha_{n+1} + 2\beta_n \beta_{n+1} \right) \end{array} \right] \sin\left(2kh \right) \right. \\
&\left. - \frac{A^2 - B^2}{2A^2} \left[\begin{array}{l} \left(g_n^{\mathrm{i}} g_{n+1}^{\mathrm{r}} - g_n^{\mathrm{r}} g_{n+1}^{\mathrm{i}} \right) \\ \cdot \left[\beta_{n+1} \left(1 + 2\alpha_n \right) - \beta_n \left(1 + 2\alpha_n \right) \right] \\ + \left(g_n^{\mathrm{r}} g_{n+1}^{\mathrm{r}} + g_n^{\mathrm{i}} g_{n+1}^{\mathrm{i}} \right) \\ \cdot \left(\alpha_n + \alpha_{n+1} + 2\alpha_n \alpha_{n+1} + 2\beta_n \beta_{n+1} \right) \end{array} \right] \right\}
\end{aligned}
\tag{4.34}
$$

通过与第 3 章获得的高斯行波中的辐射力函数 Y_{G} 以及本章获得的高斯驻波中的辐射力函数 Y_{st}, 即式 (3.90) 和式 (4.23) 进行对比, 可以得到: 类高斯驻波场对球形粒子的辐射力函数 Y_{qst} 可以展开为 Y_{G} 和 Y_{st} 的关系式。

$$
Y_{\mathrm{qst}} = \left(1 - \frac{B^2}{A^2} \right) \cdot Y_{\mathrm{G}} + \frac{B}{A} \cdot Y_{\mathrm{st}} \cdot \sin\left(2kh \right)
\tag{4.35}
$$

同时可以得到各种声波的辐射力之间的关系式

$$
\begin{aligned}
&F_{\mathrm{qst}} = F_p \left[\left(1 - \frac{B^2}{A^2} \right) + \frac{B}{A} \cdot R_{\mathrm{ps}} \cdot \sin\left(2kh \right) \right] \\
&R_{\mathrm{ps}} = Y_{\mathrm{st}} / Y_{\mathrm{G}}
\end{aligned}
\tag{4.36}
$$

$$F_{\mathrm{G}} = \pi a^2 E Y_{\mathrm{G}} \tag{4.37}$$

从式 (4.36) 可以看出，当 $A = B$ 时，类高斯驻波场对粒子球的辐射力 F_{qst} 和高斯驻波场对粒子球的辐射力 F_{st} 一致，而当 $B = 0$ 时，类高斯驻波场对粒子球的辐射力 F_{qst} 与高斯行波对粒子球的辐射力 F_{G} 一致，这里理论与公式相吻合。

4.1.3　高斯驻波场对偏离焦点中心的球形粒子的声辐射力

如图 4.3 所示，当粒子球的位置偏离高斯驻波场的中心点 h_0 处时，根据前面的计算推导方法，最终可以将声辐射力函数化简为如下公式 [12]，这里便不再赘述推导过程。

$$F_{\mathrm{st}} = \pi a^2 E Y_{\mathrm{st}} \cdot \sin\left(2kh\right) \tag{4.38}$$

$$Y_{\mathrm{st}} = -\frac{8}{(ka)^2} \sum_{n=0}^{\infty} (-1)^n$$

$$\cdot \left\{ \mathrm{Re}\left[G_n G_{n+1}^* \cdot \left(\cos\left(kh_0\right) - \mathrm{i}\sin\left(kh_0\right)\right)\right] \cdot \left(\beta_{n+1}\left(1 + 2\alpha_n\right) - \beta_n\left(1 + 2\alpha_n\right)\right) \right.$$

$$\left. -\mathrm{Im}\left[G_n G_{n+1}^* \cdot \left(\cos\left(kh_0\right) - \mathrm{i}\sin\left(kh_0\right)\right)\right] \cdot \left(\alpha_n + \alpha_{n+1} + 2\alpha_n\alpha_{n+1} + 2\beta_n\beta_{n+1}\right) \right\} \tag{4.39}$$

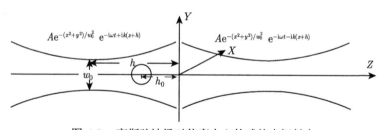

图 4.3　高斯驻波场对偏离中心的球的声辐射力

4.2　仿真分析与讨论

在本节中，我们将计算并分析几种高斯驻波场中声辐射力函数的理论模型，讨论两种流体介质球、两种弹性球和一种黏弹性球的辐射力性质。表 4.1 给出了本节所用到的所有材料的性质 [12]。仿真计算采用有限级数展开的方法，正如第 3 章介绍的，为了提高理论的精确度，接下来的仿真图使用的波束步长率 $\Delta(ka) = 10^{-4}$，同时求解的辐射力函数式 (4.23)、式 (4.24) 和式 (4.39) 中 n 的截断数为 $G_n < 0.0001$。

表 4.1 不同材料的声学性质

材料	密度 /($\times 10^3$ kg/m^3)	纵波声速 /(m/s)	剪切波声速 /(m/s)	归一化纵波声衰减系数 γ_1	归一化剪切波声衰减系数 γ_2
空气	0.00123	340	—	—	—
水	1	1500	—	—	—
油酸	0.938	1450	—	—	—
动物油脂	0.8	1400	—	—	—
聚甲基丙烯酸甲脂 (PMMA)	1.19	2680	1380	0.0119	0.0257
不锈钢	7.9	5240	2978	—	—
黄铜	8.1	3830	2050	—	—

4.2.1 高斯驻波场对空气中的液体球作用的声辐射力

在声辐射力流体动力学应用中,在空气中操纵液体微粒是一个重要的应用,尤其是用于模拟在低重力条件下的声场环境,在此条件下,液体介质将保持球形。由于水的密度大约为空气的 813 倍,同时水和空气的声阻抗不匹配,所以空气介质中的水滴可以近似看作水中的刚性物体[7]。通过计算仿真,水中的刚性球所受高斯驻波场的声辐射力函数与空气中的水滴的声辐射力函数完全一致。如图 4.4 给出了横坐标 $0 \leqslant ka \leqslant 10$ 范围中的声辐射力函数 Y_{st} 的变化曲线。

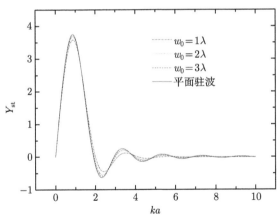

图 4.4 高斯驻波场在不同束腰宽度情况下对空气中的水滴 (或水中的刚性球) 作用的声辐射力函数曲线

从图中可以看出,当 $ka < 1$ 时,声辐射力随着 ka 的增大而迅速增大。在低 ka 值情况下的这个峰是由驻波与刚性球相互作用的特征属性决定的。当 $ka > 1$ 时,声辐射力急剧减小到 0,接着 Y_{st}-ka 曲线出现了一系列明显的波峰和波谷,这是由刚性球的共振特性所决定的。随着 ka 的进一步增大,这些峰值和谷值渐渐变小,此结果与平面波驻波场对球的辐射力函数结果相类似[6]。

同时，图 4.4 还给出了高斯驻波在不同束腰宽度情况下对空气中的水滴 (或水中的刚性球) 作用的声辐射力函数曲线。从图中可以看出,高斯驻波的束腰宽度对声辐射力函数也有着一定的影响。随着束腰宽度 w_0 的增大，曲线上的峰值和谷值也在增大。而当束腰宽度远大于入射波在介质中的波长时 $(w_0 > 3\lambda)$，高斯驻波的声辐射力函数趋近于平面驻波形式,此结果也与之前的高斯行波的研究相吻合 [11,13]。

4.2.2　高斯驻波场对水中的液体球作用的声辐射力

在生物工程应用中，利用声波操纵细胞或粒子也越来越得到重视。在这里，我们用油酸和动物油脂来仿真计算脂肪颗粒。图 4.5 给出了不同束腰宽度下的高斯驻波场对水中的油酸球作用的声辐射力函数曲线。无量纲频率范围为 $0 \leqslant ka \leqslant 10$。从图中可以看出，$Y_{st}$-$ka$ 曲线在 $ka = 1$ 附近达到了峰值，之后和刚性球类似，随着 ka 的增大，也出现了一系列波峰和波谷。同时，通过比较可以发现，这些峰值和谷值要比之前的刚性球的声辐射力函数更明显。同样，随着高斯驻波的束腰宽度的增大，这些峰值和谷值也得到了增大。

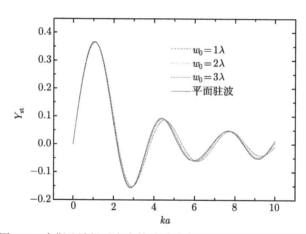

图 4.5　高斯驻波场对水中的油酸球作用的声辐射力函数曲线

图 4.6 给出了高斯驻波场对水中的油脂球粒子作用的声辐射力函数曲线，通过比较图 4.5 和图 4.6 可以看出，由于两种球形粒子材料的声学性质的不同，其声辐射力函数曲线与油酸的曲线也有所区别，特别体现在声辐射力的幅值大小：油脂球的声辐射力相对油酸球的声辐射力较大，但是两种液体球情况下的声辐射力都远小于之前刚性球情况下的声辐射力 (图 4.4)。

4.2.3　高斯驻波场对水中的黏弹性球作用的声辐射力

聚合物材料在声辐射力的应用中也起着相当重要的作用，聚合物粒子被广泛用于药物输送技术中。在声场中，聚合物黏弹性粒子会吸收声波的能量,参考 3.1.1

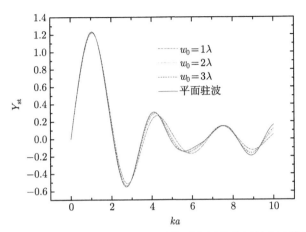

图 4.6 高斯驻波场对水中的油脂球粒子作用的声辐射力函数曲线

节弹性球边界条件的求解方法，在黏弹性边界条件中应该考虑粒子对声波的吸收作用，并重构波数模型[13]。对于黏弹性材料，具体体现在归一化的纵波吸收系数 γ_1 和横波吸收系数 γ_2，用 $\tilde{x}_1 = k_1 a\,(1 - j\gamma_1)$, $\tilde{x}_s = k_s a\,(1 - j\gamma_s)$ 分别替代弹性边界条件中的 $x_1 = k_1 a$, $x_s = k_s a$。

图 4.7 给出了水中的聚甲基丙烯酸甲酯 (PMMA) 微球粒子在高斯驻波场所受声辐射力函数曲线。从图中可以看出，同样出现了一系列波峰和波谷，但是与之前的曲线相比，这里的波峰与波谷更加明显并且尖锐，这说明了 PMMA 微球由于可压缩性使得共振特性更加明显。此外，如果考虑黏弹性材料对声波的吸收作用，声辐射力曲线的峰值和谷值在除了 $ka \sim 8$ 的位置都出现了一定的减小。因此，声辐射力在描述聚合物材料的特性时被认为是与频率相关的。

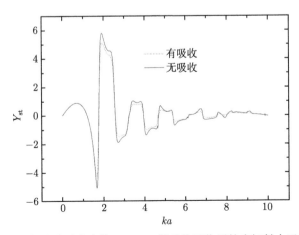

图 4.7 高斯驻波对水中的 PMMA 微球粒子作用的声辐射力函数曲线

4.2.4　高斯驻波场对水中的固体弹性球作用的声辐射力

我们还研究和讨论了固体弹性材料所受的声辐射力作用，可以为工业上微结构的装备提供理论依据，比如高斯驻波场对固体弹性球的声悬浮作用。图 4.8 和图 4.9 分别给出了弹性不锈钢球和铜球在高斯驻波场的声辐射力函数曲线，可以看出 Y_{st}-ka 曲线根据两种材料的弹性振动的共振频率也出现了一系列的波峰和波谷。同时，高斯驻波的束腰宽度对峰值和谷值有着影响，而且随着束腰宽度的增大，这个影响不断减小。当单束腰宽度远大于入射波的波长时 $(w_0 > 3\lambda)$，高斯驻波的声辐射力函数和平面驻波的声辐射力函数相一致。

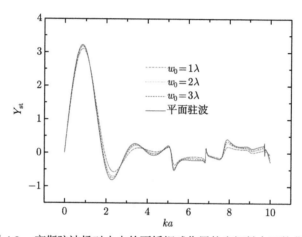

图 4.8　高斯驻波场对水中的不锈钢球作用的声辐射力函数曲线

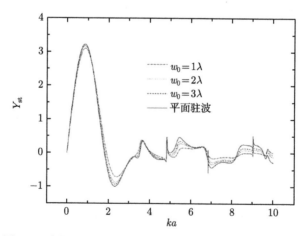

图 4.9　高斯驻波场对水中的铜球作用的声辐射力函数曲线

4.2.5 类高斯驻波场对水中的不锈钢球作用的声辐射力

图 4.10 给出了类高斯驻波场对水中的不锈钢球作用的声辐射力函数曲线, 此时类高斯驻波的束腰宽度 $w_0 = 3\lambda$, 沿着 z 轴负方向传播和 z 轴正方向传播的高斯波其幅值比率为 B/A。从图 4.10 中可以看出随着比率 B/A 的降低, 声辐射力曲线在 $ka = 1$ 处的峰值也随之降低, 但之后出现的波峰和波谷却随之增大, 使得声辐射力函数更加趋近于高斯行波的声辐射力函数。此外, 可以看出当幅值比率 $B = A$ 时, 类高斯驻波场的声辐射力 F_{qst} 与高斯驻波场的辐射力 F_{st} 完全相吻合。而当幅值比率 $B/A = 0$ 时, 类高斯驻波场的声辐射力 F_{qst} 与高斯行波场的辐射力 F_{G} 完全相吻合 [11]。仿真结果与理论预测相吻合。

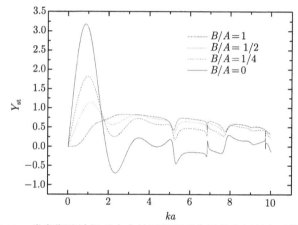

图 4.10　类高斯驻波场对水中的不锈钢球作用的声辐射力函数曲线

根据式 (4.36) 计算出 R_{ps} 值的曲线, 由于 $Y_{\mathrm{st}} = Y_p = 0$, 所以 R_{ps} 在 $ka = 0$ 处没有意义。当 $0 < ka \leqslant 1$ 时, 由于 Y_{st} 随着 ka 的增大而急剧增大, R_{ps} 的值非常大。图 4.11 描绘了在 $1 \leqslant ka \leqslant 10$ 范围中, 高斯驻波场和高斯行波场对不锈钢球的声辐射力函数比率。从图 4.10 可以看出, 高斯驻波场的声辐射力函数曲线在 $ka \to 1$ 的位置远大于高斯行波场的声辐射力函数曲线, 因此, 在 $ka \to 1$ 附近, R_{ps} 的值一开始比较大。在 $ka = 1.5$ 处附近, 高斯驻波场和行波场的声辐射力函数曲线相交, 因此在图 4.11 中在相同位置 $R_{\mathrm{ps}} = 1$。与对图 4.10 的讨论类似, 根据粒子材料的共振模式, 在相同的位置出现了一系列波峰和波谷的相应。R_{ps} 在图 4.10 中 $Y_{\mathrm{st}} = 0$ 的位置同样出现了零点。

4.2.6 高斯驻波场对不同球形粒子的分离

根据式 (4.39), 图 4.12 给出了不锈钢球形粒子和 PMMA 球形粒子在高斯驻波场中在不同位置处所受辐射力函数。此时我们取 $ka = 2$, 束腰宽度 $w_0 = 3\lambda$。

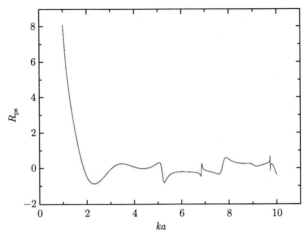

图 4.11　高斯驻波和高斯行波对不锈钢球的声辐射力函数比率

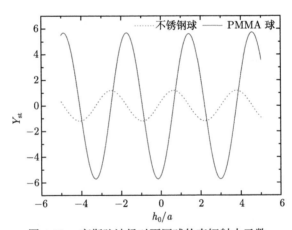

图 4.12　高斯驻波场对不同球的声辐射力函数

　　显然可以看出，两种粒子在高斯驻波场中的声辐射力函数均为正弦波形，说明粒子将会被拉向或者推向驻波场的波节位置，也就是声辐射力函数的零点处。因此由于两种球形粒子不同的共振模式，在 $ka = 2$ 处，PMMA 球所受的声辐射力函数要远大于不锈钢球所受的声辐射力函数。同时，不同粒子所受辐射力函数的零点位置也不同。因此，这个结论说明了利用高斯驻波场对不同球形细胞或粒子的操纵和分离的可能性。

参 考 文 献

[1] Shi J J, Daniel A, Mao X, et al. Acoustical tweezers: patterning cells and micro particles using standing surface acoustic waves (SSAW). Lab on a Chip, 2009, 9: 2890–2895.

[2] Shi J J, Shahrzad Y, Lin S, et al. Three-dimensional continuous particle focusing in a microfluidic channel via standing surface acoustic waves (SSAW). Lab on a Chip, 2011, 11: 2319–2324.

[3] Tran S B Q, Marmottant P, Thibault P. Fast acoustic tweezers for the two-dimensional manipulation of individual particles in microfluidic channels. Applied Physics Letters, 2012, 101: 114103.

[4] Meng L, Cai F Y. Precise and programmable manipulation of microbubbles by two-dimensional standing surface acoustic waves. Applied Physics Letters, 2012, 100: 173701.

[5] Ding X Y, Huang T J. On-chip manipulation of single microparticles, cells, and organisms using surface acoustic waves. The Proceedings of the National Academy of Sciences, 2012, 109: 11105–11109.

[6] Hasegawa T. Acoustic radiation force on a sphere in a quasistationary wave field-theory. Journal of Acoustical Society of America, 1979, 65: 32–40.

[7] Mitri F G. Acoustic radiation force on a sphere in standing and quasi-standing zero-order Bessel beam tweezers. Annals of Physics, 2008, 323: 1604–1620.

[8] Mitri F G. Acoustic radiation force of high-order Bessel beam standing wave tweezers on a rigid sphere. Ultrasonics, 2009, 49: 794–798.

[9] Wu J R. Acoustical tweezers. Journal of Acoustical Society of America, 1991, 89: 2140–2143.

[10] Zhang X F, Zhang G B. Acoustic radiation force of a Gaussian beam incident on spherical particles in water. Ultrasound in Medicine and Biology, 2012, 38: 2007–2017.

[11] Zhang X F, Song Z G, Chen D M, et al. Finite series expansion of a Gaussian beam for the acoustic radiation force calculation of cylindrical particles in water. Journal of Acoustical Society of America, 2015, 137: 1826–1833.

[12] Wu R R, Cheng K X, Liu X Z, et al. Study of axial acoustic radiation force on a sphere in a Gaussian quasi-standing field. Wave Motion, 2016, 62: 63–74.

[13] Hartmann B, Jarzynski J. Ultrasonic hysteresis absorption in polymers. Journal of Applied Physics, 1972, 43: 4304.

第 5 章　基于声散射法研究高斯行波对多层球形粒子的声辐射力

当流体介质中传播的声波遇到障碍物时，会在障碍物表面处发生反射、折射和散射，因此声场中的物体与声波间的作用是物体与入射声波、反射声波、折射声波和散射声波间的相互作用。通过计算物体在声场中的散射系数，根据声波的辐射理论便可求解声辐射力。

近年来，对单个超声波束对球形物体的声辐射力进行了大量的理论和实验研究 [1-5]。基于声辐射力的声镊已成为捕获、分类和组装微粒 (引导和捕获微小颗粒) 的著名技术 [6-10]，特别是在细胞和分子生物学中，粒子操纵在研究各种细胞和分子的生物力学特性方面起着至关重要的作用。然而在以往的文献中，这些粒子大多是单层球壳结构。在生物医学工程和材料科学中，存在着许多具有多层结构的粒子，如纳米颗粒药物、细胞等。在药物递送应用中 [11-14]，使用填充了液体药物的聚合物微球，利用声辐射对微球进行了有效的操纵，从而使外壳被精确地打破并用于受影响的区域。普通细胞是典型的由细胞膜、细胞质和细胞核组成的多层组织，这些层的声学特性不同。因此，对多层球壳结构声辐射力的研究将具有更实际的应用价值。

高斯声束被广泛应用于模拟会聚或发散于焦点区域的声波场和光波场。根据高斯声束的源功率和传播距离，粒子可以被声束捕获到焦区 [15,16]。本章将提出一个计算高斯聚焦声束作用于球对称多层球体上的声辐射力的模型；然后，研究了双层和三层各向同性球体在不同层材料半径比下的辐射力。研究结果表明，本章提出的理论对多层球形粒子的操纵更具普遍性，并提供了计算多层球形粒子的声辐射力的一种方法。

5.1　入射高斯声束的球面函数展开

让高斯声波入射到浸入无黏流体介质中的双层或三层球体上，波沿 +z 方向传播。高斯声束的中心位置是坐标的原点。球体的中心是 (0, 0, 0)，这是球面坐标系的原点，如图 5.1 和图 5.2 所示，图 5.1 中 a、b 是球对称双层球的内、外半径；图 5.2 中 a、b 和 c 是球对称三层球体的外、中和内半径。为了简单起见，本章假设高斯声束是弱聚焦的。此外，高斯声束中传播的相位前沿几乎等于声束腰

附近的平面波。这意味着它可以近似地看作是高斯振幅分布的声波。入射声波的速度势可写为

$$\phi_{\mathrm{i}} = \phi_0 \exp(-(x^2 + y^2)/w_0^2)\exp(\mathrm{i}kz) \tag{5.1}$$

式中，ϕ_0 为速度势的振幅，w_0 为高斯声束的宽度，让

$$x = r\sin\theta\cos\varphi, \quad y = r\sin\theta\sin\varphi, \quad z = r\cos\theta, \quad s = 1/kw_0, \quad \rho = kr$$

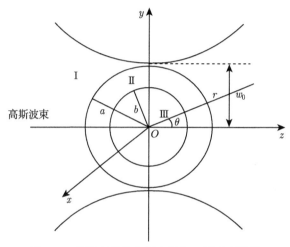

图 5.1 高斯声束的几何坐标和双层球面模型

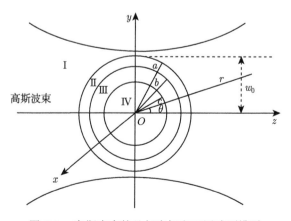

图 5.2 高斯声束的几何坐标和三层球面模型

在球坐标系中，入射波的速度势可以用一般特征函数展开来表示 [17]

$$\phi_\mathrm{i} = \phi_0 \mathrm{e}^{-s^2\rho^2\sin^2\theta} \mathrm{e}^{\mathrm{i}\rho\cos\theta} = \phi_0 \sum_{n=0}^{\infty} Q_n \mathrm{i}^n (2n+1) \mathrm{j}_n(\rho) \mathrm{P}_n(\cos\theta) \exp(\mathrm{i}\omega t) \quad (5.2)$$

这里，

$$Q_{2n} = \frac{\Gamma(n+1)}{\Gamma(n+1/2)} \sum_{j=0}^{n} \frac{\Gamma(n+j+1/2)}{\Gamma(n-j)!j!} \times (-4s^2)^j \quad (5.3)$$

$$Q_{2n+1} = \frac{\Gamma(n+1)}{\Gamma(n+3/2)} \sum_{j=0}^{n} \frac{\Gamma(n+j+3/2)}{\Gamma(n-j)!j!} \times (-4s^2)^j \quad (5.4)$$

其中，$\mathrm{j}_n(\cdot)$ 是 n 阶的球面贝塞尔函数；$\mathrm{P}_n(\cdot)$ 是 n 阶的勒让德函数；$\Gamma(\cdot)$ 是伽马函数。式 (5.3) 和式 (5.4) 的声束系数 Q_n 可以由无量纲参数 $1/kw_0$ 表示。不同的 w_0 与 λ 比，收敛项不同。

为了验证有限级数方法的有效性，我们对入射高斯声束进行了精确解和有限级数解的计算。结果表明，当 $w_0 \geqslant 2\lambda$ 时，有限级数计算的波束与精确解一致 [3]。

5.2　双层球形粒子对高斯波的散射系数

设高斯波关于 z 轴对称入射到悬浮在液体中的双层球上，我们将整个区域划分为 3 个区域，如图 5.1 所示，则入射波在球坐标系中的速度势表达式可写为

$$\phi_\mathrm{i} = \phi_0 \sum_{n=0}^{\infty} \varLambda_n (-\mathrm{i})^n (2n+1) \mathrm{j}_n(k_0 r) \mathrm{P}_n(\cos\theta) \quad (5.5)$$

式中，ϕ_0 表示入射波速度势的幅度大小；j_n 为第一类球贝塞尔函数；k_0 是入射波在区域 I 中的波数；P_n 表示勒让德函数。

当入射波入射到双层球外壳时会发生反射，则反射波的速度势表达式为

$$\phi_\mathrm{s} = \phi_0 \sum_{n=0}^{\infty} \varLambda_n (2n+1)(-\mathrm{i})^n A_n \mathrm{h}_n^{(1)}(k_0 r) \mathrm{P}_n(\cos\theta) \quad (5.6)$$

式中，A_n 是由边界条件决定的反射系数。

在区域 I 中，声波的总速度势表达式为

$$\varPhi_1 = \phi_\mathrm{i} + \phi_\mathrm{s} = \phi_0 \sum_{n=0}^{\infty} \varLambda_n (2n+1)(-\mathrm{i})^n (\mathrm{j}_n(k_0 r) + A_n \mathrm{h}_n^{(1)}(k_0 r)) \mathrm{P}_n(\cos\theta) \quad (5.7)$$

入射波从区域 I,折射波从区域 II 经过模式转换为横波与纵波两种形式。在区域 II 中,声波的纵波总速度势表达式为

$$\varPhi_2 = \phi_0 \sum_{n=0}^{\infty} \varLambda_n (2n+1)(-\mathrm{i})^n (B_n \mathrm{j}_n(k_1 r) + C_n \mathrm{n}_n(k_1 r)) \mathrm{P}_n(\cos\theta) \qquad (5.8)$$

式中,n_n 为诺依曼函数;k_1 为纵波在区域 II 中的波数;B_n, C_n 是由边界条件决定的未知系数。

声波的横波总速度势表达式为

$$\varPsi_2 = \phi_0 \sum_{n=0}^{\infty} \varLambda_n (2n+1)(-\mathrm{i})^n (D_n \mathrm{j}_n(k_2 r) + E_n \mathrm{n}_n(k_2 r)) \frac{\mathrm{dP}_n(\cos\theta)}{\mathrm{d}\theta} \qquad (5.9)$$

式中,k_2 为横波在区域 II 中的波数;D_n, E_n 是由边界条件决定的未知系数。

区域 III 中,纵波的速度势表达式为

$$\varPhi_3 = \phi_0 \sum_{n=0}^{\infty} \varLambda_n (2n+1)(-\mathrm{i})^n (F_n \mathrm{j}_n(k_3 r)) \mathrm{P}_n(\cos\theta) \qquad (5.10)$$

式中,k_3 为纵波在区域 III 中的波数;F_n 是由边界条件决定的未知系数。

横波的速度势表达式为

$$\varPsi_3 = \phi_0 \sum_{n=0}^{\infty} \varLambda_n (2n+1)(-\mathrm{i})^n (G_n \mathrm{j}_n(k_4 r)) \frac{\mathrm{dP}_n(\cos\theta)}{\mathrm{d}\theta} \qquad (5.11)$$

式中,k_4 为横波在区域 III 中的波数;G_n 是由边界条件决定的未知系数。

下面通过边界条件来计算散射系数 A_n。

在双层球的外边界 (即区域 I 与区域 II 之间,$r = a$ 处),法向位移与法向应力应连续,而由于区域 I 为理想液体,所以切向应力应为 0。

$$\begin{aligned} \text{法向位移连续:} \quad & U_r^{(1)} = U_r^{(2)} \\ \text{法向应力连续:} \quad & \sigma_r^{(1)} = \sigma_r^{(2)} \\ \text{切向应力为 0:} \quad & \sigma_\theta^{(2)} = 0 \end{aligned} \qquad (5.12)$$

式中,U 表示位移;σ 表示应力;上标表示区域,r 表示法向,θ 表示切向。

在双层球的内边界 (即区域 II 与区域 III 之间,$r = b$ 处),法向位移、切向位

移、法向应力、切向应力都应连续。

$$
\begin{aligned}
&\text{法向位移连续：} \quad U_r^{(2)} = U_r^{(3)} \\
&\text{切向位移连续：} \quad U_\theta^{(2)} = U_\theta^{(3)} \\
&\text{法向应力连续：} \quad \sigma_r^{(2)} = \sigma_r^{(3)} \\
&\text{切向应力连续：} \quad \sigma_\theta^{(2)} = \sigma_\theta^{(3)}
\end{aligned}
\tag{5.13}
$$

位移与速度势的关系为

$$
\begin{aligned}
U_r &= \frac{\partial \Phi}{\partial r} + \frac{1}{r \sin \theta} \frac{\partial \Psi}{\partial \theta} \\
U_\theta &= \frac{1}{r} \frac{\partial \Phi}{\partial \theta} - \frac{1}{r} \frac{\partial (r\Psi)}{\partial r}
\end{aligned}
\tag{5.14}
$$

应力与速度势的关系为

$$
\begin{aligned}
\sigma_r &= 2\mu \frac{\partial U_r}{\partial r} + \lambda (\nabla \cdot U) \\
\sigma_\theta &= \mu \left(\frac{1}{r} \frac{\partial U_r}{\partial \theta} + \frac{\partial U_\theta}{\partial r} - \frac{U_\theta}{r} \right)
\end{aligned}
\tag{5.15}
$$

其中，μ, λ 表示拉梅系数。

将式 (5.7) ~ 式 (5.11)，式 (5.14) 和式 (5.15) 代入边界条件式 (5.12) 和式 (5.13) 可组成 7 个线性方程。可求得

$$
A_n = \cfrac{
\begin{vmatrix}
\chi_1 & \chi_{12} & \chi_{13} & \chi_{14} & \chi_{15} & 0 & 0 \\
\chi_2 & \chi_{22} & \chi_{23} & \chi_{24} & \chi_{25} & 0 & 0 \\
0 & \chi_{32} & \chi_{33} & \chi_{34} & \chi_{35} & 0 & 0 \\
0 & \chi_{42} & \chi_{43} & \chi_{44} & \chi_{45} & \chi_{46} & \chi_{47} \\
0 & \chi_{52} & \chi_{53} & \chi_{54} & \chi_{55} & \chi_{56} & \chi_{57} \\
0 & \chi_{62} & \chi_{63} & \chi_{64} & \chi_{65} & \chi_{66} & \chi_{67} \\
0 & \chi_{72} & \chi_{73} & \chi_{74} & \chi_{75} & \chi_{76} & \chi_{77}
\end{vmatrix}
}{
\begin{vmatrix}
\chi_{11} & \chi_{12} & \chi_{13} & \chi_{14} & \chi_{15} & 0 & 0 \\
\chi_{21} & \chi_{22} & \chi_{23} & \chi_{24} & \chi_{25} & 0 & 0 \\
0 & \chi_{32} & \chi_{33} & \chi_{34} & \chi_{35} & 0 & 0 \\
0 & \chi_{42} & \chi_{43} & \chi_{44} & \chi_{45} & \chi_{46} & \chi_{47} \\
0 & \chi_{52} & \chi_{53} & \chi_{54} & \chi_{55} & \chi_{56} & \chi_{57} \\
0 & \chi_{62} & \chi_{63} & \chi_{64} & \chi_{65} & \chi_{66} & \chi_{67} \\
0 & \chi_{72} & \chi_{73} & \chi_{74} & \chi_{75} & \chi_{76} & \chi_{77}
\end{vmatrix}
}
\tag{5.16}
$$

其中,

$$\chi_{11} = \frac{\rho_1}{\rho_2}\tilde{y}_{22}^2 \mathrm{h}_n^{(1)}(y_1)$$

$$\chi_{12} = (2n(n+1) - \tilde{y}_{22}^2)\mathrm{j}_n(\tilde{y}_{21}) - 4\tilde{y}_{21}\mathrm{j}_n'(\tilde{y}_{21})$$

$$\chi_{13} = (2n(n+1) - \tilde{y}_{22}^2)\mathrm{n}_n(\tilde{y}_{21}) - 4\tilde{y}_{21}\mathrm{n}_n'(\tilde{y}_{21})$$

$$\chi_{14} = 2n(n+1)(\tilde{y}_{22}\mathrm{j}_n'(\tilde{y}_{22}) - \mathrm{j}_n(\tilde{y}_{22}))$$

$$\chi_{15} = 2n(n+1)(\tilde{y}_{22}\mathrm{n}_n'(\tilde{y}_{22}) - \mathrm{n}_n(\tilde{y}_{22}))$$

$$\chi_{21} = -y_1 \mathrm{h}_n^{(1)'}(y_1)$$

$$\chi_{22} = \tilde{y}_{21}\mathrm{j}_n'(\tilde{y}_{21})$$

$$\chi_{23} = \tilde{y}_{21}\mathrm{n}_n'(\tilde{y}_{21})$$

$$\chi_{24} = n(n+1)\mathrm{j}_n(\tilde{y}_{22})$$

$$\chi_{25} = n(n+1)\mathrm{n}_n(\tilde{y}_{22})$$

$$\chi_{32} = 2(\mathrm{j}_n(\tilde{y}_{21}) - \tilde{y}_{21}\mathrm{j}_n'(\tilde{y}_{21}))$$

$$\chi_{33} = 2(\mathrm{n}_n(\tilde{y}_{21}) - \tilde{y}_{21}\mathrm{n}_n'(\tilde{y}_{21}))$$

$$\chi_{34} = 2\tilde{y}_{22}\mathrm{j}_n'(\tilde{y}_{22}) + (\tilde{y}_{22}^2 - 2n(n+1) + 2)\mathrm{j}_n(\tilde{y}_{22})$$

$$\chi_{35} = 2\tilde{y}_{22}\mathrm{n}_n'(\tilde{y}_{22}) + (\tilde{y}_{22}^2 - 2n(n+1) + 2)\mathrm{n}_n(\tilde{y}_{22})$$

$$\chi_{42} = \tilde{x}_{21}\mathrm{j}_n'(\tilde{x}_{21})$$

$$\chi_{43} = \tilde{x}_{21}\mathrm{n}_n'(\tilde{x}_{21})$$

$$\chi_{44} = n(n+1)\mathrm{j}_n(\tilde{x}_{22})$$

$$\chi_{45} = n(n+1)\mathrm{n}_n(\tilde{x}_{22})$$

$$\chi_{46} = -x_{31}\mathrm{j}_n'(x_{31})$$

$$\chi_{47} = -n(n+1)\mathrm{j}_n(x_{32})$$

$$\chi_{52} = -\mathrm{j}_n(\tilde{x}_{21})$$

$$\chi_{53} = -\mathrm{n}_n(\tilde{x}_{21})$$

$$\chi_{54} = -\tilde{x}_{22}\mathrm{j}_n'(\tilde{x}_{22}) - \mathrm{j}_n(\tilde{x}_{22})$$

$$\chi_{55} = -\tilde{x}_{22}\mathrm{n}'_n(\tilde{x}_{22}) - \mathrm{n}_n(\tilde{x}_{22})$$

$$\chi_{56} = \mathrm{j}_n(x_{31})$$

$$\chi_{57} = x_{32}\mathrm{j}'_n(x_{32}) + \mathrm{j}_n(x_{32})$$

$$\chi_{62} = \Omega((2n(n+1) - \tilde{x}_{22}^2)\mathrm{j}_n(\tilde{x}_{21}) - 4\tilde{x}_{21}\mathrm{j}'_n(\tilde{x}_{21}))$$

$$\chi_{63} = \Omega((2n(n+1) - \tilde{x}_{22}^2)\mathrm{n}_n(\tilde{x}_{21}) - 4\tilde{x}_{21}\mathrm{n}'_n(\tilde{x}_{21}))$$

$$\chi_{64} = 2n(n+1)\Omega(\tilde{x}_{22}\mathrm{j}'_n(\tilde{x}_{22}) - \mathrm{j}_n(\tilde{x}_{22}))$$

$$\chi_{65} = 2n(n+1)\Omega(\tilde{x}_{22}\mathrm{n}'_n(\tilde{x}_{22}) - \mathrm{n}_n(\tilde{x}_{22}))$$

$$\chi_{66} = 4x_{31}\mathrm{j}'_n(x_{31}) - (2n(n+1) - x_{32}^2)\mathrm{j}_n(x_{31})$$

$$\chi_{67} = 2n(n+1)(\mathrm{j}_n(x_{32}) - x_{32}\mathrm{j}'_n(x_{32}))$$

$$\chi_{72} = 2(\mathrm{j}_n(\tilde{x}_{21}) - \tilde{x}_{21}\mathrm{j}'_n(\tilde{x}_{21}))$$

$$\chi_{73} = 2(\mathrm{n}_n(\tilde{x}_{21}) - \tilde{x}_{21}\mathrm{n}'_n(\tilde{x}_{21}))$$

$$\chi_{74} = 2\tilde{x}_{22}\mathrm{j}'_n(\tilde{x}_{22}) + (\tilde{x}_{22}^2 - 2n(n+1) + 2)\mathrm{j}_n(\tilde{x}_{22})$$

$$\chi_{75} = 2\tilde{x}_{22}\mathrm{n}'_n(\tilde{x}_{22}) + (\tilde{x}_{22}^2 - 2n(n+1) + 2)\mathrm{n}_n(\tilde{x}_{22})$$

$$\chi_{76} = \frac{2}{\Omega}(x_{31}\mathrm{j}'_n(x_{31}) - \mathrm{j}_n(x_{31}))$$

$$\chi_{77} = -\frac{1}{\Omega}(2x_{32}\mathrm{j}'_n(x_{32}) + (x_{32}^2 - 2n(n+1) + 2) + \mathrm{j}_n(x_{32}))$$

$$\chi_1 = -\frac{\rho_1}{\rho_2}\tilde{y}_{22}^2\mathrm{j}_n(y_1)$$

$$\chi_2 = y_1\mathrm{j}'_n(y_1)$$

上式中 ρ_1, ρ_2 与 ρ_3 分别表示区域 I、区域 II、区域 III 介质的密度；$e = \dfrac{a}{b}$ 表示双层球外径 a 与内径 b 的比值；$x = k_1b, \tilde{x}_{21} = x\dfrac{c_1}{c_{21}}(1 + \mathrm{i}\gamma_{21}), \tilde{x}_{22} = x\dfrac{c_1}{c_{22}}(1 + \mathrm{i}\gamma_{22})$，$x_{31} = x\dfrac{c_1}{c_{31}}, x_{32} = x\dfrac{c_1}{c_{32}}$，这里，$c_1$ 表示在区域 I 中理想液体的声速，c_{21}, c_{22} 分别表示区域 II 介质中纵波与横波的声速，c_{31}, c_{32} 分别表示区域 III 介质中纵波与横波的声速，γ_{21}, γ_{22} 分别表示区域 II 中介质对纵波与横波的吸收系数；$y_1 = xe, \tilde{y}_{21} = \tilde{x}_{21}e, \tilde{y}_{22} = \tilde{x}_{22}e, y_{31} = x_{31}e, y_{32} = x_{32}e, \Omega = \dfrac{\rho_2}{\rho_3}\left(\dfrac{c_{22}}{c_{32}}\right)^2$。

5.3　三层球形粒子对高斯波的散射系数

无限介质中的波长为 λ_1 的高斯声束被球体散射。假设入射波为轴对称，外部流体具有密度 ρ_1 和声速 c_1。在球坐标系中，入射波的速度势可以用式 (5.1) 所示形式的一般本征函数展开式来表示。

散射速度势应表示为

$$\phi_{\mathrm{s}} = \phi_0 \sum_{n=0}^{\infty} Q_n(2n+1)(-\mathrm{i})^n A_n \mathrm{h}_n^{(1)}(k_1 r) \mathrm{P}_n(\cos\theta) \exp(\mathrm{i}\omega t) \tag{5.17}$$

其中，$\mathrm{h}_n^{(1)}(\cdot)$ 是第一类汉克尔函数；A_n 是由边界条件确定的散射系数，因此，球外总标量速度势可以写成

$$\phi_1 = \phi_{\mathrm{i}} + \phi_{\mathrm{s}} = \phi_0 \sum_{n=0}^{\infty} Q_n(2n+1)(-\mathrm{i})^n (\mathrm{j}_n(k_1 r) + A_n \mathrm{h}_n^{(1)}(k_1 r)) \mathrm{P}_n(\cos\theta) \exp(\mathrm{i}\omega t) \tag{5.18}$$

弹性材料的壳中的粒子矢量位移 $\boldsymbol{U}_{\mathrm{i}}(i = 2、3 \text{ 和 } 4)$ 也假定为 [1,5]

$$\boldsymbol{U}_{\mathrm{i}} = -\nabla\varPhi_{\mathrm{i}} + \nabla \times \varPsi_{\mathrm{i}} \tag{5.19}$$

其中，标量势 $\varPhi_{\mathrm{i}}$ 和矢量势 $\varPsi_{\mathrm{i}}$ 可分别利用未知系数 $B_n, C_n, D_n, E_n, F_n, G_n, \mathrm{H}_n, I_n, K_n, L_n,$ 展开，如下所示

$$\varPhi_2 = \phi_0 \sum_{n=0}^{\infty} Q_n(2n+1)(-\mathrm{i})^n (B_n \mathrm{j}_n(k_{21} r) + C_n \mathrm{n}_n(k_{21} r)) \mathrm{P}_n(\cos\theta) \exp(\mathrm{i}\omega t) \tag{5.20}$$

$$\varPsi_2 = \phi_0 \sum_{n=0}^{\infty} Q_n(2n+1)(-\mathrm{i})^n (D_n \mathrm{j}_n(k_{22} r) + E_n \mathrm{n}_n(k_{22} r)) \frac{\mathrm{dP}_n(\cos\theta)}{\mathrm{d}\theta} \exp(\mathrm{i}\omega t) \tag{5.21}$$

$$\varPhi_3 = \phi_0 \sum_{n=0}^{\infty} Q_n(2n+1)(-\mathrm{i})^n (F_n \mathrm{j}_n(k_{31} r) + G_n \mathrm{n}_n(k_{31} r)) \mathrm{P}_n(\cos\theta) \exp(\mathrm{i}\omega t) \tag{5.22}$$

$$\varPsi_3 = \phi_0 \sum_{n=0}^{\infty} Q_n(2n+1)(-\mathrm{i})^n (\mathrm{H}_n \mathrm{j}_n(k_{32} r) + I_n \mathrm{n}_n(k_{32} r)) \frac{\mathrm{dP}_n(\cos\theta)}{\mathrm{d}\theta} \exp(\mathrm{i}\omega t) \tag{5.23}$$

$$\varPhi_4 = \phi_0 \sum_{n=0}^{\infty} Q_n(2n+1)(-\mathrm{i})^n K_n \mathrm{j}_n(k_{41} r) \mathrm{P}_n(\cos\theta) \exp(\mathrm{i}\omega t) \tag{5.24}$$

$$\Psi_4 = \phi_0 \sum_{n=0}^{\infty} Q_n (2n+1)(-\mathrm{i})^n L_n \mathrm{j}_n(k_{42}r) \frac{\mathrm{dP}_n(\cos\theta)}{\mathrm{d}\theta} \exp(\mathrm{i}\omega t) \tag{5.25}$$

$\mathrm{n}_n(\cdot)$ 是 n 阶诺依曼函数；$k_{21}(k_{31}, k_{41})$ 和 $k_{22}(k_{32}, k_{42})$ 是壳中介质 (介质 2,3 和 4) 中纵波和剪切波的波数；$B_n, C_n, D_n, E_n, F_n, G_n, H_n, I_n, K_n, L_n$ 是由边界条件决定。

边界条件导出了 11 个线性方程组。经过繁复和直接的计算，散射系数按以下形式确定

$$A_n = \frac{\begin{vmatrix} b_1 & q_{12} & q_{13} & q_{14} & q_{15} & 0 & 0 & 0 & 0 & 0 & 0 \\ b_2 & q_{22} & q_{23} & q_{24} & q_{25} & 0 & 0 & 0 & 0 & 0 & 0 \\ 0 & q_{32} & q_{33} & q_{34} & q_{35} & 0 & 0 & 0 & 0 & 0 & 0 \\ 0 & q_{42} & q_{43} & q_{44} & q_{45} & q_{46} & q_{47} & q_{48} & q_{49} & 0 & 0 \\ 0 & q_{52} & q_{53} & q_{54} & q_{55} & q_{56} & q_{57} & q_{58} & q_{59} & 0 & 0 \\ 0 & q_{62} & q_{63} & q_{64} & q_{65} & q_{66} & q_{57} & q_{68} & q_{69} & 0 & 0 \\ 0 & q_{72} & q_{73} & q_{74} & q_{75} & q_{76} & q_{77} & q_{78} & q_{79} & 0 & 0 \\ 0 & 0 & 0 & 0 & 0 & q_{86} & q_{87} & q_{88} & q_{89} & q_{810} & q_{811} \\ 0 & 0 & 0 & 0 & 0 & q_{96} & q_{97} & q_{98} & q_{99} & q_{910} & q_{911} \\ 0 & 0 & 0 & 0 & 0 & q_{106} & q_{107} & q_{108} & q_{109} & q_{1010} & q_{1011} \\ 0 & 0 & 0 & 0 & 0 & q_{116} & q_{117} & q_{118} & q_{119} & q_{1110} & q_{1111} \end{vmatrix}}{\begin{vmatrix} q_{11} & q_{12} & q_{13} & q_{14} & q_{15} & 0 & 0 & 0 & 0 & 0 & 0 \\ q_{21} & q_{22} & q_{23} & q_{24} & q_{25} & 0 & 0 & 0 & 0 & 0 & 0 \\ 0 & q_{32} & q_{33} & q_{34} & q_{35} & 0 & 0 & 0 & 0 & 0 & 0 \\ 0 & q_{42} & q_{43} & q_{44} & q_{45} & q_{46} & q_{47} & q_{48} & q_{49} & 0 & 0 \\ 0 & q_{52} & q_{53} & q_{54} & q_{55} & q_{56} & q_{57} & q_{58} & q_{59} & 0 & 0 \\ 0 & q_{62} & q_{63} & q_{64} & q_{65} & q_{66} & q_{67} & q_{68} & q_{69} & 0 & 0 \\ 0 & q_{72} & q_{73} & q_{74} & q_{75} & q_{76} & q_{77} & q_{78} & q_{79} & 0 & 0 \\ 0 & 0 & 0 & 0 & 0 & q_{86} & q_{87} & q_{88} & q_{89} & q_{810} & q_{811} \\ 0 & 0 & 0 & 0 & 0 & q_{96} & q_{97} & q_{98} & q_{99} & q_{910} & q_{911} \\ 0 & 0 & 0 & 0 & 0 & q_{106} & q_{107} & q_{108} & q_{109} & q_{1010} & q_{1011} \\ 0 & 0 & 0 & 0 & 0 & q_{116} & q_{117} & q_{118} & q_{119} & q_{1110} & q_{1111} \end{vmatrix}} \tag{5.26}$$

其中，

$$b_1 = x_1 \mathrm{j}_n'(x_1)$$

$$b_2 = -\frac{\rho_1}{\rho_2} x_{22}^2 \mathrm{j}_n(x_1)$$

$$q_{11} = -x_1 \mathrm{h}_n^{(1)'}(x_1)$$

$$q_{12} = x_{21} \mathrm{j}_n'(x_{21})$$

$$q_{13} = x_{21} \mathrm{n}_n'(x_{21})$$

$$q_{14} = -n(n+1)\mathrm{j}_n(x_{22})$$

$$q_{15} = -n(n+1)\mathrm{n}_n(x_{22})$$

$$q_{21} = \frac{\rho_1}{\rho_2} x_{22}^2 \mathrm{h}_n^{(1)}(x_1)$$

$$q_{22} = 2x_{21}^2 \mathrm{j}_n''(x_{21}) - (x_{22}^2 - 2x_{21}^2)\mathrm{j}_n(x_{21})$$

$$q_{23} = 2x_{21}^2 \mathrm{n}_n''(x_{21}) - (x_{22}^2 - 2x_{21}^2)\mathrm{n}_n(x_{21})$$

$$q_{24} = 2n(n+1)(\mathrm{j}_n(x_{22}) - x_{22}\mathrm{j}_n'(x_{22}))$$

$$q_{25} = 2n(n+1)(\mathrm{n}_n(x_{22}) - x_{22}\mathrm{n}_n'(x_{22}))$$

$$q_{32} = 2(x_{21}\mathrm{j}_n'(x_{21}) - \mathrm{j}_n(x_{21}))$$

$$q_{33} = 2(x_{21}\mathrm{n}_n'(x_{21}) - \mathrm{n}_n(x_{21}))$$

$$q_{34} = (2 - n^2 - n)\mathrm{j}_n(x_{22}) - x_{22}^2\mathrm{j}_n''(x_{22})$$

$$q_{35} = (2 - n^2 - n)\mathrm{n}_n(x_{22}) - x_{22}^2\mathrm{n}_n''(x_{22})$$

$$q_{42} = y_{21}\mathrm{j}_n'(y_{21})$$

$$q_{43} = y_{21}\mathrm{n}_n'(y_{21})$$

$$q_{44} = -n(n+1)\mathrm{j}_n(y_{22})$$

$$q_{45} = -n(n+1)\mathrm{n}_n(y_{22})$$

$$q_{46} = -y_{31}\mathrm{j}_n'(y_{31})$$

$$q_{47} = -y_{31}\mathrm{n}_n'(y_{31})$$

$$q_{48} = n(n+1)\mathrm{j}_n(y_{32})$$

$$q_{49} = n(n+1)\mathrm{n}_n(y_{32})$$

$$q_{52} = \mathrm{j}_n(y_{21})$$

$$q_{53} = \mathrm{n}_n(y_{21})$$

$$q_{54} = -y_{22}\mathrm{j}'_n(y_{22}) - \mathrm{j}_n(y_{22})$$

$$q_{55} = -y_{22}\mathrm{n}'_n(y_{22}) - \mathrm{n}_n(y_{22})$$

$$q_{56} = -\mathrm{j}_n(y_{31})$$

$$q_{57} = \mathrm{n}_n(y_{31})$$

$$q_{58} = y_{32}\mathrm{j}'_n(y_{32}) + \mathrm{j}_n(y_{32})$$

$$q_{59} = y_{32}\mathrm{n}'_n(y_{32}) + \mathrm{n}_n(y_{32})$$

$$q_{62} = 2\mu_2 y_{21}^2 \mathrm{j}''_n(y_{21}) - \lambda_2 y_{21}^2 \mathrm{j}_n(y_{21})$$

$$q_{63} = 2\mu_2 y_{21}^2 \mathrm{n}''_n(y_{21}) - \lambda_2 y_{21}^2 \mathrm{n}_n(y_{21})$$

$$q_{64} = 2\mu_2 n(n+1)(\mathrm{j}_n(y_{22}) - y_{22}\mathrm{j}'_n(y_{22}))$$

$$q_{65} = 2\mu_2 n(n+1)(\mathrm{n}_n(y_{22}) - y_{22}\mathrm{n}'_n(y_{22}))$$

$$q_{66} = -2\mu_3 y_{31}^2 \mathrm{j}''_n(y_{31}) + \lambda_3 y_{31}^2 \mathrm{j}_n(y_{31})$$

$$q_{67} = -2\mu_3 y_{31}^2 \mathrm{n}''_n(y_{31}) + \lambda_3 y_{31}^2 \mathrm{n}_n(y_{31})$$

$$q_{68} = 2\mu_3 n(n+1)(y_{32}\mathrm{j}'_n(y_{32}) - \mathrm{j}_n(y_{32}))$$

$$q_{69} = 2\mu_3 n(n+1)(y_{32}\mathrm{n}'_n(y_{32}) - \mathrm{n}_n(y_{32}))$$

$$q_{72} = 2\mu_2(y_{21}\mathrm{j}'_n(y_{21}) - \mathrm{j}_n(y_{21}))$$

$$q_{73} = 2\mu_2(y_{21}\mathrm{n}'_n(y_{21}) - \mathrm{n}_n(y_{21}))$$

$$q_{74} = (2 - n^2 - n)\mu_2 \mathrm{j}_n(y_{22}) - \mu_2 y_{22}^2 \mathrm{j}_n''(y_{22})$$

$$q_{75} = (2 - n^2 - n)\mu_2 \mathrm{n}_n(y_{22}) - \mu_2 y_{22}^2 \mathrm{n}_n''(y_{22})$$

$$q_{76} = 2\mu_3(\mathrm{j}_n(y_{31}) - y_{31}\mathrm{j}_n'(y_{31}))$$

$$q_{77} = 2\mu_3(\mathrm{n}_n(y_{31}) - y_{31}\mathrm{n}_n'(y_{31}))$$

$$q_{78} = (n^2 + n - 2)\mu_3 \mathrm{j}_n(y_{32}) + \mu_3 y_{32}^2 \mathrm{j}_n''(y_{32})$$

$$q_{79} = (n^2 + n - 2)\mu_3 \mathrm{n}_n(y_{32}) + \mu_3 y_{32}^2 \mathrm{n}_n''(y_{32})$$

$$q_{86} = z_{31}\mathrm{j}_n'(z_{31})$$

$$q_{87} = z_{31}\mathrm{n}_n'(z_{31})$$

$$q_{88} = -n(n + 1)\mathrm{j}_n(z_{32})$$

$$q_{89} = -n(n + 1)\mathrm{n}_n(z_{32})$$

$$q_{810} = -z_{41}\mathrm{j}_n'(z_{41})$$

$$q_{811} = n(n + 1)\mathrm{j}_n(z_{42})$$

$$q_{96} = \mathrm{j}_n(z_{31})$$

$$q_{97} = \mathrm{n}_n(z_{31})$$

$$q_{98} = -z_{32}\mathrm{j}_n'(z_{32}) - \mathrm{j}_n(z_{32})$$

$$q_{99} = -z_{32}\mathrm{n}_n'(z_{32}) - \mathrm{n}_n(z_{32})$$

$$q_{910} = -\mathrm{j}_n(z_{41})$$

$$q_{911} = z_{42}\mathrm{j}_n'(z_{42}) + \mathrm{j}_n(z_{42})$$

$$q_{106} = 2\mu_3 z_{31}^2 \mathrm{j}_n''(z_{31}) - \lambda_3 z_{31}^2 \mathrm{j}_n(z_{31})$$

$$q_{107} = 2\mu_3 z_{31}^2 \mathrm{n}_n''(z_{31}) - \lambda_3 z_{31}^2 \mathrm{n}_n(z_{31})$$

$$q_{108} = 2\mu_3 n(n+1)(\mathrm{j}_n(z_{32}) - z_{32}\mathrm{j}_n'(z_{32}))$$

$$q_{109} = 2\mu_3 n(n+1)(\mathrm{n}_n(z_{32}) - z_{32}\mathrm{n}_n'(z_{32}))$$

$$q_{1010} = -2\mu_4 z_{41}^2 \mathrm{j}_n''(z_{41}) + \lambda_4 z_{41}^2 \mathrm{j}_n(z_{41})$$

$$q_{1011} = 2\mu_4 n(n+1)(z_{42}\mathrm{j}_n'(z_{42}) - \mathrm{j}_n(z_{42}))$$

$$q_{116} = 2\mu_3(z_{31}\mathrm{j}_n'(z_{31}) - \mathrm{j}_n(z_{31}))$$

$$q_{117} = 2\mu_3(z_{31}\mathrm{n}_n'(z_{31}) - \mathrm{n}_n(z_{31}))$$

$$q_{118} = (2 - n^2 - n)\mu_3\mathrm{j}_n(z_{32}) - \mu_3 z_{32}^2 \mathrm{j}_n''(z_{32})$$

$$q_{119} = (2 - n^2 - n)\mu_3\mathrm{n}_n(z_{32}) - \mu_3 z_{32}^2 \mathrm{n}_n''(z_{32})$$

$$q_{1110} = 2\mu_4(\mathrm{j}_n(z_{41}) - z_{41}\mathrm{j}_n'(z_{41}))$$

$$q_{1111} = (n^2 + n - 2)\mu_4\mathrm{j}_n(z_{42}) + \mu_4 z_{42}^2 \mathrm{j}_n''(z_{42})$$

上式中 $\rho_1, \rho_2, \rho_3, \rho_4$ 分别表示区域 I、区域 II、区域 III 和区域 IV 介质的密度。 $e = \dfrac{b}{a}, f = \dfrac{c}{a}$ 分别表示三层球的内径 b、c 与外径 a 的比值。$x_1 = k_1 a$, $x_{21} = x_1 c_1(1 + \mathrm{i}\gamma_{21})/c_{21}$, $x_{22} = x_1 c_1(1 + \mathrm{i}\gamma_{22})/c_{22}$, $x_{31} = x_1 c_1(1 + \mathrm{i}\gamma_{31})/c_{31}$, $x_{32} = x_1 c_1(1 + \mathrm{i}\gamma_{32})/c_{32}$, $x_{41} = x_1 c_1/c_{41}$, $x_{42} = x_1 c_1/c_{42}$, $y_{21} = x_{21}e$, $y_{22} = x_{22}e$, $y_{31} = x_{31}e$, $y_{32} = x_{32}e$, $z_{31} = x_{31}f$, $z_{32} = x_{32}f$, $z_{41} = x_{41}f$, $z_{42} = x_{42}f$, 这里，c_1 表示在区域 I 中理想液体的声速，c_{21}, c_{22} 分别表示在区域 II 介质中纵波与横波的声速，c_{31}, c_{32} 分别表示在区域 III 介质中纵波与横波的声速，c_{41}, c_{42} 分别表示在区域 IV 介质中纵波与横波的声速，γ_{21}, γ_{22} 分别表示区域 II 中介质对纵波与横波的吸收系数，γ_{31}, γ_{32} 分别表示区域 III 中介质对纵波与横波的吸收系数，μ_i, λ_i 为对应区域 i 的拉梅系数。每区域的声速与其对应区域的密度和拉梅系数相关。

5.4　多层球形粒子受到的声辐射力

Yosioka 和 Kawasima[18] 计算了声散射引起的声辐射力。

$$\langle \boldsymbol{F} \rangle = -\iint_{S_0} \langle P - P_0 \rangle \boldsymbol{n} \mathrm{d}S = -\left\langle \iint \rho(v_n \boldsymbol{n} + v_t \boldsymbol{t}) v_n \mathrm{d}S \right\rangle$$
$$+ \left\langle \iint \frac{1}{2}\rho_1 v^2 \boldsymbol{n} \mathrm{d}S \right\rangle - \left\langle \iint \frac{1}{2}\frac{\rho_1}{c_1^2}\left(\frac{\partial \phi_1}{\partial t}\right)^2 \boldsymbol{n} \mathrm{d}S \right\rangle \tag{5.27}$$

其中, S_0 是包围散射体的面积; v_n 和 v_t 分别是边界质点速度的法向分量和切向分量; 符号 $\langle \cdot \rangle$ 表示时间平均值。

经计算, 式 (5.27) 可表示为

$$\langle F \rangle = \pi a^2 E Y_p \tag{5.28}$$

式中

$$Y_p = -\frac{4}{(ka)^2} \sum_{n=0}^{\infty} (n+1) \left\{ \mathrm{Re}[Q_n Q_{n+1}^*] \left(\alpha_n + \alpha_{n+1} + 2\alpha_n \alpha_{n+1} + 2\beta_n \beta_{n+1} \right) \right.$$

$$\left. + \mathrm{Im}[Q_n Q_{n+1}^*] \left[\beta_{n+1} (1 + 2\alpha_n) - \beta_n (1 + 2\alpha_n) \right] \right\} \tag{5.29}$$

Y_p 是一个无量纲因子, 称为辐射力函数[4]; $*$ 表示复共轭; α_n 和 β_n 是由双层球式 (5.16) 或三层球式 (5.26) 定义的散射系数的实部和虚部。

5.5 模 拟 仿 真

计算了由式 (5.29) 给出的固体球体的声辐射力函数 Y_p, 其中物理常数如表 5.1 所示。本章主要讨论了双层固液模型 (图 5.3) 和三层黏弹性模型 (图 5.4)。在模拟中, $a = 5 \times 10^{-6}\mathrm{m}$(球体的外半径), 对作用在微球上的声辐射力的详细分析如下。

表 5.1 样品计算中使用的材料的物理常数[5,19−21]

材料	密度 /($\times 10^3\mathrm{kg/m}^3$)	纵波速度 /(m/s)	横波速度 /(m/s)	归一化纵波衰减系数 γ_{21}	归一化剪切波衰减系数 γ_{22}
水	1.00	1500	—	—	—
不锈钢	7.90	5240	2978	—	—
聚苯乙烯	1.05	2340	1150	—	—
聚甲基丙烯酸甲酯	1.19	2690	1340	0.0035	0.0053
酚醛聚合物	1.22	2840	1320	0.0119	0.0255

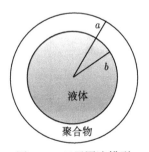

图 5.3 双层固液模型

图 5.4 三层黏弹性模型

为了验证上述理论的有效性, 这里我们以一个单层球体为例。当 $e = f = 1(a = b = c)$, $z_0 = 0$ 时, 三层模型将成为一个单层模型, 位于坐标原点。

图 5.5 显示了不锈钢球体在水中的 Y_p-ka 曲线。数值结果与 Hasegawa[4] 和 Zhang[5] 的论文中单层球体的结果相一致。

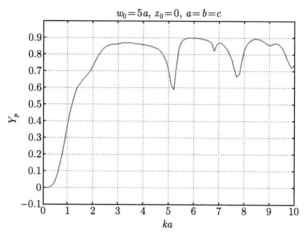

图 5.5　水中不锈钢球的声辐射力函数与 ka 的关系

5.5.1　双层固液球模型

作用在被球形聚合物层包裹的液体药物上的声辐射力也可用于药物输送应用，外壳被精确地打破并用于受影响的区域。图 5.6 ~ 图 5.9 中显示了填充水的低密度聚甲基丙烯酸甲酯双层模型 $(b=c)$ 中的轴向辐射力图。

为了研究球中心距偏差 z_0 对轴向辐射力的影响，我们给出了不同 z_0 值的 Y_p-ka 曲线，图 5.6 中 $e=0.99$，$w_0=4a$。结果表明，当 $ka<1$ 时，辐射力随 z_0 值的增大而减小，当 $3<ka<10$ 时，辐射力有一系列显著的峰值，且不随 z_0 值的变化而变化。

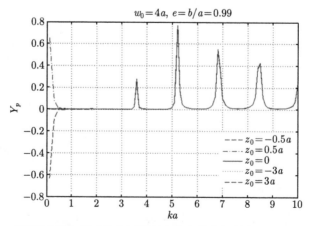

图 5.6　双层聚合物包覆球体在不同距离水中的声辐射力函数与 ka 的关系

图 5.7 和图 5.8 分别显示了在不同 b/a 和 $ka = 0.2$ 时不同高斯波束宽度下的声辐射力函数与 z_0 的关系。从仿真结果来看，随着 z_0 值的增大，辐射力将趋于零。当粒子在 Z 轴的正半轴偏离束中心时，辐射力为正，而粒子在 Z 轴左轴偏离束中心时，辐射力为负。因此，聚合物包覆球体所受的后向力位于原点左侧，即产生势阱位于高斯聚焦波束的会聚部分，而不是发散部分 [22]。

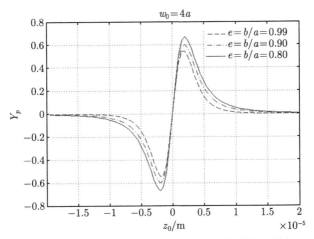

图 5.7 双层聚合物包覆球体在不同 b/a 水下的声辐射力函数与 z_0 的关系

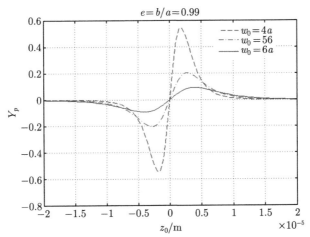

图 5.8 双层聚合物包覆球体在不同高斯波束宽度下的声辐射力函数与 z_0 的关系

图 5.9 显示了在 e 从 0.99 到 0.80 计算的 $Y_p\text{-}ka$ 曲线，其中 $z_0 = 0$，$w_0 = 5a$。发现在 $3 < ka < 10$ 的壳结构情况下，$Y_p\text{-}ka$ 曲线有一系列突出的峰和谷。$Y_p\text{-}ka$ 曲线上的峰和谷是由壳体的共振振动引起的，其位置和幅值随 b/a 值的变化而变

化，峰值随 ka 值的增大而减小。

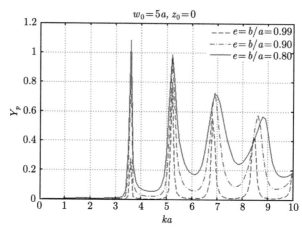

图 5.9　$z_0 = 0$ 时，不同 b/a 时，水下双层聚合物涂层球体的声辐射力函数与 ka 的关系

5.5.2　三层黏弹性固体球模型

图 5.10 ～ 图 5.15 显示了三层黏弹性实心球模型的模拟结果。在这里，分别选择聚甲基丙烯酸甲酯、聚苯乙烯、酚醛聚合物作为三层结构的材料进行模拟。

在图 5.10 中，计算了不同 z_0 值下的 Y_p-ka 曲线，其中 $e = 0.90$，$f = 0.60$，$w_0 = 5a$。发现在 $ka < 0.5$ 时，辐射力随 z_0 值的增加而显著波动并减小。当球在 z 的正半轴上时，辐射力的值为正，否则为负。声辐射力函数在 $0.5 < ka < 10$ 时有一系列显著的峰谷值，不随 z_0 变化，趋于有限值。

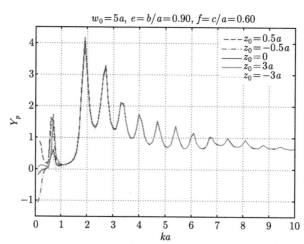

图 5.10　三层黏弹性球在不同距离水中声辐射力函数与 ka 的关系 (彩图请扫封底二维码)

　　图 5.11 ～ 图 5.13 显示了当 $ka = 0.2$ 时，声辐射力随 b/a、c/a 和高斯波束宽度 w_0 的变化。图 5.12 和图 5.13 与图 5.7 和图 5.8 相似，从模拟结果来看，随着 z_0 值的增加，辐射力将接近于零。当球在 Z 正半轴偏离原点时，声辐射力为正。辐射力在 Z 负半轴偏离原点时为负值，说明三层黏弹性球所受的后向力也在原点左侧。

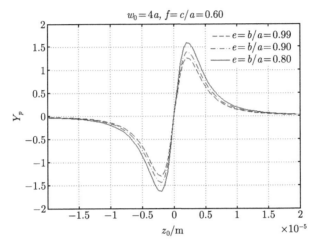

图 5.11　三层黏弹性球在不同 b/a 水下的声辐射力函数与 z_0 的关系

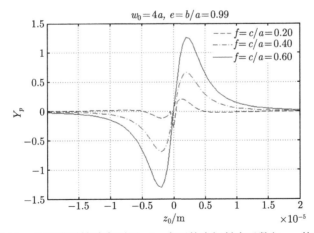

图 5.12　三层黏弹性球在不同 c/a 水下的声辐射力函数与 z_0 的关系

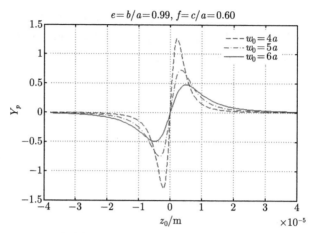

图 5.13　三层黏弹性球在不同 w_0 水下的声辐射力函数与 z_0 的关系

图 5.14 显示了在 e 中以 0.10 的步长从 0.99 到 0.70 计算的 Y_p-ka 曲线，其中 $f = 0.60$，$z_0 = 0$ 和 $w_0 = 5a$。很容易发现，曲线也有一系列显著的峰和谷。共振峰的大小随 ka 值的增大而减小。另外，可观察到共振峰谷随着 e 的变化而偏移，说明球的厚度也影响了球的共振频率。主要观察到当外层材料厚度减小时共振峰的阻尼。

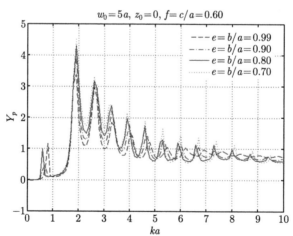

图 5.14　$z_0 = 0$ 时三层黏弹性球在不同 b/a 下的声辐射力函数与 ka 的关系 (彩图请扫封底二维码)

在图 5.15 中，f 从 0.80 到 0.20，计算的 Y_p-ka 曲线，其中 $e = 0.90$，$z_0 = 0$，$w_0 = 5a$。与图 5.14 类似，通过分析曲线可以得到一些相同的结论。通过以上分析不难发现，辐射力函数随 e 和 f 的变化显著，即每层厚度对辐射力函数有影响。

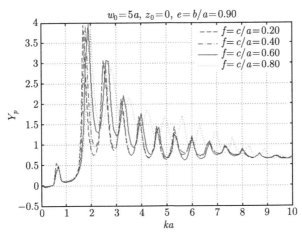

图 5.15　三层黏弹性球在 $z_0 = 0$ 时，在不同 c/a 下的声辐射力函数与 ka 的关系 (彩图请扫封底二维码)

　　本章基于有限级数法，利用球谐函数展开高斯波，得到了高斯波束的波束因子。然后用高斯声场表示流体中多层球形颗粒的声辐射力函数，对双层和三层球壳进行了数值分析，着重研究了球壳外半径 a 与内半径 b, c 之比对声辐射力的影响。我们还讨论了高斯波的宽度对辐射力函数的影响。结果表明，当微球位于 z 轴左侧时，声辐射力为负，这意味着利用高斯声波操纵具有已知力学和声学特性的多层球体成为可能，这为进一步研究细胞生物力学、药物传递提供了动力。当然，如果能在获得细胞和药物载体微球的结构，如细胞成分的声学特性等方面取得更大的进展，那么应用该理论将获得一些更有价值和意义的结果。

参 考 文 献

[1] Hasegawa T, Hino Y, Annou A, et al. Acoustic radiation pressure acting on spherical and cylindrical shells. Journal of Acoustical Society of America, 1993, 93: 154–161.

[2] Wu R, Du G H. Acoustic radiation force on a small compressible sphere in a focused beam. Journal of Acoustical Society of America, 1990, 87: 997–1003.

[3] Zhang X F, Song Z G, Chen D M. Finite series expansion of a Gaussian beam for the acoustic radiation force calculation of cylindrical particles in water. Journal of Acoustical Society of America, 2015, 137: 1826–1833.

[4] Hasegawa T, Yosioka K. Acoustic-radiation force on a solid elastic sphere. Journal of Acoustical Society of America, 1969, 46: 1139–1143.

[5] Zhang X F, Zhang G B. Acoustic radiation force of a Gaussian beam incident on spherical particles in water. Ultrasound in Medicine and Biology, 2012, 38: 2007–2017.

[6] Wu R R, Cheng K X, Liu X Z. Study of axial acoustic radiation force on a sphere in a Gaussian quasi-standing field. Wave Motion, 2016: 63–74.

[7] Shi J J, Daniel A. Acoustical tweezers: patterning cells and micro particles using standing surface acoustic waves (SSAW). Lab on a Chip, 2009, 9: 2861–3024.

[8] Lee J W, Lee C Y, Shung K K. Calibration of sound forces in acoustic traps. IEEE Transactions on Ultrasonics, Ferroelectrics and Frequency Control, 2010, 57: 2305–2310.

[9] Lee J W. Targeted cell immobilization by ultrasound microbeam. Biotechnology and Bioengineering, 2011, 108: 1643–1650.

[10] Li S. An on-chip, multichannel droplet sorter using standing surface acoustic waves. Analytical Chemistry, 2013, 85: 5468–5474.

[11] Brannon-Peppas L. Polymers in controlled drug delivery. Medical Plastics and Biomaterials Magazine, 1997, 97: 34–45.

[12] Hu Y, Qin S, Jiang Q. Characteristics of acoustic scattering rom a double-layered micro shell for encapsulated drug delivery. IEEE Transactions on Ultrasonics, Ferroelectrics and Frequency Control, 2004, 51: 809–821.

[13] Jeffers R. Activation of anti-cancer drugs with ultrasound. Journal of Acoustical Society of America, 1995, 98: 2380.

[14] Munshi N, Rapoport N, Pitt W G. Ultrasonic activated drug delivery from Pluronic P-105 micelles. Cancer Letters, 1997, 118: 13–19.

[15] Wu J. Acoustical tweezers. Journal of Acoustical Society of America, 1991, 89: 2140–2143.

[16] Lee J, Teh S Y, Lee A, et al. Single beam acoustic trapping. Applied Physics Letters, 2009, 7: 073701–073703.

[17] Hasegawa T. Acoustic radiation force on a sphere in a quasistationary wave field-theory. Journal of Acoustical Society of America, 1979, 65: 32–40.

[18] Yosioka K, Kawasima Y. Acoustic radiation pressure on a compressible sphere. Acustica, 1955, 5: 167–173.

[19] Norris A N. An inequality for longitudinal and transverse wave attenuation coefficients. Journal of Acoustical Society of America, 2017, 14: 475–479.

[20] Hartmann B, Jarzynski J. Ultrasonic hysteresis absorption in polymers. Journal of Applied Physics, 1972, 11: 4304–4312.

[21] Hartmann B. Ultrasonic properties of phenolic and poly(phenylquinoxaline) polymers. Journal of Applied Polymer Science, 1975, 12: 3241–3255.

[22] Thompson R B, Lopes E F. The Effects of Focusing and Refraction on Gaussian Ultrasonic Beams. Journal of Nondestructive Evaluation, 1984, 4: 107–123.

第 6 章　其他声源的声辐射力

通常学者们常用的声波为平面行波、聚焦声波和高斯波等，在这些声波声场中，各种类型的微粒子在各个方向上的声辐射力在理论方面都被研究透彻了，声镊的研究需要新型的声波。本章研究中空的聚焦声源、环状换能器、贝塞尔高斯波以及艾里波对圆柱形粒子的声辐射力。

6.1　中空聚焦换能器的声辐射力

6.1.1　理论计算

如图 6.1 所示，假设空间中存在一个中空的聚焦声源，其中空间中的点 O 是聚焦声源的几何聚焦点，聚焦声源的几何半径设定 R_0，聚焦声源的最小张角为 θ_1，最大张角为 θ_2。当聚焦声源的轴线设定为 z 轴，放置在轴线上的粒子的球心表示为 O_2，OO_2 的距离表示为 z。假设以 O_2 为球心的粒子表面上的任意一点为 P，球粒子的半径为 r_0，且该点距离聚焦声源上的任意一点 Q 的距离为 R，点 Q 距离球心的距离为 r。假设声源上任意点具有相同的振动速度 v_0 和相同的振动频率 ω，那么在球坐标系 (r,θ,γ) 下，根据聚焦换能器瑞利–索末菲衍射公式和菲涅耳–基尔霍夫公式 [1-4]，聚焦声源对球面上的点 P 产生的速度势为

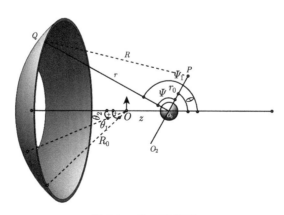

图 6.1　几何示意图

$$\phi_{\mathrm{i}} = \frac{1}{2\pi} \iint\limits_{S_0} \frac{v_0 \mathrm{e}^{\mathrm{i}(kR-\omega t)}}{R} \mathrm{d}S \tag{6.1}$$

其中，S_0 表示聚焦声源的积分面积；k 表示声波的波数。为了更好地理解计算过程，假设平面 POO_2 为平面 A，那么 ψ_1 表示聚焦声源上的点 Q 映射到平面 A 上的点和球心的连线与直线 z 轴的夹角，γ 代表上振动点与基准面的方位角。根据几何关系

$$R^2 = r_0^2 + r^2 - 2rr_0\cos\psi$$
$$\cos\psi = \sin\psi_1 \sin\theta \cos(\gamma_1 - \gamma) + \cos\psi_1\cos\theta \tag{6.2}$$

面微分元 $\mathrm{d}S$ 在非几何聚焦点 $z \neq R_0$ 处可以分解为如下形式

$$\mathrm{d}S = \frac{rR_0}{z}\mathrm{d}r\mathrm{d}\gamma \tag{6.3}$$

为了更好地简化计算过程，舍去计算 $\mathrm{e}^{-\mathrm{j}\omega t}$，根据点声源的球谐函数的分解公式

$$\frac{\mathrm{e}^{\mathrm{i}kR}}{R} = \mathrm{i}k\sum_{n=0}^{\infty}(2n+1)\mathrm{h}_n^{(1)}(kr)\mathrm{j}_n(kr_0)\mathrm{P}_n(\cos\psi)$$

其中，$\mathrm{j}_n(\cdot)$ 是 n 阶的球贝塞尔函数；$\mathrm{P}_n(\cdot)$ 是 n 阶勒让德函数。由积分公式 (6.1) 可以得到聚焦声源对球粒子面上的点 P 产生的速度势

$$\phi_{\mathrm{i}} = \frac{\mathrm{i}kR_0v_0}{2\pi}\sum_{n=0}^{\infty}(2n+1)\mathrm{j}_n(kr_0)\int_{R_2}^{R_1}\mathrm{h}_n^{(1)}(kr)r\mathrm{d}r\int_0^{2\pi}\mathrm{P}_n(\cos\psi)\mathrm{d}\gamma \tag{6.4}$$

面积分分解为两部分，角度积分 $\displaystyle\int_0^{2\pi}\mathrm{P}_n(\cos\psi)\mathrm{d}\gamma$ 和长度积分 $\displaystyle\int_{R_2}^{R_1}\mathrm{h}_n^{(1)}(kr)r\mathrm{d}r$。由勒让德函数的基本性质 [6,7]，得到角度积分部分 $\displaystyle\int_0^{2\pi}\mathrm{P}_n(\cos\psi)\mathrm{d}\gamma = 2\pi\mathrm{P}_n(\cos\psi_1)\mathrm{P}_n(\cos\theta)$，角度 θ 表示平面 A 内 PO_2 与 z 轴的夹角。长度积分部分上限 $R_1^2 = R_0^2 + z^2 - 2R_0z\cos\theta_1$，下限 $R_2^2 = R_0^2 + z^2 - 2R_0z\cos\theta_2$。根据几何关系，式 (6.4) 的积分结果可以表示为

$$\phi_{\mathrm{i}} = \phi_0 R_0 \sum_{n=0}^{\infty} \mathrm{i}^n(2n+1)\mathrm{j}_n(kr_0)\mathrm{P}_n(\cos\theta)f_n \tag{6.5}$$

并且有 $f_n = (-1)^n \mathrm{i}^{n+1} \dfrac{1}{kz} \displaystyle\int_{kR_2}^{kR_1} \mathrm{h}_n^{(1)}(x) x \mathrm{P}_n(\cos\psi_1)\mathrm{d}x$，积分 $\Lambda_n = \displaystyle\int_{kR_2}^{kR_1} \mathrm{h}_n^{(1)}(x) x \cdot$

$\mathrm{P}_n(\cos\psi_1)\mathrm{d}x$ 的结果可以通过严格的计算得到 [8]

$$
\Lambda_n = \begin{cases}
-\mathrm{e}^{\mathrm{i}kR_1} + \mathrm{e}^{\mathrm{i}kR_2}, \quad n = 0 \\[2mm]
\dfrac{1}{A}\left(2 + \mathrm{i}\left(\dfrac{B}{kR_2} - kR_2\right)\right)\mathrm{e}^{\mathrm{i}kR_2} - \dfrac{1}{A}\left(2 + \mathrm{i}\left(\dfrac{B}{kR_1} - kR_1\right)\right)\mathrm{e}^{\mathrm{i}kR_1}, \quad n = 1 \\[4mm]
-\dfrac{2(2n-1)}{A}\Lambda_{n-1} - \Lambda_{n-2} - kR_1\mathrm{h}_{n-1}(kR_1)(\mathrm{P}_n(-\cos\theta_1) \\[2mm]
-\mathrm{P}_{n-2}(-\cos\theta_1)) + kR_2\mathrm{h}_{n-1}(kR_2)(\mathrm{P}_n(-\cos\theta_2) - \mathrm{P}_{n-2}(-\cos\theta_2)), \quad n \geqslant 2
\end{cases}
\tag{6.6}
$$

式 (6.6) 中的参量 $A = 2kz$，$B = k^2R_0^2 - k^2z^2$。由计算结果证明，聚焦声源在球表面上点 P 引起的速度势与聚焦声源的半径、上下限张角、球粒子的大小和位置等多项因素相关。虽然式 (6.1) 早期只能应用在弱聚焦的情形下，但是研究发现该公式在距离换能器较远的地方仍然有效 [9-11]。在几何聚焦点 $z = R_0$ 处，前面面积分结果可以表示为 [10]

$$
\Lambda_n = \begin{cases}
\mathrm{i}\mathrm{e}^{\mathrm{i}kR_0}(\cos\theta_1 - \cos\theta_2), \quad n = 0 \\[2mm]
(-1)^n n^{-1}[\cos\theta_1 \mathrm{P}_n(\cos\theta_1) - \cos\theta_2 \mathrm{P}_n(\cos\theta_2) \\[2mm]
-\mathrm{P}_{n+1}(\cos\theta_1) + \mathrm{P}_{n+1}(\cos\theta_2)], \quad n \geqslant 1
\end{cases}
\tag{6.7}
$$

假如球粒子表面的入射速度势可以表示为 $\phi = \phi_0 \displaystyle\sum_{n=0}^{\infty} \mathrm{i}^n(2n+1)\mathrm{j}(kr_0)\mathrm{P}_n(\cos\theta)\Lambda_n$，

那么经过球面反射后的反射声场表示为 $\phi = \phi_0 \displaystyle\sum_{n=0}^{\infty} \mathrm{i}^n(2n+1)S_n\mathrm{h}_n^{(1)}(kr_0)\mathrm{P}_n(\cos\theta)\Lambda_n$，

入射声场和反射声场共同组成球粒子表面的合声场。在该声场的作用下，设定球半径为 a，球粒子受到的聚焦声场的辐射力为 $F = S_c EY$，其中 $S_c = \pi a^2$ 为球体的横截面积，$E = \rho k^2 \phi_0^2 R^2/2$ 为声辐射力特征能量密度，Y 为无量纲声辐射力函数，可表示为 [12]

$$
Y = \frac{4}{(ka)^2} \sum_{n=0}^{\infty} (n+1)(-1)^n [\mathrm{Re}\,(\Lambda_n \Lambda_{n+1}^*)(\alpha_n + \alpha_{n+1} + 2\alpha_n\alpha_{n+1} + 2\beta_n\beta_{n+1})
$$

$$
+ \mathrm{Im}\,(\Lambda_n \Lambda_{n+1}^*)(\beta_{n+1} - \beta_n + 2\alpha_n\beta_{n+1} - 2\alpha_{n+1}\beta_n)]
\tag{6.8}
$$

其中，α_n 和 β_n 分别为参数 S_n 的实部和虚部，由此可以得到中空聚焦换能器轴线上不同性质粒子受到的声辐射力函数。

6.1.2 仿真分析与讨论

为了研究声辐射力与球粒子换能器之间距离的关系，并讨论中空聚焦换能器内外半径大小对声辐射力的影响，我们设定球粒子为刚性球，固定振动信号的波数 k，则散射系数 $S_n = -\mathrm{j}'_n(ka)/\mathrm{h}^{(1)'}_n(ka)$[13]。为了简化计算，我们设定参数 $kR_0 = 30$，$ka = 0.5$。根据式 (6.6) ∼ 式 (6.8)，可计算声辐射力，并进行讨论。如图 6.2 所示，因为聚焦换能器的聚焦点为 O，轴线球心距离换能器几何焦点长度为 z，所以球心距离换能器的距离为 $z + R_0$，在这里球心距离换能器的距离用无量纲的 $kz + kR_0$ 来表示，并作为坐标系横坐标。纵坐标是声辐射力函数大小，其中正值表示推力 (使粒子远离换能器)，负值表示拉力 (使粒子靠近换能器)。为研究中空聚焦换能器对轴线上球粒子的声辐射力影响，设定最大的张角 $\theta_1 = \pi/4$，最小张角 θ_2 从零开始依次按照 $\pi/20$ 的步长增加，那么轴线上小球受到的辐射力如图 6.2(a) 所示。当 $\theta_2 = 0$ 时声辐射力曲线如实线所示，明显可见在焦点位置之前的轴线上声辐射力近似呈正弦变化，并出现若干极大值和极小值。图中可见轴线上存在着声辐射拉力区 3.5∼5.1、8.5∼11.8、17.0∼18.5，声辐射拉力和推力的交点处是悬浮粒子的力平衡点，可称为声悬浮点。声辐射力在焦点附近出现最大值，之后逐渐减小并趋于稳定。随着内角的增加，声辐射力的极大值和极小值向靠近换能器的方向移动。声辐射拉力区向左移动且宽度稍微增加，声悬浮点的数量减少。如图 6.2(a) 所示，当 $\theta_2 = 3\pi/20$ 时，声辐射拉力区变为 9.4∼15.3。设定中空换能器内角 $\theta_2 = \pi/6$，外角由 $\theta_1 = \pi/4$ 按照步长 $\pi/12$ 增加至 $\theta_1 = \pi/2$ 的声辐射力如图 6.2(b) 所示。可以发现随着外角的增加，轴向声辐射力的极大极小值向着远离换能器方向移动，声辐射拉力区的数量增加且拉力区的范围减小。例如，当 $\theta_1 = \pi/4$ 时，声辐射拉力区为 7∼10.3，当 $\theta_1 = \pi/2$ 时，声辐射拉力区为 11.2∼14.2、16.1∼21.4、24.1∼29.2。当 $\theta_1 = \pi/2$ 时，可以发现在换能器的几何焦点附近前后的声辐射力方向相反且相对于该点呈点对称，所以该点是一个相对完美的悬浮点，可以用来指导声镊的设计等。由图 6.2(a) 和图 6.2(b) 可知，内角的增加和外角的增加引起相反的变化。设定内外角度之差为恒定值 $\theta_1 - \theta_2 = \pi/6$，轴线上辐射力变化曲线图如图 6.2(c) 所示。明显看出随着内外角的同时增加，声辐射拉力区 (即悬浮点) 的数量几乎未发生变化，声辐射力曲线整体向远离换能器的方向移动且呈被拉宽的趋势，该变化结果引起了声辐射拉力区变宽。如当 $\theta_2 = \pi/12$，$\theta_1 = \pi/4$ 时，声辐射拉力区为 8.3∼9.1、11.4∼12.8。当 $\theta_2 = \pi/3$，$\theta_1 = \pi/2$ 时，声辐射拉力区为 8.5∼12.3、17.8∼29.4。图 6.2(c) 中长短交替曲线说明，当 $\theta_2 = \pi/3$，$\theta_1 = \pi/2$ 时，在接近几何聚焦点的位置存在着相对完美的悬浮点。

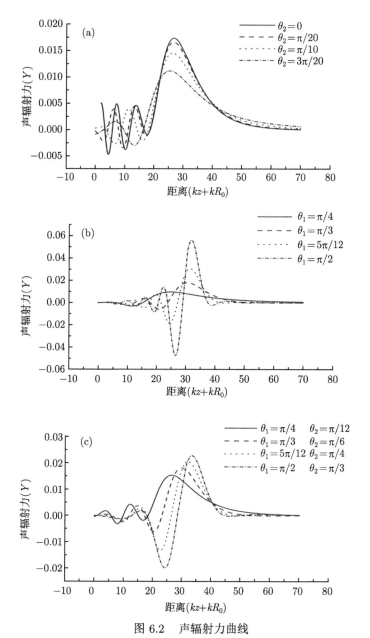

图 6.2 声辐射力曲线

(a) 外角 $\theta_1 = \pi/4$，内角 θ_2 依次增加；(b) 内角 $\theta_2 = \pi/6$，外角 θ_1 依次增加；(c) 内外角之差

$\theta_1 - \theta_2 = \pi/6$，内外角同时增加

为了研究中空换能器对轴线球粒子的辐射拉力，我们计算了固定内外角 $\theta_2 = \pi/20, \theta_1 = \pi/4$，中空换能器的聚焦半径参数 $kR_0 = 30$ 条件下，不同半径粒子所

受到的辐射力, 如图 6.3 所示。x 轴表示粒子球心距离换能器的距离, y 轴表示
粒子半径大小, z 轴表示声辐射力函数大小。由图可知, 在几何聚焦点之前区域
内的声辐射拉力区不随球半径的变化而特别显著地变化, 比如, 在换能器焦点前
无论球半径是大还是小都明显存在三个声辐射拉力区。除此之外, 声辐射力函数
幅值会随着粒子半径的增加而呈近似线性增加。当小球位于换能器聚焦点附近时,
小半径球粒子 $(ka \leqslant 0.3)$ 受到的辐射力明显小于大半径球粒子 $(ka \geqslant 0.3)$。说明
当球粒子不过于小的前提下, 位于焦点处附近的声辐射力最大, 也是最有可能被
用作声悬浮点的位置。

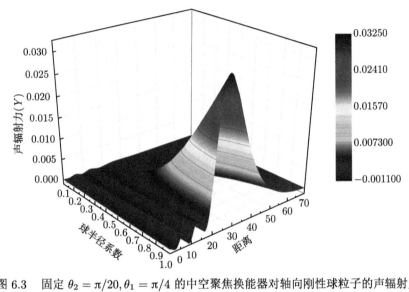

图 6.3　固定 $\theta_2 = \pi/20, \theta_1 = \pi/4$ 的中空聚焦换能器对轴向刚性球粒子的声辐射力

6.2　环状换能器的声辐射力

6.2.1　理论计算

与聚焦换能器类似, 如图 6.4 所示, 假设环状换能器浸没在水中, 且其内外
半径分别为 R_2 和 R_1, 在换能器的厚度不计的条件下, 在其轴线上放置半径为 r
的球微粒。在三维坐标系中, 为了更好地展示图中的几何关系, 球体表面上的任
意点 P 未标记在球体表面。那么图中的距离符号分别可以表示为, 球体面上的任
意点 P 到换能器表面处任意一点的距离为 R, 球心至换能器同样点的距离为 r_1,
且换能器表面处该点与环中心的距离为 r_0。除图中的表示距离符号外, 还有相应
的角度。为了更清晰地表示各角度的几何意义, 设定图示中的平面 x-z 为基准面。

在三维坐标系下，α 表示基准面内换能器面上的点与球心之间连线同 z 轴的夹角，θ 表示基准面内 P 与球心之间的连线同 z 轴的夹角，γ 表示换能器上振动点与基准面的方位角。

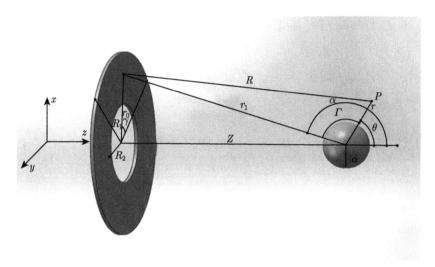

图 6.4　环状换能器示意图

理想状态下，环状换能器上所有振动点按照相同初相位以及相同的振动速度 v_0 振动[14-16]，这样环状换能器在球表面任意一点 P 产生的合速度势 ϕ_i 可以表示为以下积分形式[16]

$$\phi_\mathrm{i} = \frac{1}{2\pi} \iint\limits_{S} \frac{v_0 \mathrm{e}^{\mathrm{i}(\omega t - kR)}}{R} \mathrm{d}S \tag{6.9}$$

其中，$k = \omega/c$ 是声波的波数，这里 ω 是环状换能器所有点产生的声波的角频率；$\mathrm{d}s$ 是环状换能器表面微分单元。在球坐标系 (r, θ, γ) 下，图 6.4 中的角度及长度的关系可表示为

$$R^2 = r_1^2 + r^2 - 2rr_1 \cos \varGamma \tag{6.10}$$

$$\cos \varGamma = \cos \alpha \cos \theta + \sin \alpha \sin \theta \cos \gamma \tag{6.11}$$

将式 (6.10) 代入式 (6.11) 中，根据点声源的球坐标展开原理，式 (6.9) 中积分可以表示为球坐标的形式

$$\phi_\mathrm{i} = \frac{-\mathrm{i}kv_0}{2\pi} \sum_{n=0}^{\infty} (2n+1) \mathrm{j}_n(kr) \iint\limits_{S} \mathrm{h}_n^{(2)}(kr_1) \mathrm{P}_n(\cos \varGamma) \mathrm{d}S \tag{6.12}$$

其中，P_n、j_n 和 $h_n^{(2)}$ 分别是 n 阶勒让德函数、球贝塞尔函数和第二类球汉克尔函数，面积分 $dS = r_1 dr_1 d\gamma$。由式 (6.11) 及勒让德函数的积分特性，将角度 γ 从 0 到 2π 积分，则有 [7,17-19]

$$\int_0^{2\pi} P_n (\cos \Gamma) \, d\gamma = 2\pi P_n (\cos \alpha) P_n (\cos \theta) = 2\pi (-1)^n P_n (\cos (\pi - \alpha)) P_n (\cos \theta) \tag{6.13}$$

由图 6.4 可知，$\cos (\pi - \alpha) = \dfrac{z}{r_1}$。假设 $kr_1 = x$，根据式 (6.13)，式 (6.12) 中的面积分可以表示为

$$\iint_S h_n^{(2)} (kr_1) P_n (\cos \Gamma) \, dS = \frac{2\pi}{k^2} (-1)^n P_n (\cos \theta) \int_{kr_a}^{kr_b} x h_n^{(2)} (x) P_n \left(\frac{kz}{x} \right) dx \tag{6.14}$$

其中，积分上限为 $r_b = \sqrt{R_1^2 + z^2}$，下限为 $r_a = \sqrt{R_2^2 + z^2}$。根据声辐射力计算公式可知，式 (6.14) 中的最终积分结果可以表示为

$$\phi_i = \frac{v_0}{k} \sum_{n=0}^{\infty} (2n + 1) (-i)^n j_n (kr) P_n (\cos \theta) \Lambda_n \tag{6.15}$$

其中，$\Lambda_n = (-i)^{n+1} f_n$，$f_n = \int_{kr_a}^{kr_b} x h_n^{(2)} (x) P_n \left(\dfrac{kz}{x} \right) dx$，且 f_n 的积分结果为 [20,21]

$$f_n = \begin{cases} e^{(-ikr_a)} - e^{(-ikr_b)}, & n = 0 \\ kz_0 \left(h_0^{(2)} (kr_a) - h_0^{(2)} (kr_b) \right), & n = 1 \\ -f_{n-2} + kr_a h_{n-1}^{(2)} (kr_a) \left(P_n \left(\dfrac{kz}{kr_a} \right) - P_{n-2} \left(\dfrac{kz}{kr_a} \right) \right) & \\ -kr_b h_{n-1}^{(2)} (kr_b) \left(P_n \left(\dfrac{kz}{kr_b} \right) - P_{n-2} \left(\dfrac{kz}{kr_b} \right) \right), & n \geqslant 2 \end{cases} \tag{6.16}$$

假如入射的合速度势可以表示为式 (6.15) 的形式，那么相应的球散射速度势 ϕ_s 可以表示为

$$\phi_s = \frac{v_0}{k} \sum_{n=0}^{\infty} (2n + 1) (-i)^n S_n h_n^{(2)} (kr) P_n (\cos \theta) \Lambda_n \tag{6.17}$$

其中，球粒材料特性决定散射系数，$S_n = \alpha_n + i\beta_n$。在这里为了让公式简洁明了，

用 ϕ_0 代替 $\dfrac{v_0}{k}$。那么球粒表面的合声场表示为

$$\phi = \phi_0 \sum_{n=0}^{\infty} (2n+1)(-\mathrm{i})^n A_n \mathrm{P}_n(\cos\theta)\,\varLambda_n \tag{6.18}$$

其中，$A_n = (1+\alpha_n)\mathrm{j}_n(kr) + \beta_n \mathrm{n}_n(kr) + \mathrm{i}(\beta_n \mathrm{j}_n(kr) - \alpha_n \mathrm{n}_n(kr))$。假如已知轴线上的球粒半径大小为固定值 a，得到环状活塞换能器对球状粒子的声辐射力 $F = S_c EY$，其中 $S_c = \pi a^2$ 为球体的横截面积，$E = \rho k^2 \phi_0^2 / 2$ 为声辐射力特征能量密度，Y 为无量纲声辐射力函数，可表示为 [22]

$$Y = -\frac{4}{(ka)^2} \sum_{n=0}^{\infty} (n+1)\left[\mathrm{Re}\left(\varLambda_n \varLambda_{n+1}^*\right)(\alpha_n + \alpha_{n+1} + 2\alpha_n \alpha_{n+1} + 2\beta_n \beta_{n+1})\right.$$

$$\left. + \mathrm{Im}\left(\varLambda_n \varLambda_{n+1}^*\right)(\beta_{n+1} - \beta_n + 2\alpha_n \beta_{n+1} - 2\alpha_{n+1}\beta_n)\right] \tag{6.19}$$

6.2.2 仿真分析与讨论

本节对环状换能器轴线上球粒子的声辐射力进行仿真计算。由于铝球相对于水来讲比较硬，金属材质的弹性球结果与刚性球很相似，所以我们这部分主要计算并探讨刚性球、液体球受到的声辐射力。重点研究环状换能器轴线上的拉力区域与该换能器内外半径及球半径之间的关系，进而为声镊的设计制作提供理论依据。相较于声辐射推力，我们更加关注声辐射拉力区的范围和悬浮点的位置，所以该部分的计算结果只保留辐射力函数小于零的部分。

1. 换能器对轴向刚性球的声辐射力

刚性球表面振动速度之和为零,其散射系数可表示为 $S_n = -\mathrm{j}_n'(ka)/\mathrm{h}_n^{(1)'}(ka)$。根据该散射系数以及无量纲声辐射力函数式 (6.19)，图 6.5 展示了计算得到的轴线上刚性球，受到半径系数 kR_1 按照步长 10 增大的环状换能器声辐射力的结果。其中 x 轴坐标表示 kz，y 轴坐标表示 kr_0，z 轴坐标为无量纲的声辐射力函数 Y。

图 6.5 是不同半径的活塞换能器对轴向刚性球的声辐射拉力区分布图。理论上来讲，圆形活塞换能器的近场定义为 $z \leqslant R_1^2/\lambda$，可以用另外一种形式表达为 $kz \leqslant (kR_1)^2/k\lambda$，又因为恒等式 $k\lambda = 2\pi$，所以其近场是 $kz \leqslant (kR_1)^2/2\pi$。外半径变量按照步长 10 依次递增，其相应的近场可以分别计算得到 $(a)kz \leqslant 63.66$、$(b)kz \leqslant 143.24$、$(c)kz \leqslant 254.65$、$(d)kz \leqslant 389.89$。图 6.5 中大于 0 的部分全部为无效值，剩余的区域声辐射力均为负值，即声辐射拉力区。可以看出，在不同的外半径条件下，声辐射拉力区均在活塞换能器的近场区域之内。对于刚性球，声辐射力的分布表现有以下两个特点。① 当球体半径较大时，轴线上的声辐射拉力区的数量和范围都有所减小。例如，当 $R_1 = 25\lambda/\pi(kR_1 = 50)$，球半径

$a = \lambda/\pi(ka = 2)$ 时，其声辐射拉力区 kz 的范围为 0.2~1.4，7~8 和 15~15.4。而当球半径 $a = \lambda/4\pi(ka = 0.5)$ 时，其声辐射拉力区的范围为 0.2~2.4，6.6~9.6，14.4~17，24.4~25.7，55.6~56.5，90.5~93 和 192.2~195.6 等。② 轴线上的声辐射力沿着轴线呈近似正弦周期性变化，而且越靠近换能器，声辐射力的极大值和极小值的幅值越大。比如，当 $R_1 = 25\lambda/\pi$ 且 $a = \lambda/4\pi$ 时，其声辐射力分布图像如图 6.6 所示，明显可见，极大值和极小值的幅值随着距换能器距离的增加而减小直至到达平衡状态。除此之外，我们重点关注声辐射拉力区与外半径的关系。由图 6.5 的四幅声辐射拉力区对比可以看出，随着活塞换能器外半径的增加，轴线上声辐射力区域整体呈现往外拓展的趋势，且靠近换能器的区域会产生新的拉力区，声辐射拉力区的数量会逐步增加。随着声辐射拉力区的整体外扩，对于小半径粒子来说，声辐射拉力区的宽度稍有增加。

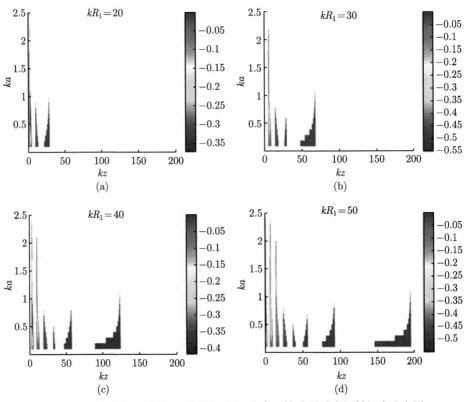

图 6.5　活塞换能器 kR_1 依次增加 10，水中刚性球所受声辐射拉力分布图

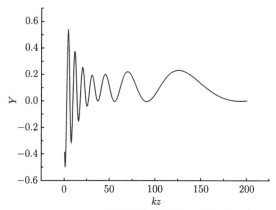

图 6.6 外半径 $R_1 = 25\lambda/\pi(kR_1 = 50)$ 的活塞换能器，对水中半径 $a = \lambda/4\pi(ka = 0.5)$ 刚性球的声辐射拉力分布图

当讨论中空聚焦换能器轴线上微粒所受的声辐射力时，可以得知内外角共同控制声辐射拉力区的位置和宽度。环状换能器的内半径同样影响声辐射力区。图 6.7 展示外半径固定为 $R_1 = 25\lambda/\pi(kR_1 = 50)$，内半径参数 kR_2 按照步长 10 依次从 0 增长至 30，环状换能器对轴向刚性球的声辐射拉力区分布图。四张对比图说明环状换能器的声拉力区与内半径之间的关系有以下两个特点。① 当内半径很小 $(kR_2 \leqslant 10)$ 时，内半径的变化不会明显引起环状换能器中轴线上声辐射拉力区的改变，而当内半径较大时，内半径的改变显著引起中轴线声辐射力区变化。例如，内半径 $R_2 = 0(kR_2 = 0)$ 和 $R_2 = 5\lambda/\pi(kR_2 = 10)$ 相比，环状换能器引起的拉力区域变化不是非常明显，内半径 $R_2 = 10\lambda/\pi(kR_2 = 20)$ 和 $R_2 = 15\lambda/\pi(kR_2 = 30)$ 相比，环状换能器引起的拉力区域变化非常明显。② 环状换能器中轴线上声辐射拉力区随着内半径的增加逐渐向着靠近换能器的方向移动，距离换能器较近的声辐射拉力区会随着内半径的增加依次 "消失"，距离其较远的声辐射拉力区会逐渐靠近换能器并且每个拉力区域的范围会相应增大，声辐射拉力的大小较之前稍有变大。例如，图 6.8 是外半径 $R_1 = 25\lambda/\pi(kR_1 = 50)$，内半径 $R_2 = 10\lambda/\pi(kR_2 = 20)$ 的环状活塞换能器对水中半径 $a = \lambda/4\pi(ka = 0.5)$ 的刚性球的声辐射拉力分布图，相较于图 6.6，声辐射力函数曲线极大值与极小值的分布较为稀疏，幅值也相对变小。除此之外因为对于较大半径球微粒来说，其声辐射拉力区有限制，随着内半径逐渐增加，对大粒子的声辐射拉力能力减弱并消失。

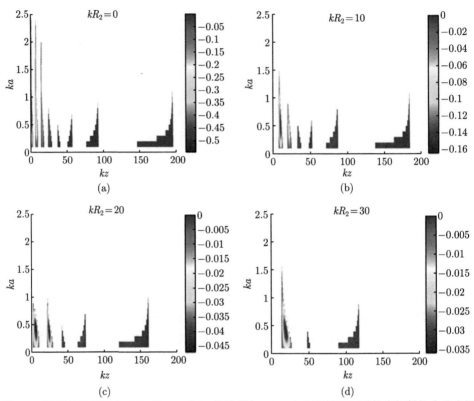

图 6.7　环状换能器固定 kR_1 为 50，kR_2 依次增加 10，水中刚性球所受的声辐射拉力分布图

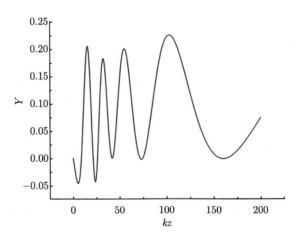

图 6.8　外半径 $R_1 = 25\lambda/\pi(kR_1 = 50)$，内半径 $R_2 = 10\lambda/\pi(kR_2 = 20)$ 的环状活塞换能器
对水中半径 $a = \lambda/4\pi(ka = 0.5)$ 的刚性球的声辐射拉力分布图

2. 换能器对轴向液体球的声辐射力

因为液体球内部只存在纵波，所以该边界条件的计算应该遵循以下条件：① 液体球表面处应力连续；② 液体球表面位移连续。其散射系数可以表示为

$$S_n = - \begin{vmatrix} \gamma \mathrm{j}_n(ka) & \mathrm{j}_n(k_1 a) \\ \mathrm{j}'_n(ka) & \mathrm{j}'_n(k_1 a) \end{vmatrix} \Bigg/ \begin{vmatrix} -\gamma \mathrm{h}_n^{(1)}(ka) & \mathrm{j}_n(k_1 a) \\ -\mathrm{h}_n^{(1)'}(ka) & \mathrm{j}'_n(k_1 a) \end{vmatrix} \tag{6.20}$$

其中，$\gamma = \rho c / (\rho_1 c_1)$，这里 ρ_1 和 c_1 分别表示球体内液体的密度和声速；k_1 表示球内的波数。假设浸没在水中的液体球为苯球，查表可得水的密度和声速分别为 $1000\mathrm{kg/m}^3$ 和 $1500\mathrm{m/s}$，苯的密度和声速分别为 $880\mathrm{kg/m}^3$ 和 $1298\mathrm{m/s}$。根据式 (6.19) 计算了不同外半径活塞换能器对轴向的水中苯球的声辐射力图，如图 6.9 所示。苯球受到的辐射力整体略大于同条件下刚性球，另外换能器对水中苯球的声辐射拉力区相较于刚性球的拉力区有不同的特点。① 对于大半径苯球，当球粒子距离换能器较远时，依然会受到声辐射拉力的影响而距离换能器较近时可能不会受到辐射拉力的作用，这与刚性球的拉力区特点恰恰相反。比如当 $a = 5\lambda/4$

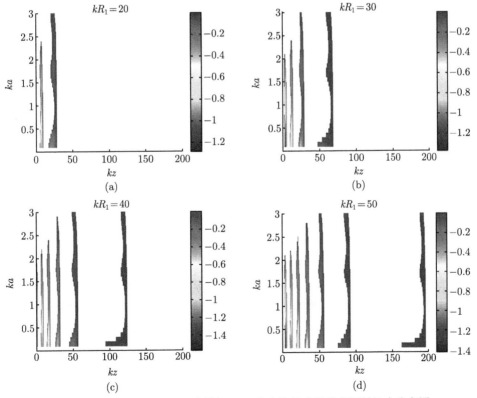

图 6.9 活塞换能器 kR_1 依次增加 10，水中的苯球所受声辐射拉力分布图

$(ka = 2.5)$，$R_1 = 25\lambda/\pi(kR_1 = 50)$ 时，其由近及远的声辐射拉力区 kz 分别为 20.0~23.2、32.2~36.4、50.6~56.2、86.4~92.4、189.4~195 等。当半径 $a = \lambda/4(ka = 1)$，$R_1 = 25\lambda/\pi(kR_1 = 50)$ 时，由近及远的声辐射拉力区 kz 分别为 3.6~6.4、11.0~14.2、20.2~24、51.8~56.8、88.0~93.0、190.8~195.6 等。② 相对刚性球，苯球的声辐射拉力区分布情况更规律，球粒子半径的变化不会大幅影响拉力区位置和大小的改变，从而保证了不同半径球粒子的通用性。除此之外，图 6.9 四幅图对比说明，类似于刚性球，外径的增加会导致声辐射拉力区向着远离换能器的方向移动，同时靠近换能器的区域会产生新的声拉力区。为了对比苯球和刚性球所受到的辐射力曲线的不同，我们绘制了外半径 $R_1 = 25\lambda/\pi(kR_1 = 50)$，活塞换能器对轴向半径为 $a = \lambda/4\pi(ka = 0.5)$ 的苯球的声辐射拉力分布图，如图 6.10 所示。相较于刚性球，苯球所受声辐射力函数分布曲线在近场内关于横坐标轴对称，随着球体距离换能器距离的增加，其极大值和极小值不断严格地减小。当活塞换能器的声辐射力距离换能器较近时，声辐射力曲线较为紧密，随着 kz 值的增加，声辐射力曲线逐渐宽松。

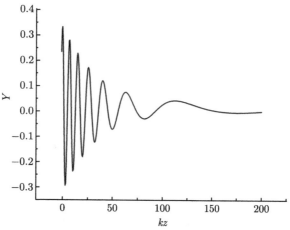

图 6.10　外半径 $R_1 = 25\lambda/\pi(kR_1 = 50)$ 的活塞换能器，对水中半径 $a = \lambda/4\pi(ka = 0.5)$ 苯球的声辐射拉力分布图

　　为了研究内半径和苯球的辐射拉力区的关系，设定外半径 $R_1 = 25\lambda/\pi(kR_1 = 50)$，内半径 R_2 从 0 依次增加到 $R_2 = 15\lambda/\pi(kR_2 = 30)$ 的中轴线上苯球所受的声辐射拉力如图 6.11 所示。其整体的变化趋势与刚性球的变化趋势类似，这里不再赘述。同样，图 6.12 展示了外半径 $R_1 = 25\lambda/\pi(kR_1 = 50)$，内半径 $R_2 = 10\lambda/\pi(kR_2 = 20)$ 的环状活塞换能器对水中半径为 $a = \lambda/4\pi(ka = 0.5)$ 的苯球的声辐射拉力分布图，相较于图 6.10，其声辐射力曲线变得更稀疏，且极大值和极小值减小。说明随着内半径的增加，其声辐射力拉力区数目减小且宽度增加。

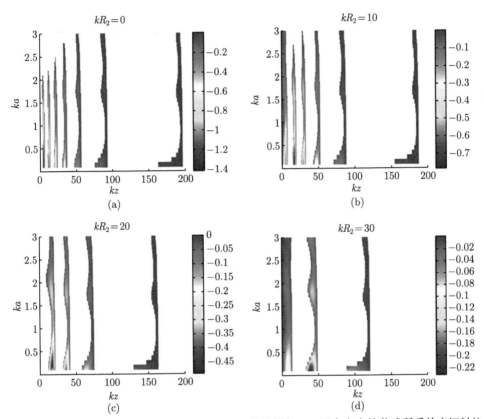

图 6.11 环状活塞换能器固定 $kR_1 = 50$, kR_2 依次增加 10, 浸在水中的苯球所受的声辐射拉力分布图

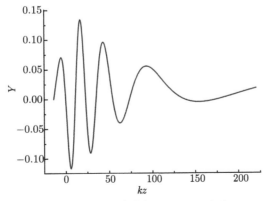

图 6.12 外半径 $R_1 = 25\lambda/\pi(kR_1 = 50)$, 内半径 $R_2 = 10\lambda/\pi(kR_2 = 20)$ 的环状活塞换能器对水中半径 $a = \lambda/4\pi(ka = 0.5)$ 苯球的声辐射拉力分布图

6.3　零阶准贝塞尔高斯波的声辐射力

非衍射波,如贝塞尔波、艾里波、X 射线等,在传播过程中保持各自的能量局域性分布,有着聚集能量、远传播距离等特点,这些非衍射波能广泛地应用于超声成像和通信领域。贝塞尔波在光学实验上成功获取,Gutiérrez-Vega 等在 2003年利用球面耦合轴棱镜成功得到贝塞尔高斯波 [23],随后 Hakola 等直接利用二极管抽运高功率的镭射激光器以及平面镜和衍射镜共同实现了低阶的贝塞尔高斯波光 [24]。近些年来,关于贝塞尔波声辐射力对球粒的声辐射力方兴未艾,Mitri和 Wang 提出利用有限孔径的方法获得声波的贝塞尔高斯波 [25,26]。自 2006 年,Marston 等率先研究了低阶贝塞尔波对轴向粒子的声辐射力并发现了存在声拉力之后,贝塞尔波的力矩以及高阶贝塞尔波的声辐射力也得到了更深的研究 [27-33]。

当贝塞尔波的分布受到高斯成分的影响时,由于贝塞尔高斯波同时具有高斯波的非衍射特点,又具有高斯波的能量聚焦特点,声辐射力会出现不同于一般贝塞尔波的现象。类似于高斯波,波束在聚焦点和非聚焦点处存在着不同的束腰半径。其完整的形式表示为

$$G(R,z) = \exp(-(R/w)^2) \exp[\mathrm{i}kz + \mathrm{i}k(R^2/2(rwf))]/(1 + \mathrm{i}z/b) \tag{6.21}$$

其中,$w = w_0[1 + (z/b)^2]^{1/2}$,$rwf = z + b^2/z$ 且 $b = k(w_0^2)/2$。我们在这里仅仅讨论在聚焦点处的贝塞尔高斯波,即准贝塞尔高斯波对轴线上小球的声辐射力。那么需要满足条件 $z/b \ll 1$。本节利用级数展开的方法,得到准贝塞尔高斯波的波束因子,并计算对轴线上球粒子的声辐射力。

6.3.1　理论计算

零阶准贝塞尔高斯入射波与轴向粒子的几何示意图如图 6.13 所示,零阶准贝塞尔高斯波的数学表达式为

$$\phi_\mathrm{i} = \phi_0 \mathrm{J}_0(k_r r_\perp) \, \mathrm{e}^{-(k_r r_\perp/kw_0)^2} \mathrm{e}^{\mathrm{i}(k_z z - \omega t)} \tag{6.22}$$

其中,ϕ_0 表示速度势的幅值;$k_z = k\cos\beta$ 和 $k_r = k\sin\beta$ 分别表示轴向和径向的波数;$z = r\cos\theta$ 和 $r_\perp = r\sin\theta$ 分别表示轴向和径向的长度;角度 β 表示贝塞尔波的半锥角;ω 是振动圆频率;w_0 是高斯成分在焦点处的束腰半径;J_0 是零阶柱贝塞尔函数,代表了贝塞尔高斯波中的贝塞尔成分。当束腰半径 w_0 无限大时,$\mathrm{e}^{-(k_r r_\perp/kw_0)^2} = 1$,原波形退化成为零阶贝塞尔波。由式 (6.21) 可知,准高斯波需要满足条件 $z/b \ll 1$。因此式 (6.22) 需要最终满足条件 $2kz \ll (kw_0)^2$。

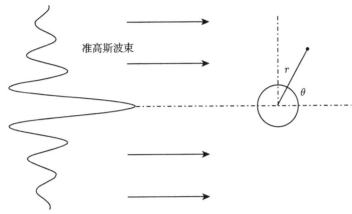

图 6.13　零阶准贝塞尔高斯入射波与轴向粒子的几何示意图

本节利用级数展开的方法，得到准贝塞尔高斯波的波束因子，并计算对轴线上球粒子的声辐射力。根据零阶贝塞尔波的严格的球分解公式

$$\phi_{\mathrm{i}} = \phi_0 \mathrm{J}_0 \left(kr \sin\theta \sin\beta \right) \mathrm{e}^{\mathrm{i}kr\cos\theta\cos\beta}$$
$$= \phi_0 \sum_{n=0}^{\infty} \left(2n+1 \right) \mathrm{i}^n \mathrm{j}_n \left(kr \right) \mathrm{P}_n \left(\cos\theta \right) \mathrm{P}_n \left(\cos\beta \right) \tag{6.23}$$

假设准贝塞尔高斯行波的球分解公式

$$\phi_{\mathrm{i}} = \phi_0 \mathrm{e}^{-\mathrm{i}\omega t} \mathrm{J}_0 \left(kr \sin\theta \sin\beta \right) \mathrm{e}^{-\left(kr \sin\theta \sin\beta / kw_0 \right)^2} \mathrm{e}^{\mathrm{i}kr\cos\theta\cos\beta}$$
$$= \phi_0 \mathrm{e}^{-\mathrm{i}\omega t} \sum_{n=0}^{\infty} \left(2n+1 \right) \mathrm{i}^n \mathrm{j}_n \left(kr \right) \mathrm{P}_n \left(\cos\theta \right) C_n \mathrm{P}_n \left(\cos\beta \right) \tag{6.24}$$

其中，C_n 表示该波形的波束因子，与高斯成分的束腰半径有关。无论是在电磁场还是在声场中，利用有限级数展开法计算高斯波的波束因子都得到了应用 [34−36]。此处我们利用该方法计算准贝塞尔高斯波的波束因子，为了方便计算，定义 $s = 1/kw_0$，可以得到波束因子 C_n。

已知 $\mathrm{J}_0 \left(x \right) \mathrm{e}^{-(sx)^2}$ 泰勒展开式可以表示为

$$\mathrm{J}_0 \left(x \right) \mathrm{e}^{-(sx)^2} = \sum_{n=0}^{\infty} \left(-1 \right)^n \frac{x^{2n}}{2^{2n} n! n!} \sum_{m=0}^{\infty} \left[\frac{\left(-1 \right)^m s^{2m} x^{2m}}{m!} \right]$$
$$= \sum_{n=0}^{\infty} \sum_{m=0}^{n} \left(-1 \right)^n s^{(2n-2m)} x^{2n} / \left[2^{2m} m! m! \left(n-m \right)! \right] \tag{6.25}$$

那么根据 Whittaker 和 Watson 书中的特殊函数部分 [37]，假设有

$$x^{1/2}g(x) = \sum_{n=0}^{\infty} d_n \mathrm{J}_{n+1/2}(x) \tag{6.26}$$

$$\mathrm{j}_n(x) = \sqrt{\pi}/2x \mathrm{J}_{n+1/2}(x) \tag{6.27}$$

还有 $g(x)$ 的麦克劳林展开式为

$$g(x) = \sum_{n=0}^{\infty} b_n x^n \tag{6.28}$$

那么可以得到波束因子 d_n:

$$d_n = (n+1/2) \sum_{m=0}^{\leqslant n/2} 2^{(n-2m+1/2)} \frac{\Gamma(1/2+n-m)}{m!} b_{n-2m} \tag{6.29}$$

我们设定式 (6.24) 中 $\theta = \pi/2$, $\beta = \pi/2$, 用 x 代替 kr 来简化计算过程, 那么式 (6.25) 可以变为

$$\mathrm{J}_0(x)\mathrm{e}^{-(sx)^2} = \sum_{n=0}^{\infty} (2n+1)\mathrm{i}^n \mathrm{j}_n(x) \mathrm{P}_n(0) C_n \mathrm{P}_n(0) \tag{6.30}$$

根据式 (6.25), 式 (6.30) 左侧

$$\mathrm{J}_0(x)\mathrm{e}^{-(sx)^2} = \sum_{l=0}^{\infty} B_{2l} x^{2l} \tag{6.31}$$

根据式 (6.25) 可以得到 B_n 在偶数条件下的值为

$$B_{2l} = \sum_{j=0}^{l} (-1)^l s^{2l-2j} / \left(j!^2 4^j (l-j)!\right) \tag{6.32}$$

式 (6.30) 两侧同时乘以 $x^{1/2}$ 得

$$x^{1/2}\mathrm{J}_0(x)\mathrm{e}^{-(sx)^2} = \sum_{n=0}^{\infty} (2n+1)\mathrm{i}^n \sqrt{\pi}/2\mathrm{J}_{n+1/2}(x) \mathrm{P}_n(0) C_n \mathrm{P}_n(0) \tag{6.33}$$

最终得到偶数条件下的波束因子 C_n。当 n 为偶数时, 我们用 $2l$ 来代替 n, 那么波束因子可以表示为

$$C_{2l} = (-1)^l \sum_{j=0}^{l} 2^{(2l-2j)} \Gamma(1/2+2l-j) B_{2l-2j} / \left(\sqrt{\pi}\mathrm{P}_{2l}^2(0) j!\right) \tag{6.34}$$

同样, 当 n 为奇数时, 式 (6.24) 两侧分别依次对 θ 和 β 求导, 然后设定 $\theta = \pi/2$, $\beta = \pi/2$。利用同样的方法, 得到 n 为奇数时的波束因子

$$C_{2l+1} = (-1)^l \sum_{j=0}^{l} 2^{(2l-2j+1)} \Gamma\left(3/2 + 2l - j\right) B_{2l-2j+1} / \left(\sqrt{\pi} \mathrm{P}'^{2}_{2l+1}(0) j!\right) \quad (6.35)$$

其中，Γ 是伽马函数；$\mathrm{P}_{2l}(0)$ 是 $2l$ 阶勒让德函数；$\mathrm{P}'_{2l+1}(0)$ 是 $2l+1$ 阶勒让德函数的导数。

为了验证该方法的正确性，我们计算不同束腰半径条件下，级数展开法和理论值的波形对比图，如图 6.14 ~ 图 6.16 所示。发现两者结果几乎一致，证明了该方法的可行性。

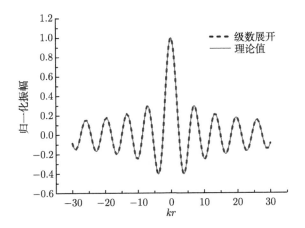

图 6.14　$w_0 = 10\lambda$ 时级数展开法和理论值的波形对比图

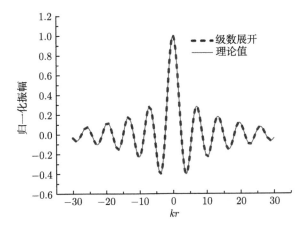

图 6.15　$w_0 = 5\lambda$ 时级数展开法和理论值的波形对比图

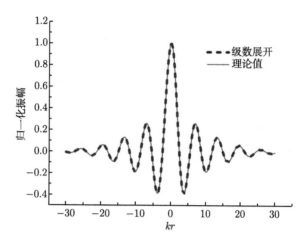

图 6.16　$w_0 = 3\lambda$ 时级数展开法和理论值的波形对比图

可以得到零阶贝塞尔高斯波的声辐射力函数

$$
Y = \frac{4}{(ka)^2} \sum_{n=0}^{\infty} (n+1)(-1)^n [\mathrm{Re}\left(\Lambda_n \Lambda_{n+1}^*\right)\left(\alpha_n + \alpha_{n+1} + 2\alpha_n\alpha_{n+1} + 2\beta_n\beta_{n+1}\right)
$$

$$
+ \mathrm{Im}\left(\Lambda_n \Lambda_{n+1}^*\right)\left(\beta_{n+1} - \beta_n + 2\alpha_n\beta_{n+1} - 2\alpha_{n+1}\beta_n\right)]
$$

$$
\cdot \mathrm{P}_n(\cos\beta)\mathrm{P}_{n+1}(\cos\beta) \tag{6.36}
$$

6.3.2　仿真分析与讨论

本节我们分别计算仿真了准零阶贝塞尔高斯行波束腰半径分别为 $w_0 = 3\lambda$，$w_0 = 5\lambda$ 和 $w_0 = 10\lambda$ 时，对轴线上不同性质球粒子的声辐射力。需要指出，对三种不同的束腰半径，均满足条件 $2kr_0 \ll (kw_0)^2$。

利用边界条件和散射法计算球体的声辐射力一般公式，我们计算了不同束腰半径的准零阶贝塞尔高斯行波对轴线上的刚性球的声辐射力曲线，如图 6.17 所示。设定半锥角 $\beta = \pi/6$，不同束腰半径准零阶贝塞尔高斯行波对轴线上的刚性球随球半径变化的声辐射力曲线如图 6.17(a) 所示，可以发现辐射力随半径逐渐增大，在 $kr_0 = 2$ 处，辐射力达到极大值并随后急速下降。在 $kr_0 \geqslant 5$ 后，束腰半径对辐射力的影响开始体现，比如，当束腰半径 $w_0 = 3\lambda$ 时如图 6.17(b) 所示，在半径范围 $7 \leqslant kr_0 \leqslant 10$ 范围内出现明显的起伏。而当半锥角 $\beta = \pi/3$ 时，同样发现辐射力随半径逐渐增大，到 $kr_0 = 2$ 时辐射力达到极大值并随后缓慢下降。同样在 $kr_0 \geqslant 5$ 后，束腰半径对辐射力的影响开始体现，随着束腰半径的逐渐减小，大半径球粒子受到的声辐射力相较于小束腰半径越大。这种变化可能是因为当 kr_0 相对 kw_0 很小时，束腰半径引起的贝塞尔波边缘的能量减小对声辐射力的影响很小。当 kr_0 增加到和 kw_0 相差不太远时，边缘能量的降低可能引起辐射力的明显变化。

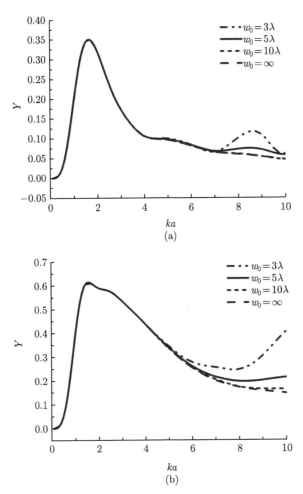

图 6.17 半锥角 $\beta = \pi/6$(a) 和 $\beta = \pi/3$(b) 条件下，不同束腰半径 ($w_0 = 3\lambda$, $w_0 = 5\lambda$, $w_0 = 10\lambda$, $w_0 = \infty$) 的准零阶贝塞尔高斯行波对轴线上刚性球的声辐射力

不同于一般刚性球，液体球在生物医学中的应用比较广泛。例如，操控血浆中的血细胞，实现血细胞的定向移动有着重大的现实意义。不同束腰半径的准零阶贝塞尔高斯行波对轴线上的液体球的声辐射力曲线如图 6.18 所示，假设浸没在水中的液体球为苯球，水的密度和声速分别为 1000kg/m^3 和 1500m/s，苯的密度和声速分别为 880kg/m^3 和 1298m/s。相较于刚性球，由于液体球自身的振动特性[38]，苯球的声辐射力曲线有若干不规则突起和凹陷。由图 6.18 的两幅图对比

发现，半锥角 β 不一致，其声辐射力曲线不规则突起和凹陷的位置几乎不发生改变。由图 6.18(b) 可以看出，在 $ka = 2.55$ 附近存在着一个反向拉扯力，该拉力最先由 Marston 研究发现 [31]。当束腰半径减小时，声辐射力随球半径的曲线变化与刚性球类似，即在 $kr_0 \geqslant 5$ 后束腰半径对辐射力的影响开始体现，随着束腰半径的逐渐减小，大半径球粒子受到的声辐射力相较于小束腰半径越来越大。零阶准贝塞尔高斯波对轴向上液体球粒子的声辐射拉力研究结果有利于未来单声源声镊的实现。

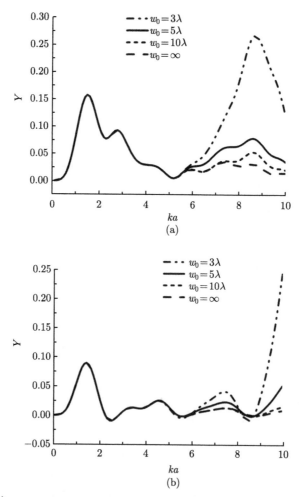

图 6.18   半锥角 $\beta = \pi/6$(a) 和 $\beta = \pi/3$(b) 条件下，不同束腰半径 ($w_0 = 3\lambda$，$w_0 = 5\lambda$，$w_0 = 10\lambda$，$w_0 = \infty$) 的准零阶贝塞尔高斯行波对轴线上苯球的声辐射力

6.4 艾里高斯波的声辐射力

艾里高斯波是艾里波的广义形态，它具有艾里波的相似特性：声波传播过程中声强分布形状近似保持不变 (无衍射传播)，遇到障碍能够自我修复 (自愈)，并且声波沿着曲线传播 (自加速)。艾里高斯波是由 Bandres，Gutierrez-Vega[39] 引入的，他们认为无限能量 [40] 或有限能量 [41] 的艾里声波都是艾里高斯波的一种特殊情况。在光学上，艾里高斯波已经被广泛研究 [42]，比如单束艾里高斯波在不同介质中的传播特性 [43−45]，两束艾里高斯波在克尔介质 [46] 和非局部非线性介质 [47] 中的相互作用。但是在声学上，尽管 2015 年 Mitri 研究了在水 [48] 或者弹性介质 [49] 中艾里波对圆柱形粒子的声辐射力，但是艾里高斯波的声辐射力的研究还没有。

本节将用散射法来介绍艾里高斯波在声学上的应用，给出其对圆柱形粒子的声辐射力表达式，展示它对圆柱形粒子的声镊作用。

6.4.1 模型与计算

如图 6.19 所示，理想情况下，假设两束艾里高斯波在水介质中正对着柱形粒子的 z 轴，沿 x 轴方向传播。圆柱形微粒子位于笛卡儿坐标系 xOy 中，a 和 (x_c, y_c) 分别是微粒子的半径和中心坐标。图 6.19 中附图表示了两束艾里高斯声束的入射速度势，其中相位差为 $Q = 0$。当声波遇到粒子时会发生散射和折射，方便起见，这里所有公式略去时间因子 $\mathrm{e}^{-\mathrm{i}wt}$，两束艾里高斯波在声场 $x = 0$ 处的速度势为

$$
\Phi_{\mathrm{i}}^{(0)}(x = 0, y) = A_1 \mathrm{Ai}\left(\frac{y - B}{y_0}\right) \mathrm{e}^{\alpha\left(\frac{y - B}{y_0}\right)} \mathrm{e}^{-\frac{(y - B)^2}{w_0^2}}
$$

$$
+ A_2 \mathrm{e}^{\mathrm{i}Q} \mathrm{Ai}\left(\frac{-y - B}{y_0}\right) \mathrm{e}^{\alpha\left(\frac{-y - B}{y_0}\right)} \mathrm{e}^{-\frac{(-y - B)^2}{w_0^2}} \tag{6.37}
$$

其中，A_1, A_2 分别是两束艾里高斯波初始速度势的振幅；$\mathrm{Ai}(\cdot)$ 是艾里函数；y_0 是艾里函数的调控因子；α 是衰减系数；Q 是两束艾里高斯波之间的相位差；B 是两束艾里高斯波之间的间距；w_0 是高斯因子波束宽度。

基于角谱分析法 [50]，在笛卡儿坐标系中声场的入射速度势可以表示为

$$
\Phi_{\mathrm{i}} = \int_{-\infty}^{\infty} g(p, q) \mathrm{e}^{\mathrm{i}k(px + qy)} \mathrm{d}q \tag{6.38}
$$

其中，k 为波数；β 是入射波的传播方向，且 $p = \cos\beta, q = \sin\beta$，$g(p, q)$ 为角谱函数，它由入射速度势的初始值决定，通过傅里叶逆变换，可以得到角谱函数

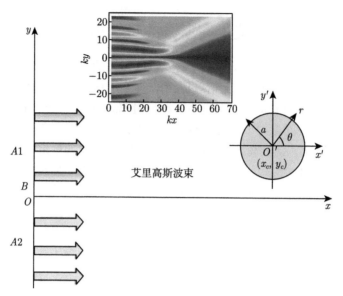

图 6.19　两束艾里高斯声束与圆柱形粒子相互作用的原理图 (彩图请扫封底二维码)

$$g\left(p,q\right)=\frac{\phi_0}{\lambda}\int_{-\infty}^{\infty}\varPhi_{\mathrm{i}}^{(0)}\left(x=0,y\right)\mathrm{e}^{-\mathrm{i}k(px+qy)}\mathrm{d}y \tag{6.39}$$

其中，λ 为声波波长，将式 (6.37) 代入式 (6.39)，并且应用艾里转换公式 [51]，得到角谱函数公式如下

$$g\left(p,q\right)=\frac{ky_0\sqrt{\pi}}{2\pi\chi}\mathrm{e}^{\frac{1}{96\chi^6}}\left[A_1\mathrm{e}^{\left(\frac{\alpha-\mathrm{i}kqy_0}{2\chi}\right)^2+\frac{\alpha-\mathrm{i}kqy_0}{8\chi^4}-\mathrm{i}kqB}\mathrm{Ai}\left(\frac{\alpha-\mathrm{i}kqy_0}{2\chi^2}+\frac{1}{16\chi^4}\right)\right.$$
$$\left.-A_2\mathrm{e}^{\mathrm{i}Q}\mathrm{e}^{\left(\frac{\alpha+\mathrm{i}kqy_0}{2\chi}\right)^2+\frac{\alpha+\mathrm{i}kqy_0}{8\chi^4}+\mathrm{i}kqB}\mathrm{Ai}\left(\frac{\alpha+\mathrm{i}kqy_0}{2\chi^2}+\frac{1}{16\chi^4}\right)\right] \tag{6.40}$$

其中，$\chi=y_0/w_0$，且 ky_0 为无量纲因子。

通过将式 (6.40) 代入式 (6.38)，声场中的入射速度势为

$$\varPhi_{\mathrm{i}}\left(x,y\right)$$
$$=\frac{ky_0\sqrt{\pi}}{2\pi\chi}\mathrm{e}^{\frac{1}{96\chi^6}}\left[A_1\int_{-\infty}^{\infty}\mathrm{e}^{\left(\frac{\alpha-\mathrm{i}kqy_0}{2\chi}\right)^2+\frac{\alpha-\mathrm{i}kqy_0}{8\chi^4}-\mathrm{i}kqB}\mathrm{Ai}\left(\frac{\alpha-\mathrm{i}kqy_0}{2\chi^2}+\frac{1}{16\chi^4}\right)\mathrm{e}^{\mathrm{i}k(px+qy)}\mathrm{d}q\right.$$
$$\left.-A_2\mathrm{e}^{\mathrm{i}Q}\int_{-\infty}^{\infty}\mathrm{e}^{\left(\frac{\alpha+\mathrm{i}kqy_0}{2\chi}\right)^2+\frac{\alpha+\mathrm{i}kqy_0}{8\chi^4}+\mathrm{i}kqB}\mathrm{Ai}\left(\frac{\alpha+\mathrm{i}kqy_0}{2\chi^2}+\frac{1}{16\chi^4}\right)\mathrm{e}^{\mathrm{i}k(px+qy)}\mathrm{d}q\right] \tag{6.41}$$

运用雅可比表达式 [52]，可以将式 (6.41) 在柱坐标系中重写为

$$\Phi_i(r,\theta) = \sum_{n=-\infty}^{\infty} J_n(kr) e^{in\theta} \Lambda_n \tag{6.42}$$

其中，$J_n(\cdot)$ 为 n 阶贝塞尔函数；Λ_n 为波束因子。

$$\Lambda_n = \frac{ky_0}{2\pi} \frac{\sqrt{\pi}}{\chi} e^{\frac{1}{96\chi^6}} i^n (a_n - b_n)$$

$$a_n = A_1 \int_{-\infty}^{\infty} e^{\left(\frac{\alpha - ikqy_0}{2\chi}\right)^2 + \frac{\alpha - ikqy_0}{8\chi^4} - ikqB} e^{\left(x_c\sqrt{1-q^2} + y_c q\right)}$$

$$\cdot \text{Ai}\left(\frac{\alpha - ikqy_0}{2\chi^2} + \frac{1}{16\chi^4}\right) e^{-in\sin^{-1}q} dq$$

$$b_n = A_2 e^{iQ} \int_{-\infty}^{\infty} e^{\left(\frac{\alpha + ikqy_0}{2\chi}\right)^2 + \frac{\alpha + ikqy_0}{8\chi^4} + ikqB} e^{\left(x_c\sqrt{1-q^2} + y_c q\right)}$$

$$\cdot \text{Ai}\left(\frac{\alpha + ikqy_0}{2\chi^2} + \frac{1}{16\chi^4}\right) e^{-in\sin^{-1}q} dq$$

同样，声波对柱形粒子的散射速度势可以表示为

$$\Phi_s(r,\theta) = \sum_{n=-\infty}^{\infty} s_n H_n^{(1)}(kr) e^{in\theta} \Lambda_n \tag{6.43}$$

其中，s_n 为由柱形粒子的边界条件决定的散射系数；$H_n^{(1)}(\cdot)$ 为 n 阶第一类汉克尔函数。

基于声场中的入射速度势和散射速度势，可以获得柱形粒子在两束艾里高斯波声场中的纵向 (Y_x) 和横向 (Y_y) 声辐射力函数 [53]

$$Y_x = \frac{1}{ka} \Im\left\{ \sum_{n=-\infty}^{\infty} \Lambda_n(1+s_n)(\Lambda_{n+1}^* s_{n+1}^* - \Lambda_{n-1}^* s_{n-1}^*) \right\} \tag{6.44}$$

$$Y_y = -\frac{1}{ka} \Re\left\{ \sum_{n=-\infty}^{\infty} \Lambda_n(1+s_n)(\Lambda_{n+1}^* s_{n+1}^* + \Lambda_{n-1}^* s_{n-1}^*) \right\} \tag{6.45}$$

其中，a 是柱形粒子半径；上标 $*$ 表示取复数的共轭。

6.4.2　仿真分析与讨论

在本节中,我们计算并分析两束艾里高斯波对圆柱形粒子的声辐射力,讨论各种波束参数对粒子声辐射力特性的影响。本节中圆柱形粒子材料为透明合成树脂,密度为 $\rho_1 = 1191\text{kg/m}^3$,横波声速为 $c_1 = 2690\text{m/s}$,纵波声速为 $c_2 = 1340\text{m/s}$,树脂对横波吸收系数为 $\gamma_1 = 0.0035$,对纵波吸收系数为 $\gamma_2 = 0.0053$[54];介质液体为水,密度为 $\rho_0 = 1000\text{kg/m}^3$,声速为 $c_0 = 1500\text{m/s}$。在下面的仿真中,我们统一取 $ky_0 = 4, \alpha = 0.01$,粒子的半径尺寸 $ka = 0.1$。

1. 相位差对粒子声辐射力的影响

图 6.20 展示了在不同相位差时,两束艾里高斯波对圆柱形粒子的辐射力场 $(Y_\perp = Y_x \boldsymbol{e}_x + Y_y \boldsymbol{e}_y)$ 以及在这些力场的作用下粒子的运动轨迹,其中力场的大小方向由矢量箭头表示,圆点表示粒子的初始位置,三角形表示粒子运动一段时间后的位置。在这里,我们取四种相位差:$Q = 0, \pi/2, \pi, 3\pi/2$,并且取波束宽度为 $w_0 = \lambda$。

从图 6.20(a) 和 (c) 中可以看出,当相位差 $Q = 0$ 时,声辐射力矢量沿 x 轴对称分布,并且在靠近 x 轴区域的部分,辐射力矢量指向 x 轴,这些力矢量能够将粒子推向 x 轴;当相位差 $Q = \pi$ 时,辐射力矢量同样沿 x 轴对称分布,但与相位差 $Q = 0$ 不同的是,这里在 x 轴附近的辐射力矢量背离 x 轴,它们会将粒子推离 x 轴;同样,从图 6.20(b) 和 (d) 中可以看出,当相位差 $Q = \pi/2, 3\pi/2$ 时,辐射力矢量并不沿 x 轴对称分布,但是如果将相位差 $Q = \pi/2$ 时的力场沿 x 轴翻转 $180°$,将会发现这时的力场与相位差 $Q = 3\pi/2$ 时的力场一致,而且它们的辐射力矢量箭头都背离 x 轴,它们会将粒子推离 x 轴。

在这里,粒子在 xOy 平面运动的过程中我们仅考虑它受辐射力和黏滞力的影响。根据牛顿第二定律,粒子的运动方程如下

$$mr'' = \boldsymbol{F}_{\text{rad}} + \boldsymbol{F}_{\text{drag}} \tag{6.46}$$

其中,m 为粒子质量;$r''(= \text{d}^2r/\text{d}t^2)$ 是粒子加速度;t 是时间;$\boldsymbol{F}_{\text{rad}}(= \boldsymbol{Y}_\perp S_c E_0)$ 是辐射力矢量;$\boldsymbol{F}_{\text{drag}}(= -32\eta a r'/3)$ 是黏滞力;$S_c(= 2al)$ 是圆柱粒子的横截面积,$E_0(= 1/2\rho_0 k^2 |\phi_0|^2)$ 是单位能量密度,$\eta(= 0.001\text{Pa·s})$ 是介质动态黏滞度,$r' = \text{d}r/\text{d}t$ 是速度。粒子运动轨迹的获得是采用 MATLAB 软件,运用多步龙格–库塔法实现的,通过这个方法可以依据粒子前一时刻的位置与速度获得粒子下一时刻的位置与速度。在仿真中,粒子的初始速度和初始时间假定为 0,波束声强假定为 $3.3 \times 10^8\text{W/m}^2$。

图 6.20 中每一相位的仿真中设定粒子的初始位置为四个,每一位置粒子的运动假定消耗同样的时间。从图 6.20 中可以看出,在辐射力的作用下,粒子沿着弯

曲的运动轨迹被推离 y 轴,或者被拉近 y 轴,当粒子经过辐射力较大的区域时,它的运动轨迹相对于其他位置的轨迹较长。值得注意的是,当相位差 $Q = \pi/2$ 中粒子的初始位置与相位差 $Q = 3\pi/2$ 中粒子的初始位置相对于 x 轴对称时,它们的粒子运动轨迹也是相对于 x 轴对称的,如图 6.20(b) 和 (d) 所示。

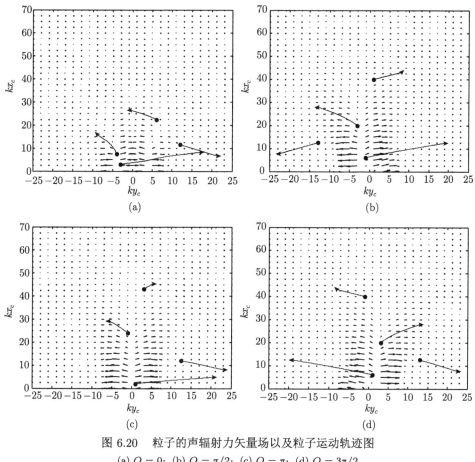

图 6.20 粒子的声辐射力矢量场以及粒子运动轨迹图

(a) $Q = 0$;(b) $Q = \pi/2$;(c) $Q = \pi$;(d) $Q = 3\pi/2$

图 6.21 展示了在改变相位差时横向和纵向声辐射力的变化以及粒子运动轨迹的改变。图 6.21(a) 描述在 $kx_c = 10$ 处不同相位差情况下的横向声辐射力,从图中可以看出,每一相位差的横向声辐射力都有正有负,它们可以拉回或者推离粒子;而图 6.21(b) 中展示在 $ky_c = 3$ 处不同相位差的纵向声辐射力,它们幅值基本为正,只会将粒子推离。图 6.21(c) 和 (d) 展示波束相位差变化时粒子运动轨迹的改变,图 6.21(c) 中粒子在保持沿 x 轴前进的同时,在相位差 $Q = \pi/2$ 的辐射力作用下首先沿 y 轴正向前进,当相位差由 $Q = \pi/2$ 改变到 $Q = 0$ 时,粒

子减速直至转向 y 轴负方向，当相位差改为 $Q = \pi$ 时，粒子再次转向 y 轴正方向。同样，在图 6.21(d) 中，当改变波束相位差时，粒子运动方向在 y 轴正负方向来回改变，同时，粒子保持沿 x 轴正向前进。通过观察图 6.21 粒子的运动轨迹以及辐射力随相位差改变的变化情况，我们可以发现通过改变相位差，粒子在 y 轴的运动方向可以改变，这意味着在改变粒子运动方向上横向声辐射力起着重要作用。

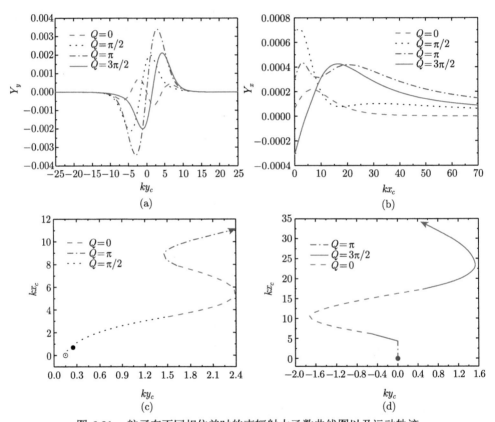

图 6.21   粒子在不同相位差时的声辐射力函数曲线图以及运动轨迹

(a)在 $kx_c = 10$ 的横向声辐射力; (b) 在 $ky_c = 3$ 的纵向声辐射力; (c) 和 (d) 显示粒子在相位差改变下的运动
轨迹

2. 波束间距对粒子声辐射力的影响

声波作用于粒子的力，普遍表现为推力，而声镊要求不仅有推力还需要拉力。这里不仅可以通过调控两束艾里高斯波之间的相位差对粒子实施拉力，而且两束波之间的间距变化同样可以获得呈现拉力效果的声辐射力。图 6.22 中展示了在 $x = 0$ 处作用于粒子的声辐射力随间距的变化情况，其中两束波的振幅设置为 $A_1/A_2 = 1/3$，相位差固定为 $Q = 0$。

从图 6.22(a)~(c) 中横向和纵向声辐射力随间距变化的情况来看，当间距在零到负值之间变化时，纵向声辐射力都为正值，出现在 y 正半轴区域，幅值变化不大，而横向声辐射力曲线整体右移，也就是说，刚开始在 y 轴右侧只有一小部分

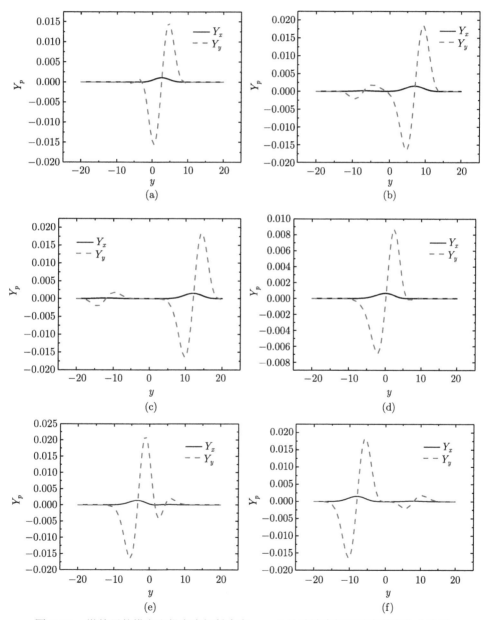

图 6.22 微粒子的横向和纵向声辐射力在 $x = 0$ 处随波束间距改变的变化曲线图

(a) $kB = 0$; (b) $kB = -5$; (c) $kB = -10$; (d) $kB = 2$; (e) $kB = 5$; (f) $kB = 10$

横向声辐射力呈现拉力效果，当间距越来越小时，呈现拉力效果的区域相应地右移，并且可以通过控制间距来实现目标区域的横向声辐射力，呈现拉力效果；图 6.22(d)~(f) 中间距变化与图 6.22(a)~(c) 中相反，间距是从 0~10 变化，可以发现纵向声辐射力基本为正值且出现在 y 负轴部分，横向声辐射力随间距的增大，在 y 负轴呈现拉力效果的区域相应地左移，也就是指同样可以通过控制间距正值大小使得 y 负轴任意区域呈现拉力效果。

3. 振幅对粒子声辐射力的影响

上文讨论了控制波束间距来实现目标区域出现拉力的情况，它是通过间距变化，横向声辐射力曲线随之向左或向右移动来控制呈现拉力效果的区域。这里我们来研究波束振幅变化对声辐射力的影响。图 6.23 中展示了粒子在 $x = 0$ 处的横向和纵向声辐射力，相位差固定为 0。

图 6.23(a) 与 (b) 中波束间距为 $kB = -2$，两束波振幅比例分别为 $A_1/A_2 = 1/3$ 与 $A_1/A_2 = 3/1$，可以发现它们的振幅比例是相反的，而相应的辐射力计算结果是关于 y 轴对称分布的，也就是说，当波束间距不变时，调换振幅比例后，可以

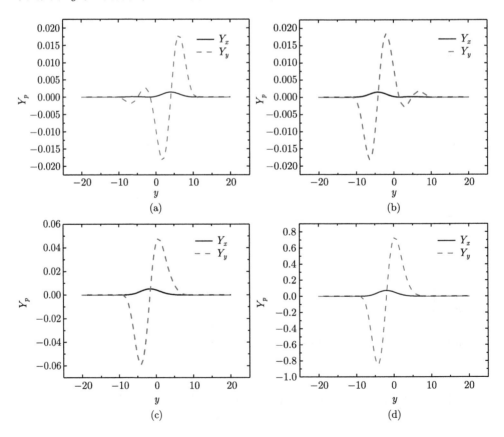

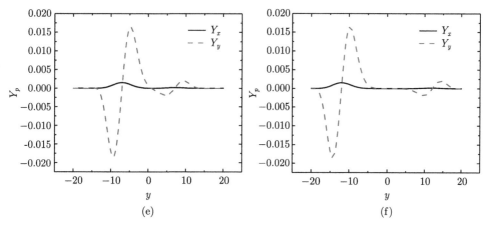

图 6.23 微粒子横向和纵向声辐射力与两束声波振幅比例的关系

(a) $A_1/A_2 = 1/3$, $kB = -2$; (b) $A_1/A_2 = 3/1$, $kB = -2$; (c) $A_1/A_2 = 5/1$, $kB = 0$;
(d) $A_1/A_2 = 10/1$, $kB = 0$; (e) $A_1/A_2 = 3/1$, $kB = -5$; (f) $A_1/A_2 = 3/1$, $kB = -10$

使得目标区域的横向声辐射力呈现拉力效果；图 6.23(c) 与 (d) 中增大比例 A_1/A_2，可以发现横向和纵向声辐射力方向不变，幅值大小相应地增大，即改变两束波振幅比例，可以获得更大幅值的声辐射力。上文在讨论波束间距对声辐射力的影响时，我们将两束波振幅比例固定为 $A_1/A_2 = 1/3$，若将比例改为 $A_1/A_2 = 3/1$，波束间距为负值，如图 6.23(e) 与 (f) 所示，可以发现间距越小，横向声辐射力曲线向左移，呈现拉力效果的区域同时左移，而图 6.22(a)~(c) 中所展示的与此相反。通过对比这些计算结果，可以发现振幅比例的改变，不但影响声辐射力幅值大小，还可以与波束间距一起调控来控制目标区域横向声辐射力的方向，即出现拉力或推力。

4. 波束宽度对粒子声辐射力的影响

之前已经讨论了两波束之间的相位差、间距以及振幅比例作用，接下来讨论波束中高斯因子的影响，即波束宽度对声辐射力的影响。这里取相位差 $Q = 0$，波束间距 $kB = 0$，振幅比例 $A_1/A_2 = 1$。

图 6.24(a) 的背景是波束宽度 $w_0 = \lambda$ 时两束艾里高斯入射波的标准归一化声强 (I/I_0)，其中 $I_0 = \rho_0 w^2 |\phi_0|^2/(2c_0)$，其中背景图上面的黑色箭头表示声辐射力矢量。与图 6.24(a) 一样，图 6.24(c) 展示波束宽度 $w_0 = 4\lambda$ 时的标准归一化声强以及声辐射力矢量。在之前讨论相位差对粒子运动的影响时，就指出横向声辐射力起着主要作用，这里单独展示横向声辐射力变化情况，如图 6.24(b) 与 (d) 所示，波束宽度分别为 $w_0 = \lambda$ 和 $w_0 = 4\lambda$。

通过对比图 6.24(a) 与 (c)，可以发现当波束宽度降低时，由于高斯因子的截断作用，入射波的标准归一化声强的旁瓣减少了，同样通过声辐射力矢量的比较，可以发现波束宽度增大, 声辐射力矢量图分布变得更复杂, 类似于声强图分布, 而且横向声辐射力的幅值会增大, 这是因为声辐射力矢量与声强分布具有密切的相关关系。

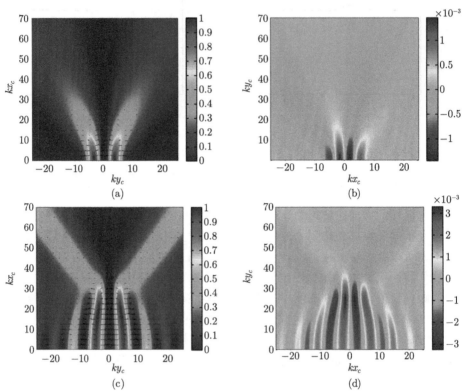

图 6.24　(a) 和 (c) 的背景表示在不同波束宽度时的两束艾里高斯波的标准归一化声强, 其中黑色箭头表示辐射力矢量; (b) 和 (d) 表示不同波束宽度下的横向声辐射力函数 (彩图请扫封底二维码)
(a) 和 (b) $w_0 = \lambda$; (c) 和 (d) $w_0 = 4\lambda$

6.5　艾里波对一对圆柱形粒子的声辐射力

在声学实验中声波在散射体与边界之间的多次散射[55-59] 是普遍存在的, 当研究多次散射时一般计入二次散射, 三次及以上的多次散射由于声波能量小而忽略不计。若是介质中存在多个目标散射体, 则需要考虑多粒子的悬浮[60] 或者操控[61], 这时需要探讨外部声场同时与多个粒子相互作用后的声镊理论研究。2000 年, Roumeliotis 等探讨了两粒子之间的声散射[62], 2017 年, Mitri 将双粒子间的声散射引入声镊领域[63-65], 由于艾里波的特殊性质[66,67], 它与多粒子之间的作用结果具有研究价值。

本节就艾里波与一对圆柱形微粒子的相互作用来探讨多次散射问题, 着重研究两粒子半径尺寸变化以及粒子间距对声辐射力的影响。

6.5.1 模型与计算

如图 6.25 所示, 假设 xOy 平面上有一对粒子 1 和 2, 粒子半径分别为 a, b, 在水介质中艾里波垂直于柱形粒子的 z 轴以入射角 β 入射到两粒子上, 沿 x 轴方向传播, 为方便起见, 这里所有公式略去时间因子 $\mathrm{e}^{-\mathrm{i}wt}$。艾里波在 $x = 0$ 处的初始速度势为

$$\Phi_{\mathrm{i}}^{(0)}(x = 0, y) = \phi_0 \mathrm{Ai}(y/y_0)\mathrm{e}^{\alpha(y/y_0)} \tag{6.47}$$

其中, ϕ_0 是振幅; $\mathrm{Ai}(\cdot)$ 是第一类艾里函数; y_0 是艾里函数的调控因子; α 是衰减系数。

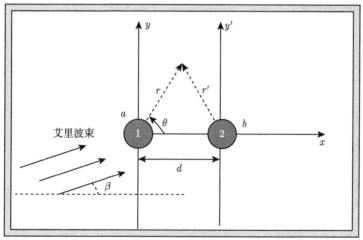

图 6.25 一束艾里声波以任意入射角与一对圆柱形粒子相互作用的原理图, 粒子 1 和 2 的半径分别为 a, b

根据角谱分析法 [68], 艾里转换公式 [69] 和雅可比公式 [70], 在圆柱坐标系中, 入射波速度势可以表示为

$$\Phi_{\mathrm{inc}}(r, \theta) = \phi_0 \sum_{n=-\infty}^{n=\infty} \Lambda_n \mathrm{J}_n(kr)\mathrm{e}^{in\theta} \tag{6.48}$$

其中, $\mathrm{J}_n(\cdot)$ 是第一类贝塞尔函数; $k = w/c$ 是波数, c 是水中声速; Λ_n 为波束因子,

$$\Lambda_n = \mathrm{i}^n \frac{ky_0}{2\pi} \int_{-\infty}^{\infty} \mathrm{e}^{(\alpha - iky_0q)^3/3}\mathrm{e}^{-in\sin^{-1}q}\mathrm{d}q$$

同理在柱坐标系 (r,θ) 和 (r',θ') 可以分别获得粒子 1, 2 的散射速度势:

$$\Phi_{\mathrm{sca},1}(r,\theta) = \phi_0 \sum_{n=-\infty}^{n=\infty} C_{n,1} \mathrm{H}_n^{(1)}(kr) \mathrm{e}^{\mathrm{i}n\theta} \tag{6.49}$$

$$\Phi_{\mathrm{sca},2}(r',\theta') = \phi_0 \sum_{n=-\infty}^{n=\infty} C_{n,2} \mathrm{H}_n^{(1)}(kr') \mathrm{e}^{\mathrm{i}n\theta'} \tag{6.50}$$

其中, $C_{n,1}$ 和 $C_{n,2}$ 是未知散射参数; $\mathrm{H}_n^{(1)}(\cdot)$ 是第一类 n 阶汉克尔函数。式 (6.49) 不仅包含初始入射波作用在粒子 1 上的散射波, 还包括二次反射波, 它是初始入射波作用到粒子 2 后反射出来的波反作用在粒子 1 上的散射波, 同理, 式 (6.50) 除了包含初始入射波作用在粒子 2 上的直接散射波, 还包含粒子 1 的反射波作用在粒子 2 上的散射波。

由于粒子散射系数的求解是根据粒子的边界条件来确定的, 所以需要粒子内部的透射波的速度势

$$\Phi_{\mathrm{int},1}(r,\theta) = \phi_0 \sum_{n=-\infty}^{n=\infty} C_{n,1}^{\mathrm{int}} \mathrm{J}_n(k_1 r) \mathrm{e}^{\mathrm{i}n\theta} \tag{6.51}$$

$$\Phi_{\mathrm{int},2}(r',\theta') = \phi_0 \sum_{n=-\infty}^{n=\infty} C_{n,2}^{\mathrm{int}} \mathrm{J}_n(k_2 r') \mathrm{e}^{\mathrm{i}n\theta'} \tag{6.52}$$

其中, k_1, k_2 分别是粒子 1 和 2 内部的纵波波数; $C_{n,1}^{\mathrm{int}}, C_{n,2}^{\mathrm{int}}$ 分别是粒子 1 和粒子 2 内部透射波的未知参数, 由边界条件决定。

接下来运用边界条件求解散射系数 $C_{n,1}$ 和 $C_{n,2}$, 由于 $C_{n,1}$ 和 $C_{n,2}$ 与双方粒子的二次散射波相关, 在计算散射系数时需要同时考虑两个粒子的边界条件。由于两粒子所在参考系不同, 在其中一个参考系运算时需要将另一个参考系中的公式转化在同一个参考系。因此, 运用加法定理 [71], 在不同柱坐标系中的汉克尔函数可以相互转化为

$$\mathrm{H}_n^{(1)}(kr')\mathrm{e}^{\mathrm{i}n\theta'} = \begin{cases} \displaystyle\sum_{m=-\infty}^{\infty} \mathrm{J}_{n-m}(kd)\mathrm{H}_m^{(1)}(kr)\mathrm{e}^{\mathrm{i}m\theta}, & r > d \\ \displaystyle\sum_{m=-\infty}^{\infty} \mathrm{J}_m(kr)\mathrm{H}_{n-m}^{(1)}(kd)\mathrm{e}^{\mathrm{i}m\theta}, & r < d \end{cases} \tag{6.53}$$

$$\mathrm{H}_n^{(1)}(kr)\mathrm{e}^{\mathrm{i}n\theta} = \begin{cases} \displaystyle\sum_{m=-\infty}^{\infty} \mathrm{J}_{n-m}(kd)\mathrm{H}_m^{(1)}(kr')\mathrm{e}^{\mathrm{i}m\theta'}, & r' > d \\ \displaystyle\sum_{m=-\infty}^{\infty} \mathrm{J}_m(kr')\mathrm{H}_{n-m}^{(1)}(kd)\mathrm{e}^{\mathrm{i}m\theta'}, & r' < d \end{cases} \tag{6.54}$$

因此，可以分别获得在柱坐标系 (r,θ) 和 (r',θ') 中介质粒子外的总声场速度势

$$
\begin{aligned}
\Phi_{\text{tot}}(r,\theta)|_{r<d} &= \Phi_{\text{inc}}(r,\theta) + \Phi_{\text{sca},1}(r,\theta) + \Phi_{\text{sca},2}(r,\theta) \\
&= \phi_0 \Bigg[\sum_{n=-\infty}^{\infty} (\Lambda_n \mathrm{J}_n(kr) + C_{n,1}\mathrm{H}_n^{(1)}(kr))\mathrm{e}^{\mathrm{i}n\theta} \\
&\quad + \sum_{n=-\infty}^{\infty} \Bigg(C_{n,2} \sum_{m=-\infty}^{\infty} \mathrm{J}_m(kr)\mathrm{H}_{m-n}^{(1)}(kd)\mathrm{e}^{\mathrm{i}m\theta} \Bigg) \Bigg]
\end{aligned} \tag{6.55}
$$

$$
\begin{aligned}
\Phi_{\text{tot}}(r,\theta)|_{r>d} &= \phi_0 \Bigg[\sum_{n=-\infty}^{\infty} (\Lambda_n \mathrm{J}_n(kr) + C_{n,1}\mathrm{H}_n^{(1)}(kr))\mathrm{e}^{\mathrm{i}n\theta} \\
&\quad + \sum_{n=-\infty}^{\infty} \Bigg(C_{n,2} \sum_{m=-\infty}^{\infty} \mathrm{J}_{m-n}(kd)\mathrm{H}_m^{(1)}(kr)\mathrm{e}^{\mathrm{i}m\theta} \Bigg) \Bigg]
\end{aligned} \tag{6.56}
$$

$$
\begin{aligned}
\Phi_{\text{tot}}(r',\theta')|_{r'<d} &= \Phi_{\text{inc}}(r',\theta') + \Phi_{\text{sca},1}(r',\theta') + \Phi_{\text{sca},2}(r',\theta') \\
&= \phi_0 \Bigg[\sum_{n=-\infty}^{\infty} (\Lambda_n \mathrm{e}^{-\mathrm{i}kd\cos\beta}\mathrm{J}_n(kr') + C_{n,2}\mathrm{H}_n^{(1)}(kr'))\mathrm{e}^{\mathrm{i}n\theta'} \\
&\quad + \sum_{n=-\infty}^{\infty} \Bigg(C_{n,1} \sum_{m=-\infty}^{\infty} \mathrm{J}_m(kr')\mathrm{H}_{n-m}^{(1)}(kd)\mathrm{e}^{\mathrm{i}m\theta'} \Bigg) \Bigg]
\end{aligned} \tag{6.57}
$$

$$
\begin{aligned}
\Phi_{\text{tot}}(r',\theta')|_{r'>d} &= \phi_0 \Bigg[\sum_{n=-\infty}^{\infty} (\Lambda_n \mathrm{e}^{-\mathrm{i}kd\cos\beta}\mathrm{J}_n(kr') + C_{n,2}\mathrm{H}_n^{(1)}(kr'))\mathrm{e}^{\mathrm{i}n\theta'} \\
&\quad + \sum_{n=-\infty}^{\infty} \Bigg(C_{n,1} \sum_{m=-\infty}^{\infty} \mathrm{J}_{n-m}(kd)\mathrm{H}_m^{(1)}(kr')\mathrm{e}^{\mathrm{i}m\theta'} \Bigg) \Bigg]
\end{aligned} \tag{6.58}
$$

下面通过边界条件来计算散射系数，粒子 1 和 2 的边界条件为在边界处声压的连续和法向声速的连续，即

$$
\mathrm{P}_{\text{tot}}(r,\theta)|_{r=A_{1,\theta}} = \mathrm{P}_{\text{int},1}(r,\theta)|_{r=A_{1,\theta}} \tag{6.59}
$$

$$
\nabla\Phi_{\text{tot}}(r,\theta) \cdot \boldsymbol{n}_1|_{r=A_{1,\theta}} = \nabla\Phi_{\text{int},1}(r,\theta) \cdot \boldsymbol{n}_1|_{r=A_{1,\theta}} \tag{6.60}
$$

$$
\mathrm{P}_{\text{tot}}(r',\theta')|_{r'=A_{2,\theta}} = \mathrm{P}_{\text{int},2}(r',\theta')|_{r'=A_{2,\theta}} \tag{6.61}
$$

$$
\nabla\Phi_{\text{tot}}(r',\theta') \cdot \boldsymbol{n}_2|_{r'=A_{2,\theta}} = \nabla\Phi_{\text{int},2}(r',\theta') \cdot \boldsymbol{n}_2|_{r'=A_{2,\theta}} \tag{6.62}
$$

其中，$P_{\text{tot}} = \mathrm{i}\omega\rho\Phi_{\text{tot}}, P_{\text{int},1} = \mathrm{i}\omega\rho_1\Phi_{\text{int},1}, P_{\text{int},2} = \mathrm{i}\omega\rho_2\Phi_{\text{int},2}$，这里 ρ_1, ρ_2 分别是粒子 1 和粒子 2 的质量密度；$\boldsymbol{n}_{\{1,2\}}$ 是粒子 1,2 表面的法向矢量；$A_{\{1,2\},\theta}$ 是粒子 1,2 的表面形状函数 [72,73]。

下面计算声波作用在粒子上的声辐射力，已知声辐射力计算公式 [74] 如下

$$\langle \boldsymbol{F}_{\{1,2\}} \rangle \underset{kr \to \infty}{=} \frac{1}{2}\rho k^2 \int_{S_0} \Re\{\Phi_{is,\{1,2\}}\}\mathrm{d}\boldsymbol{S} \tag{6.63}$$

其中，$\Re\{\cdot\}$ 表示取复数的实部；$\Phi_{is,\{1,2\}} \underset{kr \to \infty}{=} \Phi^*_{\text{sca},\{1,2\}}[(\mathrm{i}/k)\partial_r\Phi^{\text{eff}}_{\text{inc},\{1,2\}} - \Phi^{\text{eff}}_{\text{inc},\{1,2\}} - \Phi_{\text{sca},\{1,2\}}]$，并且 $\mathrm{d}\boldsymbol{S} = \mathrm{d}S \cdot \boldsymbol{e}_r$，$\mathrm{d}S = r\mathrm{d}\theta$ 表示单位长度圆柱形粒子的横截面积，$\boldsymbol{e}_r = \cos\theta\boldsymbol{e}_x + \sin\theta\boldsymbol{e}_y$，这里 $\boldsymbol{e}_x, \boldsymbol{e}_y$ 分别是笛卡儿坐标系的单位矢量；标志 $\langle\cdot\rangle$ 表示取时间平均；上标 $*$ 表示取复数的共轭。

上面式 (6.55) $\sim$ 式 (6.58) 表示的是介质中粒子周围的总声场速度势，而在式 (6.63) 中计算每一粒子的声辐射力时需要的是每一粒子的有效速度势。注意到，从粒子 1 表面反射出去的波不能再次入射到粒子 1 表面，那么这一部分声波就不用归入粒子 1 的有效声场，同样粒子 2 也是如此。

$$\begin{aligned}\Phi^{\text{eff}}_{\text{inc},1}(r,\theta) &= \Phi_{\text{tot}}(r,\theta)|_{r<d} - \Phi_{\text{sca},1}(r,\theta) = \Phi_{\text{inc}}(r,\theta) + \Phi_{\text{sca},2}(r,\theta) \\ &= \varphi_0\left[\sum_{n=-\infty}^{\infty}\Lambda_n\mathrm{J}_n(kr)\mathrm{e}^{\mathrm{i}n\theta} + \sum_{n=-\infty}^{\infty}\left(C_{n,2}\sum_{m=-\infty}^{\infty}\mathrm{J}_m(kr)\mathrm{H}^{(1)}_{m-n}(kd)\mathrm{e}^{\mathrm{i}m\theta}\right)\right]\end{aligned}$$

$$\tag{6.64}$$

$$\begin{aligned}\Phi^{\text{eff}}_{\text{inc},2}(r',\theta') &= \Phi_{\text{tot}}(r',\theta')|_{r'<d} - \Phi_{\text{sca},2}(r',\theta') = \Phi_{\text{inc}}(r',\theta') + \Phi_{\text{sca},1}(r',\theta') \\ &= \phi_0\left[\sum_{n=-\infty}^{\infty}\Lambda_n\mathrm{e}^{-\mathrm{i}kd\cos\beta}\mathrm{J}_n(kr')\mathrm{e}^{\mathrm{i}n\theta'} \right. \\ &\quad\left. + \sum_{n=-\infty}^{\infty}\left(C_{n,1}\sum_{m=-\infty}^{\infty}\mathrm{J}_m(kr')\mathrm{H}^{(1)}_{n-m}(kd)\mathrm{e}^{\mathrm{i}m\theta'}\right)\right]\end{aligned}$$

$$\tag{6.65}$$

既然粒子 1, 2 的有效速度势及声辐射力计算公式都给出了，那么可以获得粒子 1, 2 的横向 (Y_x) 和纵向 (Y_y) 的声辐射力表达式

$$Y_{x,1} = \frac{2}{kS_{c,1}}\Im\left\{\sum_{n=-\infty}^{\infty}\left(\Lambda_n + C_{n,1} + \sum_{m=-\infty}^{\infty}C_{m,2}\mathrm{H}^{(1)}_{n-m}(kd)\right)(C^*_{n+1,1} - C^*_{n-1,1})\right\}$$

$$\tag{6.66}$$

$$Y_{y,1} = -\frac{2}{kS_{c,1}}\Re\left\{\sum_{n=-\infty}^{\infty}\left(\Lambda_n + C_{n,1} + \sum_{m=-\infty}^{\infty}C_{m,2}\mathrm{H}_{n-m}^{(1)}(kd)\right)(C_{n+1,1}^* + C_{n-1,1}^*)\right\}$$

$$(6.67)$$

$$Y_{x,2} = \frac{2}{kS_{c,2}}\Im\left\{\sum_{n=-\infty}^{\infty}\left(\Lambda_n e^{-ikd\cos\beta} + C_{n,2}\right.\right.$$

$$\left.\left. + \sum_{m=-\infty}^{\infty}C_{m,1}\mathrm{H}_{m-n}^{(1)}(kd)\right)(C_{n+1,2}^* - C_{n-1,2}^*)\right\} \qquad (6.68)$$

$$Y_{y,2} = \frac{2}{kS_{c,2}}\Re\left\{\sum_{n=-\infty}^{\infty}\left(\Lambda_n e^{-ikd\cos\beta} + C_{n,2}\right.\right.$$

$$\left.\left. + \sum_{m=-\infty}^{\infty}C_{m,1}\mathrm{H}_{m-n}^{(1)}(kd)\right)(C_{n+1,2}^* + C_{n-1,2}^*)\right\} \qquad (6.69)$$

两粒子均为液体粒子, 对粒子 1, 将式 (6.55) 和式 (6.64) 代入边界条件式 (6.59), 式 (6.60), 并运用复指数函数的正交特性, 可以得到以下表达式

$$\Lambda_l\mathrm{J}_l(ka) + C_{l,1}\mathrm{H}_l^{(1)}(ka) + \mathrm{J}_l(ka)\sum_{n=-\infty}^{\infty}C_{n,2}\mathrm{H}_{l-n}^{(1)}(kd) = C_{l,1}^{\mathrm{int}}\mathrm{J}_l(k_1 a) \qquad (6.70)$$

$$\Lambda_l\mathrm{J}_l'(ka) + C_{l,1}\mathrm{H}_l^{(1)'}(ka) + \mathrm{J}_l'(ka)\sum_{n=-\infty}^{\infty}C_{n,2}\mathrm{H}_{l-n}^{(1)}(kd) = \left(\frac{\rho c}{\rho_1 c_1}\right)C_{l,1}^{\mathrm{int}}\mathrm{J}_l'(k_1 a)$$

$$(6.71)$$

其中, c_1 是粒子 1 内部介质纵波声速; ρ_1 为柱形粒子 1 内部介质质量密度。同理, 对粒子 2, 将式 (6.57), 式 (6.65) 代入边界条件式 (6.61) 和式 (6.62), 并运用复指数函数的正交特性, 可以得到以下表达式

$$\Lambda_l\mathrm{J}_l(kb)e^{-ikd\cos\beta} + C_{l,2}\mathrm{H}_l^{(1)}(kb) + \mathrm{J}_l(kb)\sum_{n=-\infty}^{\infty}C_{n,1}\mathrm{H}_{n-l}^{(1)}(kd) = C_{l,2}^{\mathrm{int}}\mathrm{J}_l(k_2 b) \quad (6.72)$$

$$\Lambda_l\mathrm{J}_l'(kb)e^{-ikd\cos\beta} + C_{l,2}\mathrm{H}_l^{(1)'}(kb) + \mathrm{J}_l'(kb)\sum_{n=-\infty}^{\infty}C_{n,1}\mathrm{H}_{n-l}^{(1)}(kd) = \left(\frac{\rho c}{\rho_2 c_2}\right)C_{l,2}^{\mathrm{int}}\mathrm{J}_l'(k_2 b)$$

$$(6.73)$$

其中, c_2 是半径为 b 的柱形粒子 2 内部介质的纵波声速; ρ_2 为柱形粒子 2 内部介质的质量密度。

式 (6.70) ~ 式 (6.73) 构成一组方程, 将这组方程重新以矩阵及向量的形式表示, 可以运用矩阵逆变换来求得散射系数 $C_{n,1}$ 和 $C_{n,2}$, 其中矩阵维度大小为

$(2N+1)\times(2N+1)$，向量维度大小为 $1\times(2N+1)$，$N_{\max} = [\max(\max(ka, kb), kd)]+$ 25。得出散射系数后，代入式 (6.66) ~ 式 (6.69)，求得粒子 1 和 2 的纵向和横向声辐射力。

6.5.2 仿真分析与讨论

如图 6.22 所示，粒子 1,2 之间间距为 d，半径分别为 a,b，两粒子材质一致，粒子内部介质质量密度为 $\rho_{\text{int}} = 1099\text{kg/m}^3$，声速为 $c_{\text{int}} = 1631\text{m/s}$，粒子外部流体水的密度为 $\rho_0 = 1000\text{kg/m}^3$，声速为 $c_0 = 1500\text{m/s}$。在粒子 1 和 2 内部纵波波数为 $k_c = w/c_{\text{int}}(1 + i\gamma)$，其中，$\gamma(= 10^{-3})$ 为无量纲吸收系数。式 (6.66) ~ 式 (6.69) 中声辐射力表达式里 $S_{c,1}(= 2a)$，$S_{c,2}(= 2b)$ 分别表示粒子 1 和 2 单位长度的截断面积。

图 6.26(a)~(d) 展示式 (6.66) ~ 式 (6.69) 中粒子 1,2 的横向和纵向声辐射力，粒子 1, 2 半径相关参数设置为 $ka = 0.1, kb = 1$，艾里波的入射角范围为：$-90° \leqslant \beta \leqslant 90°$，并且 $(ka + kb) < kd \leqslant 30$。从图 6.26(a) 中可以看出，粒子 1 的横向声辐射力 $(Y_{x,1})$ 与艾里波的入射角 β 呈对称分布，随角度 β 的变化呈现一定的简谐特性，并且横向声辐射力在正负之间变化，绝对值随粒子间距 kd 的增大而衰减，这说明当选择合适的入射角度 β 时，粒子 1 可以被推离 $(Y_{x,1} < 0)$ 或拉向 $(Y_{x,1} > 0)$ 粒子 2，或者在交叉点 $(Y_{x,1} = 0)$，粒子 1 保持不动。图 6.26(b) 展示的是粒子 1 的纵向声辐射力 $(Y_{y,1})$，与横向声辐射力一样，它同样随间距 kd 的增大而衰减，与入射角 β 呈对称分布，并且随角度 β 的增大呈现一定的简谐特性，但 $Y_{y,1}$ 的幅值一直保持为正，从图 6.26(a) 和 (b) 中可以发现，当粒子间距 kd 接近于粒子尺寸和 $(ka + kb)$ 时，此时的声辐射力幅值绝对值最大。图 6.26(c) 和 (d) 展示粒子 2 的声辐射力 $(Y_{x,2}, Y_{y,2})$，从图中可以看出，粒子 2 的横向和纵向声辐射力都呈扇形分布，并且幅值都为正，随粒子间距 kd 的增大而衰减。从图中可以看出，在角度 $50° \leqslant |\beta| \leqslant 90°$，$Y_{x,2}, Y_{y,2}$ 呈现一定的起伏，形似艾里波传播图形。

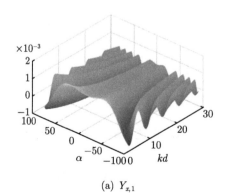 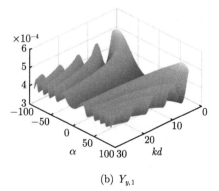

(a) $Y_{x,1}$ (b) $Y_{y,1}$

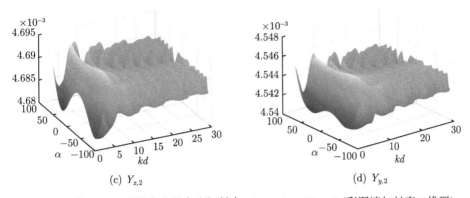

图 6.26 粒子 1, 2 的横向和纵向声辐射力, $ka = 0.1, kb = 1$ (彩图请扫封底二维码)

图 6.27 展示两个粒子尺寸大小一致时的横向和纵向声辐射力, 即 $ka = 1, kb = 1$, 图 6.28 展示当粒子 1 的尺寸大于粒子 2 时的横向和纵向声辐射力, 即 $ka = 5, kb = 0.1$。通过比较图 6.26(a),(b), 图 6.27(a),(b) 和图 6.28(a),(b), 可以看出粒子 1 的声辐射力分布情况基本没有变化, 稍微不同之处是当粒子 1 的半径等于或大于粒子 2 的半径尺寸时, 粒子 1 的声辐射力呈现为正值, 并且声辐射力分布图中的波峰及波谷处的振荡更明显。同样, 粒子 2 的声辐射力分布情况基本不变, 与粒子 1 的声辐射力振荡情况相反, 随着 ka/kb 比值的增大, $Y_{x,2}, Y_{y,2}$ 在角度 $50° \leqslant |\beta| \leqslant 90°$ 处呈现的起伏逐渐消失, 这是由于粒子 1 的尺寸大于粒子 2 时, 它干扰了艾里波在粒子 2 上的作用, 所以艾里波大部分作用在粒子 1 上, 粒子 1 的声辐射力艾里波特性更明显, 粒子 2 的声辐射力艾里波特性逐渐消失。从图 6.27 和图 6.28 中可以看出, 当粒子 1 的尺寸半径大于等于粒子 2 的半径尺寸时, 由于艾里波传播中自弯曲的特性, 即使在入射角 $\beta = 0°$ 时, 粒子 2 并不因为粒子 1 的阻隔而不存在声辐射力; 同样, 在入射角 $\beta = -90°$ (或 $90°$) 时, 粒子 2 的横向声辐射力不为零。

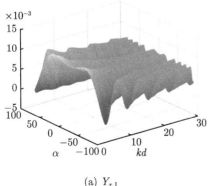

(a) $Y_{x,1}$ (b) $Y_{y,1}$

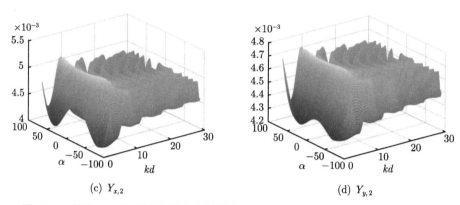

(c) $Y_{x,2}$ (d) $Y_{y,2}$

图 6.27　粒子 1, 2 的横向和纵向声辐射力, $ka = 1, kb = 1$ (彩图请扫封底二维码)

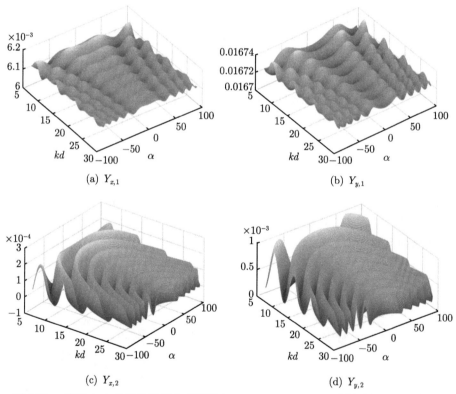

图 6.28　粒子 1, 2 的横向和纵向声辐射力, $ka = 5, kb = 0.1$ (彩图请扫封底二维码)

参 考 文 献

[1] O'Neil H T. Theory of focusing radiators. Journal of Acoustical Society of America, 1949, 21:516–526.

[2] Filipczynski L, Etienne J. Theoretical study and experiments on spherical focusing transducers with Gaussian surface velocity distribution. Acta Acustica United with Acustica, 1973, 28: 121–128.

[3] Lucas B G, Muir T G. The field of a focusing source. Journal of Acoustical Society of America, 1982, 72: 1289–1296.

[4] Thompson R B, Lopes E F. The effects of focusing and refraction on Gaussian ultrasonic beams. Journal of Nondestructive Evaluation, 1984, 4: 107–123.

[5] Coulouvrat F. Continuous field radiated by a geometrically focused transducer: Numerical investigation and comparison with an approximate model. Journal of Acoustical Society of America, 1993, 94: 1663–1675.

[6] Stratton J A. Electromagnetic Theory. New York: McGraw-Hill, 1941: 1–631.

[7] Arfken G B, Weber H J. Mathematical Methods for Physicists. California: Academic Press, 2012.

[8] Hasegawa T, Inoue N, Matsuzawa K. A new rigorous expansion for the velocity potential of a circular piston source. Journal of Acoustical Society of America, 1987, 82: 706–708.

[9] Beissner K. On the lateral resolution of focused ultrasonic fields from spherically curved transducers. Journal of Acoustical Society of America, 2013, 134: 3943–3947.

[10] Hasegawa T, Matsuzawa K, Inoue N. A new expansion for the velocity potential of a circular concave piston. Journal of Acoustical Society of America, 1986, 79: 927–931.

[11] Mair H D, Hutchins D A. In Progress in Underwater Acoustics.US: Springer, 1987: 619–626.

[12] Chen X, Apfel R. Radiation force on a spherical object in an axisymmetric wave field and its application to the calibration of high-frequency transducers. Journal of Acoustical Society of America, 1996, 99: 713–724.

[13] Mitri F G. Acoustic radiation force of high-order Bessel beam standing wave tweezers on a rigid sphere. Ultrasonics, 2009, 49: 794–798.

[14] Dekker D L, Piziali R L, Dong J E. Spherical wave decomposition approach to ultrasonic field calculations. Journal of Acoustical Society of America, 1974, 56: 87–93.

[15] Greenspan M. Piston radiator: Some extensions of the theory. Journal of Acoustical Society of America, 1979, 65: 608–621.

[16] Mast T D, F Yu F. Simplified expansions for radiation from a baffled circular piston. Journal of Acoustical Society of America, 2005, 118: 3457–3464.

[17] 梁昆淼. 数学物理方法. 2 版. 北京: 高等教育出版社, 1998.

[18] 杜功焕, 朱哲民, 龚秀芬. 声学基础. 2 版. 南京: 南京大学出版社, 2001.

[19] Hasegawa T, Inoue N, Matsuzawa K. A new rigorous expansion for the velocity potential of a circular piston source. Journal of the Acoustical Society of America, 1983, 74: 1044.

[20] Hasegawa T, Inoue N, Matsuzawa K. Ultrasonic scattering by a rigid sphere in the nearfield of a circular. Journal of Acoustical Society of America, 1984, 75: 1048–1051.

[21] Kino G S. Acoustic Waves: Devices, Imaging, and Analog Signal Processing. NanJing: Prentice-Hall, 1987.

[22] Chen X, Apfel R E. Radiation force on a spherical object in an axisymmetric wave field and its application to the calibration of high-frequency transducers. Journal of the Acoustical Society of America, 1996, 99: 713–724.

[23] Gutiérrez-Vega J C, Rodríguez-Masegosa R, Chávez-Cerda S. Bessel–Gauss resonator with spherical output mirror: geometrical-and wave-optics analysis. Journal of the Optical Society of America A-optics Image Science and Vision, 2003, 20: 2113–2122.

[24] Hakola A, Buchter S C, Kajava T, et al. Bessel–Gauss output beam from a diode-pumped Nd: YAG laser. Optics Communications, 2004, 238: 335–340.

[25] Mitri F G. Acoustics of a finite-aperture Laguerre-Gaussian vortex beam. IEEE Ultrasonics Symposium (IUS),2014.

[26] Wang S J. Another approximately analytical description for the Bessel-Gaussian beam fields of a finite aperture. Journal of Northwest University, 1998, 34: 22–25.

[27] Mitri F G. Langevin acoustic radiation force of a high-order Bessel beam on a rigid sphere. IEEE Transactions on Ultrasonics, Ferroelectrics and Frequency Control, 2009, 56: 1059–1064.

[28] Mitri F G, Lobo T P, Silva G T. Axial. Acoustic radiation torque of a Bessel vortex beam on spherical shells. Physical Review E,2012, 85: 026602.

[29] Mitri F G. Acoustical pulling force of a limited-diffracting annular beam centered on a sphere. IEEE Transactions on Ultrasonics, Ferroelectrics and Frequency Control, 2015, 62: 1827–1834.

[30] Mitri F G. Acoustical pulling force on rigid spheroids in single Bessel vortex tractor beams. Europhysics Letters, 2015, 112: 34002.

[31] Marston P L. Axial radiation force of a Bessel beam on a sphere and direction reversal of the force. Journal of Acoustical Society of America, 2006, 120: 3518–3524.

[32] Marston P L. Radiation force of a helicoidal Bessel beam on a sphere. Journal of Acoustical Society of America, 2009, 125: 3539–3547.

[33] Zhang L, Marston P L. Angular momentum flux of nonparaxial acoustic vortex beams and torques on axisymmetric objects. Physical Review E, 2011, 84: 065601.

[34] Zhang X F, Zhang G B. Acoustic radiation force of a Gaussian beam incident on spherical particles in water. Ultrasound in Medicine and Biology, 2012, 38: 2007–2017.

[35] Wu R R, Cheng K X, Liu X Z, et al. Study of axial acoustic radiation force on a sphere in a Gaussian quasi-standing field. Wave Motion, 2016, 62: 63–74.

[36] Gouesbet G, Grehan G, Maheu B. Computations of the gn coefficients in the generalized Lorenz-Mie theory using three different methods. Applied Optics, 1998, 24: 4874–4883.

[37] Whittaker E T, Watson G N. A Course of Modern Analysis. 4th ed. England: Cambridge University Press, 1966.

[38] Leighton T G. Bubble population phenomena in acoustic cavitation. Ultrasonics Sono-chemistry, 1995, 2: 123–136.

[39] Bandres M A, Gutiérrezvega J C. Airy-Gauss beams and their transformation by parax-ial optical systems. Optics Express, 2007, 15(25): 16719–16728.

[40] Berry M V, Balazs N L. Nonspreading wave packets. American Journal of Physics, 1998, 47(3): 264–267.

[41] Siviloglou G A, Christodoulides D N. Accelerating finite energy Airy beams. Optics Letters, 2007, 32(8): 979–981.

[42] Huang J, Liang Z, Deng F, et al. Propagation properties of right-hand circularly po-larized Airy–Gaussian beams through slabs of right-handed materials and left-handed materials. Journal of the Optical Society of America A Optics Image Science & Vision, 2015, 32(11): 2104–2109.

[43] Deng D M. Propagation of Airy-Gaussian beams in a quadratic-index medium. Euro-pean Physical Journal D, 2011, 65(3): 553–556.

[44] Zhou M L, Chen C D, Chen B, et al. Propagation of an Airy–Gaussian beam in uniaxial crystals. Chinese Physics B, 2015, 24(12): 309–312.

[45] Chen C, Chen B, Peng X, et al. Propagation of Airy-Gaussian beam in Kerr medium. Journal of Optics, 2015, 17(3): 035504.

[46] Peng Y, Peng X, Chen B, et al. Interaction of Airy–Gaussian beams in Kerr media. Optics Communications, 2016, 359: 116–122.

[47] Zhang X. Bound states of breathing Airy–Gaussian beams in nonlocal nonlinear medium. Optics Communications, 2016, 367: 364–371.

[48] Mitri F G. Airy acoustical–sheet spinner tweezers. Journal of Applied Physics, 2016, 120(10): 997–1003.

[49] Mitri F G. Extinction efficiency of "elastic–sheet" beams by a cylindrical (viscous) fluid inclusion embedded in an elastic medium and mode conversion—Examples of nonparaxial Gaussian and Airy beams. Journal of Applied Physics, 2016, 120(14): 463–469.

[50] Goodman J W. Introduction to Fourier Optics. New York: McGraw-Hill,1968: 55–62.

[51] Vallee O, Soares M. Airy Functions and Applications to Physics.London: World Scien-tific,2004: 74–84.

[52] Colton D, Kress R. Inverse Acoustic and Electromagnetic Scattering Theory. New York: Springe, 2013: 33.

[53] Mitri F G. Interaction of an acoustical 2D-beam with an elastic cylinder with arbitrary location in a non-viscous fluid. Ultrasonics, 2015, 62: 244–252.

[54] Mitri F G. Theoretical calculation of the acoustic radiation force acting on elastic and viscoelastic cylinders placed in a plane standing or quasistanding wave field. The European Physical Journal B - Condensed Matter and Complex Systems, 2005, 44(1): 71–78.

[55] Foldy L L. The multiple scattering of waves. I. General theory of isotropic scattering

by randomly distributed scatterers. Physical Review, 1945, 67(3-4): 107–119.

[56] Zitron N. Higher-order approximations in multiple scattering. I. Three-dimensional scalar case. Journal of Mathematical Physics, 1961, 2(3): 394–402.

[57] Zitron N, Karp S N. Higher-order approximations in multiple scattering. II. Three-dimensional scalar case. Journal of Mathematical Physics, 1961, 2(3): 402–406.

[58] Martin P A, Conoir J M. Multiple scattering, interaction of time-harmonic waves with N obstacles. Journal of the Acoustical Society of America, 2007, 121(5): 279–282.

[59] Mitri F G. Acoustic radiation force on a cylindrical particle near a planar rigid boundary. Journal of Physical Communications, 2018, 2: 045019.

[60] Lierke E G. Acoustic levitation-A comprehensive survey of principles and applications. Acustica, 1996, 82(2): 220–237.

[61] Trinh E H. Compact acoustic levitation device for studies in fluid dynamics and material science in the laboratory and microgravity. Review of Scientific Instruments, 1985, 56(11): 2059–2065.

[62] Roumeliotis J A, Ziotopoulos A G, Kokkorakis G C. Acoustic scattering by a circular cylinder parallel with another of small radius. Journal of the Acoustical Society of America, 2001, 109(3): 870–877.

[63] Mitri F G. Acoustic attraction, repulsion and radiation force cancellation on a pair of rigid particles with arbitrary cross-sections in 2D: Circular cylinders example. Annals of Physics, 2017: 386.

[64] Mitri F G. Acoustic radiation torques on a pair of fluid viscous cylindrical particles with arbitrary cross-sections: Circular cylinders example. Journal of Applied Physics, 2017, 121(14): 620–623.

[65] Mitri F G. Extrinsic extinction cross-section in the multiple acoustic scattering by fluid particles. Journal of Applied Physics, 2017, 121(14): 220–237.

[66] Berry M V, Balazs N L. Nonspreading wave packets. American Journal of Physics, 1998, 47(3): 264–267.

[67] Unnikrishnan K, Rau A R P. Uniqueness of the Airy packet in quantum mechanics. American Journal of Physics, 1996, 64(8): 1034–1035.

[68] Goodman J W. Introduction to Fourier Optics. New York: Springer, 1968: 55–62.

[69] Vallee O, Soares M. Airy Functions and Applications to Physics. London: World Scientific, 2004: 74–84.

[70] Colton D, Kress R. Inverse Acoustic and Electromagnetic Scattering Theory. New York: Springer, 2013: 33.

[71] Abramowitz M, Stegun I A. Handbook of Mathematical Functions: With Formulas, Graphs, and Mathematical Tables. USA: Dover Publications, 1965.

[72] Mitri F G. Radiation forces and torque on a rigid elliptical cylinder in acoustical plane progressive and (quasi)standing waves with arbitrary incidence. Physics of Fluids, 2016, 28(7): 220–244.

[73] Mitri F G. Acoustic radiation force on a rigid elliptical cylinder in plane (quasi)standing

waves. Journal of Applied Physics, 2015, 118(21): 170–171.

[74] Mitri F G. Theoretical and experimental determination of the acoustic radiation force acting on an elastic cylinder in a plane progressive wave—far-field derivation approach. New Journal of Physics, 2006, 8(8): 138.

第 7 章 边界对声辐射力的影响

在声场中能够实现对粒子的准确操控，其关键因素是对声辐射力的调控，因此在实际运用中，我们要考虑各种情形下产生的声辐射力。在之前的工作中，很多的研究都集中于粒子处在无边界自由场的声辐射力。而实际情况则是，这些粒子多处在有边界的环境中，我们需要考虑边界带来的影响。这种影响包括阻抗边界对声波的反射，会造成周围声场的变化，而这种变化，最终会影响粒子所受到的声辐射力数值大小及方向的改变，进而影响到对粒子的精确操控。

7.1 平面波对单边界下柱形粒子的声辐射力

7.1.1 垂直入射的平面波

平面波通常是声学问题中最简单的一种波形，其波阵面为平面。一维平面声波的复数形式的表达为

$$p = p_a \mathrm{e}^{\mathrm{i}(kx-\omega t)} \tag{7.1}$$

其中，p_a 是该平面波的复振幅；k 是波数；ω 是角频率。

考虑单阻抗边界下柱形粒子的声散射。物理模型如图 7.1 所示。平面波垂直于边界入射，将一半径为 a 的无限长柱形粒子放置在入射声场内，边界与粒子的距离为 d。原点 O 位于该截面内柱形粒子的中心，建立柱坐标系。对于边界对该问题的影响，我们可以通过镜像法来解决。从理论声学中的声辐射理论可知 [1]，阻抗边界的影响可以等效为在边界上方与粒子对称位置的镜像粒子，其尺寸大小与原粒子相同，与边界的距离也是 d。相应地，我们也可以建立镜像柱坐标系，其坐标原点为镜像粒子的中心，记为 $\bar{O}$。经过这样的等效处理后，入射声波入射到边界后的反射声波就可以看成向反方向入射的镜像入射波，散射声波入射到边界后的反射声波也可以看成镜像粒子的散射波。

关于粒子所在的流体介质，为简单起见，假定是无黏滞效应的理想流体，介质的密度为 ρ_0，介质中的声速为 c_0。

在理想流体中，在无源无外力的情况下，声波方程用速度势来表示的形式为

$$\nabla^2 \Phi - \frac{1}{c_0^2}\frac{\partial^2 \Phi}{\partial t^2} = 0 \tag{7.2}$$

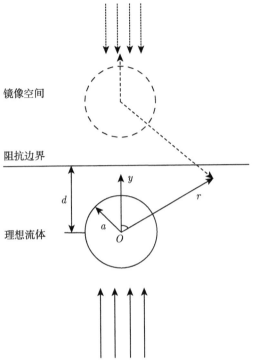

图 7.1 单阻抗边界下柱形粒子对平面波的声散射

其中，∇^2 是拉普拉斯算子；Φ 是声波的速度势函数。

其稳态形式为

$$(\nabla^2 + k^2)\Phi = 0 \tag{7.3}$$

其中，k 是流体介质中的波数。

我们知道，根据数学物理方程的有关理论 [2]，任意平面波都可以用柱贝塞尔函数展开为无穷级数的形式，即

$$\Phi_{\text{inc}} = \Phi_0 \sum_{n=-\infty}^{\infty} \mathrm{i}^n \mathrm{J}_n\left(kr\right) \mathrm{e}^{\mathrm{i}n\theta} \mathrm{e}^{-\mathrm{i}\omega t} \tag{7.4}$$

其中，Φ_0 是入射声波的幅值；$\mathrm{J}_n\left(\cdot\right)$ 是 n 阶柱贝塞尔函数。

边界对入射声波的反射波可以相应地表示为如下形式

$$\Phi_{\text{ref}} = \Phi_0 R_{\text{s}} \mathrm{e}^{\mathrm{i}2kd} \sum_{n=-\infty}^{\infty} (-1)^n \mathrm{i}^n \mathrm{J}_n(kr) \mathrm{e}^{\mathrm{i}n\theta} \mathrm{e}^{-\mathrm{i}\omega t} \tag{7.5}$$

其中，R_s 是该阻抗界面的声压反射系数，其计算公式应为

$$R_s = \frac{1 - \beta}{1 + \beta} \tag{7.6}$$

式中，$\beta = \rho_0 c_0 / Z$，是界面的法向声阻抗率比，这里 Z 是界面的法向声阻抗。

除了这两类声波外，还存在粒子对于入射声波的散射声波以及相对称的镜像粒子的散射声波，分别可以表示为

$$\Phi_{\text{scat}} = \Phi_0 \sum_{n=-\infty}^{\infty} a_n \mathrm{i}^n \mathrm{H}_n^{(1)}\left(kr\right) \mathrm{e}^{\mathrm{i}n\theta} \mathrm{e}^{-\mathrm{i}\omega t} \tag{7.7}$$

$$\Phi_{\text{scat,ref}} = \Phi_0 R_s \sum_{n=-\infty}^{\infty} \left(-1\right)^n a_n \mathrm{i}^n \mathrm{H}_n^{(1)}(k\bar{r}) \mathrm{e}^{-\mathrm{i}n\bar{\theta}} \mathrm{e}^{-\mathrm{i}\omega t} \tag{7.8}$$

其中，$\mathrm{H}_n^{(1)}\left(\cdot\right)$ 是第一类 n 阶柱汉克尔函数；a_n 是粒子对于入射声波的散射系数，由相应的边界条件决定。

粒子外的声场显然是由以上四项速度势组成的，现在的问题是，在柱体内部是否还有声波的存在，即是否还有折射声波。这里我们要分刚性与非刚性两种情况进行讨论。

1. 刚性柱的散射系数

首先考虑一种简单的情形，即柱体可以看成是刚性的，其表面是完全硬边界。当然，这是一种理想的情况，实际中并不存在。但是当粒子内部的声阻抗远大于流体介质的声阻抗时，就可以看成是刚性柱，此时无须再考虑折射波的问题。反映在散射系数上，即此时的 R_s 接近于 1，声波近乎在表面处发生全反射。

全空间内的声场应当是以上四项声场的叠加，即

$$\Phi_{\text{total}} = \Phi_{\text{inc}} + \Phi_{\text{ref}} + \Phi_{\text{scat}} + \Phi_{\text{scat,ref}} \tag{7.9}$$

再代入具体的每一项之前，我们利用柱贝塞尔函数的加法公式 [3,4]，将 $\Phi_{\text{scat,ref}}$ 项作一个数学上的变形，重新写为

$$\Phi_{\text{scat,ref}} = \Phi_0 R_s \sum_{n=-\infty}^{\infty} \sum_{m=-\infty}^{\infty} (-1)^m a_m \mathrm{i}^m \mathrm{H}_{m-n}^{(1)}(2kd) \mathrm{J}_n(kr) \mathrm{e}^{\mathrm{i}n\theta} \mathrm{e}^{-\mathrm{i}\omega t} \tag{7.10}$$

此时再代入以上的具体表达式，可以得到

$$\Phi_{\text{total}} = \Phi_0 \mathrm{e}^{-\mathrm{i}\omega t} \left\{ \sum_{n=0}^{\infty} \varepsilon_n A_n \mathrm{i}^n \mathrm{J}_n\left(kr\right) \cos n\theta + \sum_{n=0}^{\infty} \varepsilon_n a_n \mathrm{i}^n \mathrm{H}_n^{(1)}\left(kr\right) \cos n\theta \right\} \tag{7.11}$$

其中，A_n 纯粹是为了运算简洁而引入的一个函数，其表达式为

$$A_n = 1 + R_s \mathrm{e}^{\mathrm{i}2kd}(-1)^n + \frac{R_s}{\varepsilon_n \mathrm{i}^n} \sum_{m=0}^{\infty} (-1)^m \varepsilon_m a_m \mathrm{i}^m \mathrm{H}_{m-n}^{(1)}(2kd) \mathrm{J}_n(kr) \qquad (7.12)$$

此外，ε_n 可以看成一个符号，其值为

$$\varepsilon_n = \begin{cases} 1, & n=0 \\ 2, & n>0 \end{cases}$$

根据质点振动速度与速度势之间的关系，可以得到径向速度

$$v_{\mathrm{r}} = -\varPhi_0 \mathrm{e}^{-\mathrm{i}\omega t} \left\{ \sum_{n=0}^{\infty} \varepsilon_n A_n \mathrm{i}^n k \mathrm{J}'_n(ka) \cos n\theta + \sum_{n=0}^{\infty} \varepsilon_n a_n \mathrm{i}^n k \mathrm{H}_n^{(1)'}(ka) \cos n\theta \right\} \tag{7.13}$$

再根据谐波声压与速度势的关系，得到

$$p = -\mathrm{i}\omega\rho_0 \varPhi_{\mathrm{total}} \tag{7.14}$$

由于柱体表面此时可以看成完全硬边界，则界面上的径向质点振动速度为零，令

$$v_r|_{r=a} = 0 \tag{7.15}$$

即

$$\sum_{n=0}^{\infty} \varepsilon_n A_n \mathrm{i}^n k \mathrm{J}'_n(ka) \cos n\theta + \left\{ \sum_{n=0}^{\infty} \varepsilon_n a_n \mathrm{i}^n k \mathrm{H}_n^{(1)'}(ka) \cos n\theta \right\} = 0 \qquad (7.16)$$

将 A_n 的具体形式代入，即可得到关于散射系数 a_n 的隐式方程。虽然无法得到其解析解，但可以通过迭代的方法求得其数值解。

2. 非刚性柱的散射系数

实际情况中，柱体内介质的声阻抗可能并不远大于周围流体介质的声阻抗，甚至比它还小。这时柱体表面不再可以看成完全刚性，必须要考虑柱体内部的折射波，情况要比刚性柱稍稍复杂一些。

依然通过球贝塞尔函数展开的方法将折射波表示成如下形式：

$$\varPhi_l = \varPhi_0 \mathrm{e}^{-\mathrm{i}\omega t} \sum_{n=0}^{\infty} \mathrm{i}^n B_n \mathrm{J}_n(k_l r) \cos n\theta \tag{7.17}$$

其中，k_l 是柱体内介质中的波数；B_n 是柱体内弹性波的散射系数。

此时，柱体表面径向速度为零的边界条件自然不再满足，取而代之的是声压与质点速度在柱体表面连续的条件。用式 (7.18) 表示为

$$p|_{r=a} = p_l|_{r=a}, \quad v|_{r=a} = v_l|_{r=a} \tag{7.18}$$

同样，我们可以很容易地求出柱体内部的声压与质点速度的表达式

$$p_l = -\mathrm{i}\omega\rho_0\varPhi_0\mathrm{e}^{-\mathrm{i}\omega t}\sum_{n=-\infty}^{\infty}\mathrm{i}^n\varepsilon_n B_n \mathrm{J}_n(k_l r)\cos n\theta \tag{7.19}$$

$$v_l = -\varPhi_0\mathrm{e}^{-\mathrm{i}\omega t}\sum_{n=0}^{\infty}\mathrm{i}^n\varepsilon_n k_l B_n \mathrm{J}'_n(kr)\cos n\theta \tag{7.20}$$

将式 (7.19) 和式 (7.20) 代入式 (7.18)，就可以解得相应的散射系数 a_n、B_n 和函数 A_n。当然，我们依然只能通过迭代法得到所谓的数值解。

3. 声辐射力的求解

到目前为止，我们已经通过一定的边界条件求得了柱形粒子的散射系数，接下来进入声辐射力的求解过程。对于理想流体中的柱形粒子，声辐射力的计算公式在很多文献中已经给出 [3-5]，这里直接列示如下

$$\langle F \rangle = -\left\langle \iint_{S_0}\rho_0\left(v_n n + v_t t\right)\mathrm{d}s\right\rangle + \left\langle \iint_{S_0}\frac{\rho_0}{2}|v|^2 n\mathrm{d}s\right\rangle - \left\langle \iint_{S_0}\frac{\rho_0}{2c_0^2}\dot{\varPhi}^2 n\mathrm{d}s\right\rangle \tag{7.21}$$

其中，S_0 为包围散射体的横截面；v_n 和 v_t 分别是质点振动速度的法向和切向分量。

式 (7.21) 是一个矢量式，在实际情况中，我们更关心粒子所受到的声辐射力在轴向的分量。该分量为

$$\langle F \rangle = \langle F_r \rangle + \langle F_\theta \rangle + \langle F_{r\theta} \rangle + \langle F_t \rangle \tag{7.22}$$

在相关文献中，该计算结果已经给出，我们略去计算的具体过程，也直接列示结果如下 [4]

$$\langle F \rangle = Y_p S \langle E \rangle \tag{7.23}$$

其中，

$$\langle E \rangle = \frac{1}{2}\rho_0 k^2 \varPhi_0^2$$

可以看成是入射波的能量密度。

$$S = 2a$$

是散射的横截面积。

而式 (7.23) 中的 Y_p 就是所谓的声辐射力函数,其表达式为

$$Y_p = -\frac{2}{ka} \sum_{n=0}^{\infty} \left(\xi_{n+1}^{(1)} \xi_n^{(2)} + \xi_n^{(1)} \xi_{n+1}^{(2)} + \eta_{n+1}^{(1)} \eta_n^{(2)} + \eta_n^{(1)} \eta_{n+1}^{(2)} + 2\xi_{n+1}^{(2)} \xi_n^{(2)} + 2\eta_n^{(2)} \eta_{n+1}^{(2)} \right)$$
(7.24)

其中,

$$\xi_n^{(1)} = \text{Re}\,(A_n), \quad \eta_n^{(1)} = \text{Im}(A_n), \quad \xi_n^{(2)} = \text{Re}\,(a_n), \quad \eta_n^{(2)} = \text{Im}(a_n)$$

至此,我们计算出了平面波入射下的柱形粒子的声辐射力。下面我们通过具体的仿真实例来研究不同情况下声辐射力的特点。

4. 仿真实例

接下来我们通过数值仿真来进行更加深入的研究。在本节的仿真中,我们假定柱形粒子都位于水中,且将水看成理想流体。所有的讨论分为刚性柱与非刚性柱两种情况,在非刚性的情况下,假定柱体内充满油酸 (以下简称油酸柱)。表 7.1 给出了水和油酸的相关声学参数。可以看到,油酸的密度和声速甚至小于水,自然不能看成是刚性。

表 7.1 水和油酸的相关声学参数 [4]

材料	密度/(kg/m³)	纵波声速/(m/s)
水	1000	1500
油酸	938	1450

首先研究单边界下粒子的声辐射力函数随 ka 的变化关系,在仿真中,假设粒子与边界的距离为粒子半径的两倍,即 $d = 2a$。对于不同反射系数的边界,我们分别在刚性柱和油酸柱两种情况下进行仿真,结果如图 7.2 所示。

图 7.2 中,运行结果与参考文献 [4] 中的结果是一致的。边界的引入加剧了声辐射力函数的振荡特性,这源于柱体的散射波、镜像柱的散射波和边界的反射波的复杂的相互作用 [4]。从刚性柱与油酸柱的仿真图中可以发现,阻抗边界的存在使得负向声辐射力成为可能,也就是所谓的 "声捕获力",这一负向的力使得粒子朝远离边界的方向运动。当然,"声捕获力" 的出现依赖于 ka 值的选取。在刚性柱的情况下,几乎只有在 $ka \approx 0 \sim 0.8$ 的低频处才能得到较大的声捕获力。而在油酸柱的条件下,能产生 "声捕获力" 的 ka 范围明显更大,即使在中高频处也有可能产生较大的负向声辐射力。在刚性柱条件下,反射系数的增加会使正向声

辐射力变小，负向的力变大。而对于油酸柱，两者的峰值都会变大。这正体现了我们所引入的阻抗边界对粒子的声辐射力的巨大影响。但是，在刚性柱的条件下，声辐射力函数的峰值要远大于非刚性柱。

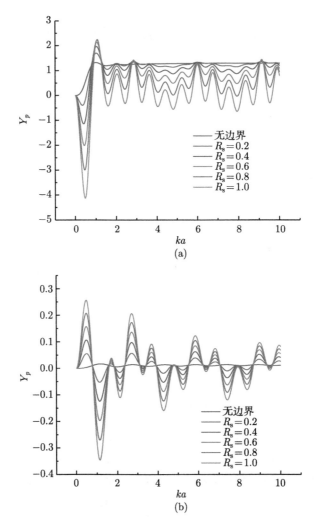

图 7.2　平面波入射时刚性柱和油酸柱的声辐射力函数随 ka 的变化 (彩图请扫封底二维码)

(a) 刚性柱；(b) 油酸柱

　　有趣的是，不管刚性柱还是油酸柱，声压反射系数的变化只改变声辐射力的峰值，并不改变其取极值时 ka 的数值 [4]。同时，还可以发现，刚性柱和油酸柱都会有若干平衡位置，即声辐射力为零的点。具体来看，在声压的波节或者说是速度的波腹处，存在粒子的平衡点，此时 $ka = \dfrac{\pi}{4}, \dfrac{3\pi}{4}, \cdots$ 而在声压的波腹或者说是速度的波节处, 粒子所受到的声辐射力取得极值[4]。

实际操作中, 通常可以直接改变的只有换能器的发射频率, 粒子的半径往往固定。因此, 我们还需要进一步探究声辐射力函数随入射声波频率的变化关系。假定声压反射系数为 0.5, 粒子与边界的距离依然是半径的两倍, 分别对半径为 1μm, 5μm 和 9μm 的柱形粒子进行仿真, 仿真频率选为 0 ~ 500MHz。刚性柱和油酸柱的结果如图 7.3 所示。

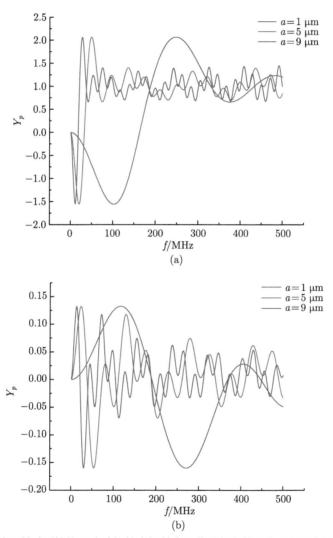

图 7.3 平面波入射时刚性柱和油酸柱的声辐射力函数随频率的变化 (彩图请扫封底二维码)

(a) 刚性柱; (b) 油酸柱

在声辐射力函数随入射声波频率变化的曲线中, 不难发现, 随着频率的增加, 无论是正向还是负向声辐射力的峰值, 都会往低频处移动 [4], 并且会变得更加密集。对于刚性柱而言, 在半径较大时, 低频处就可以实现 "声捕获力", 但频率范围较小; 而半径较小时, 中高频处才会实现 "声捕获力", 且频率范围较大。油酸柱的情况正好相反。但不论粒子半径为何, 它们所受到的声辐射力的第一个峰值总是相等的。

目前为止, 我们还没有考虑粒子与边界距离 d 的大小对声辐射力特性的影响, 一直假定 $d = 2a$。现在我们固定 $ka = 0.063$, 在不同边界反射系数下, 研究声辐射力函数与 kd 之间的关系。依然分为刚性柱和油酸柱讨论。仿真结果如图 7.4 所示。

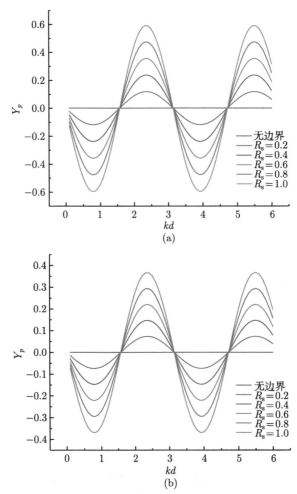

图 7.4   平面波入射时刚性柱和油酸柱的声辐射力函数随 kd 的变化 (彩图请扫封底二维码)
(a) 刚性柱; (b) 油酸柱

图 7.4 告诉我们，无论是刚性柱还是油酸柱，在固定 ka 的情况下，声辐射力函数都是 kd 的周期函数，其变化关系类似于正弦曲线，随着声压反射系数的增加，曲线的峰值也随之增大。同样，反射系数也不改变取极值时的 kd 值。在油酸柱条件下，相同的声压反射系数和 kd 值，声辐射力函数的值要略为小些。这与前面的讨论是一致的。

7.1.2 斜入射的平面波

本节结合之前的研究理论 [6-10] 进行了拓展。由波束单方向的垂直界面入射变为了可以任意角度入射的情况，考虑阻抗边界多次反射，对处于无黏滞性流体中不同尺寸的黏弹性柱形物体所受的声辐射力进行了研究。这其中考虑了有效声场 (主要包括入射声场、边界散射场及镜像散射)，运用了平移加法定理，系统分析后，推导出了声辐射力表达式。数值仿真给出了黏弹性圆柱形粒子在不同的尺寸半径、边界距离、阻抗边界以及平面声波不同入射角度的情况下，粒子所受的声辐射力的变化情况。研究结果可为生物粒子的微操控运用提供有效的理论支撑，并且该理论还可以继续拓展到更复杂的多层结构粒子模型中。

1. 理论分析

如图 7.5 所示，假设 xOy 平面原点处有一圆柱形粒子 1，粒子半径为 a，一束平面波垂直于 z 轴以入射角 β 入射，在距离物体 d 处有一阻抗边界，利用镜像法，对面有一半径为 a 的圆柱形粒子 2，所处平面为 $x'O'y'$，两者间距为 $2d$。平面波入射的速度势可表示为

$$\Phi_{\text{inc}} = \phi_0 e^{i(\boldsymbol{k}\cdot\boldsymbol{r}-\omega t)} \tag{7.25}$$

式中，ϕ_0 为入射波速度势的振幅；ω 为入射波的角频率；k 为入射波的波数。

为方便运算，可以将式 (7.25) 入射速度势在柱坐标系 (r,θ) 中用有限级数展开为

$$\Phi_{\text{inc}}(r,\theta,t) = \phi_0 e^{-i\omega t} e^{ikr\cos(\theta-\beta)} = \phi_0 e^{-i\omega t} \sum_{n=-\infty}^{n=\infty} i^n e^{-in\beta} J_n(kr) e^{in\theta} \tag{7.26}$$

其中，$J_n(\cdot)$ 是第一类贝塞尔函数；波数 $k = \omega/c$，这里 c 是非黏滞性流体中的声速。由于存在阻抗边界，入射到边界上声波会发生反射，最终又会入射到圆柱形物体上，影响到原声场的分布，则反射波速度势在柱坐标系 (r,θ) 中可以表示为

$$\Phi_R(r,\theta) = \phi_0 R_s e^{-i\omega t} e^{ikr\cos(\theta-\pi+\beta)} e^{2ikd\cos\beta}$$

$$= \phi_0 R_s e^{-i\omega t} e^{2ikd\cos\beta} \sum_{n=-\infty}^{n=\infty} i^n e^{-in(\pi-\beta)} J_n(kr) e^{in\theta} \tag{7.27}$$

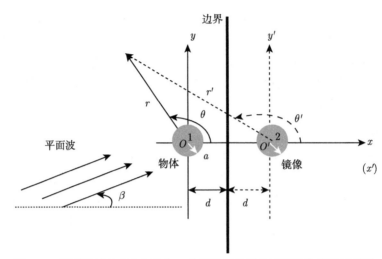

图 7.5　平面波以任意入射角与一个弹性圆柱形粒子相互作用的原理图

其中，R_{s} 为阻抗边界反射系数，可近似表示 $R_{\mathrm{s}} = (1-\alpha)/(1+\alpha)^{[11,12]}$，而 $\alpha = \rho c/Z$ 为界面的比阻抗率，这里 Z 为边界的法向阻抗，简单起见，我们用 R_{s} 来表示阻抗界面的物理特性。

此外，物体散射波 (主要为入射平面波与物体的相互作用后的散射) 速度势可表示为

$$\Phi_{\mathrm{sca}}^{\mathrm{object}}(r,\theta) = \phi_0 \mathrm{e}^{-\mathrm{i}\omega t} \sum_{n=-\infty}^{n=\infty} C_{n,1} \mathrm{H}_n^{(1)}(kr)\mathrm{e}^{\mathrm{i}n\theta} \tag{7.28}$$

其中，$\mathrm{H}_n^{(1)}(\cdot)$ 是第一类 n 阶汉克尔函数；$C_{n,1}$ 是散射系数，取决于边界条件。

除此以外，还有来自于边界的反射而入射到物体时产生的散射，这部分散射波可运用镜像原理分析，等同于来自于镜像物体的散射波 (即镜像粒子的散射波)，其速度势在柱坐标系 (r',θ') 中可表示为

$$\Phi_{\mathrm{sca}}^{\mathrm{image}}(r',\theta') = \phi_0 R_{\mathrm{s}} \mathrm{e}^{-\mathrm{i}\omega t} \sum_{n=-\infty}^{n=\infty} C_{n,2} \mathrm{H}_n^{(1)}(kr')\mathrm{e}^{\mathrm{i}n\theta'} \tag{7.29}$$

其中，$C_{n,2}$ 是来自于镜像粒子的散射系数，取决于镜像物体的边界条件。

对于弹性柱体，平面波入射到柱体 (包括镜像粒子) 后，将在物体内激发出纵波及横波，即粒子内部的透射波速度势 (纵波速度势 Φ，横波速度势 Ψ) 分别表示为

$$\Phi_{\mathrm{int}}^{\mathrm{object}}(r,\theta) = \phi_0 \mathrm{e}^{-\mathrm{i}\omega t} \sum_{n=-\infty}^{n=\infty} E_n^{\mathrm{int}} \mathrm{J}_n(k_1 r)\mathrm{e}^{\mathrm{i}n\theta} \tag{7.30}$$

$$\Psi_{\mathrm{int}}^{\mathrm{object}}(r,\theta) = \phi_0 \mathrm{e}^{-\mathrm{i}\omega t} \sum_{n=-\infty}^{n=\infty} F_n^{\mathrm{int}} \mathrm{J}_n(k_2 r)\mathrm{e}^{\mathrm{i}n\theta} \tag{7.31}$$

$$\Phi_{\mathrm{int}}^{\mathrm{image}}(r',\theta') = \phi_0 \mathrm{e}^{-\mathrm{i}\omega t} \sum_{n=-\infty}^{n=\infty} H_n^{\mathrm{int}} \mathrm{J}_n(k_1 r') \mathrm{e}^{\mathrm{i}n\theta'} \tag{7.32}$$

$$\Psi_{\mathrm{int}}^{\mathrm{image}}(r',\theta') = \phi_0 \mathrm{e}^{-\mathrm{i}\omega t} \sum_{n=-\infty}^{n=\infty} I_n^{\mathrm{int}} \mathrm{J}_n(k_2 r') \mathrm{e}^{\mathrm{i}n\theta'} \tag{7.33}$$

其中，$k_1(k_2)$ 是粒子纵 (横) 波波数；$E_n^{\mathrm{int}}, F_n^{\mathrm{int}}, H_n^{\mathrm{int}}, I_n^{\mathrm{int}}$ 分别是粒子 (镜像粒子) 内部透射波的待定系数，均由相应的边界条件决定。

接下来运用边界条件求解散射系数 $C_{n,1}$ 和 $C_{n,2}$，计算散射系数时需要考虑粒子的边界条件。由于粒子与镜像粒子所在参考系不同，在其中一个参考系运算时需要将另一个参考系中的公式转化在同一个参考系。因此，运用柱加法定理 [13–16]，在不同柱坐标系中的汉克尔函数可以相互转化为

$$\mathrm{H}_n^{(1)}(kr')\mathrm{e}^{\mathrm{i}n\theta'} = \sum_{m=-\infty}^{\infty} \mathrm{J}_m(kr)\mathrm{H}_{m-n}^{(1)}(2kd)\mathrm{e}^{\mathrm{i}m\theta}, \quad r < 2d \tag{7.34}$$

而

$$\mathrm{H}_n^{(1)}(kr)\mathrm{e}^{\mathrm{i}n\theta} = \sum_{m=-\infty}^{\infty} \mathrm{J}_m(kr')\mathrm{H}_{n-m}^{(1)}(2kd)\mathrm{e}^{\mathrm{i}m\theta'}, \quad r' < 2d \tag{7.35}$$

因此，可以分别获得在柱坐标系 (r,θ) 和 (r',θ') 中介质粒子外的总声场速度势

$$\begin{aligned}
\Phi_{\mathrm{tot}}(r,\theta)|_{r<2d} &= \Phi_{\mathrm{inc}}(r,\theta) + \Phi_R(r,\theta) + \Phi_{\mathrm{sca}}^{\mathrm{object}}(r,\theta) + \Phi_{\mathrm{sca}}^{\mathrm{image}}(r,\theta)\big|_{r<2d} \\
&= \phi_0 \Bigg[\sum_{n=-\infty}^{\infty} (\Lambda_{1,n}\mathrm{J}_n(kr) + C_{n,1}\mathrm{H}_n^{(1)}(kr))\mathrm{e}^{\mathrm{i}n\theta} \\
&\quad + \sum_{n=-\infty}^{\infty}\sum_{m=-\infty}^{\infty} R_{\mathrm{s}}C_{n,2}\mathrm{J}_m(kr)\mathrm{H}_{n-m}^{(1)}(2kd)\mathrm{e}^{\mathrm{i}m\theta} \Bigg]
\end{aligned} \tag{7.36}$$

其中，$\Lambda_{1,n} = \mathrm{i}^n(\mathrm{e}^{-\mathrm{i}n\beta} + R_{\mathrm{s}}\mathrm{e}^{\mathrm{i}2kd\cos\beta}\mathrm{e}^{-\mathrm{i}n(\pi-\beta)})$。

同样的方法，在柱坐标系 (r',θ') 中的总速度势

$$\begin{aligned}
\Phi_{\mathrm{tot}}(r',\theta')|_{r<2d} &= \Phi_{\mathrm{inc}}(r',\theta') + \Phi_R(r',\theta') + \Phi_{\mathrm{sca}}^{\mathrm{object}}(r',\theta')\big|_{r'<2d} + \Phi_{\mathrm{sca}}^{\mathrm{image}}(r',\theta') \\
&= \phi_0 \Bigg[\sum_{n=-\infty}^{\infty} (\Lambda_{2,n}\mathrm{J}_n(kr') + C_{n,1}\mathrm{H}_n^{(1)}(kr'))\mathrm{e}^{\mathrm{i}n\theta'} \\
&\quad + \sum_{n=-\infty}^{\infty}\sum_{m=-\infty}^{\infty} R_{\mathrm{s}}C_{n,2}\mathrm{J}_m(kr')\mathrm{H}_{m-n}^{(1)}(2kd)\mathrm{e}^{\mathrm{i}m\theta'} \Bigg]
\end{aligned} \tag{7.37}$$

其中，$\Lambda_{2,n} = \mathrm{i}^n(R_\mathrm{s}\mathrm{e}^{\mathrm{i}2kd\cos\beta}\mathrm{e}^{-\mathrm{i}n\beta} + \mathrm{e}^{-\mathrm{i}n(\pi-\beta)})$。

当然，我们也可以考虑多次反射情况，这样相应的反射波速度势可表示为

$$\Phi_R(r,\theta) = \phi_0\mathrm{e}^{-\mathrm{i}\omega t}\sum_{q=1}^{p}R_\mathrm{s}^q\mathrm{e}^{\mathrm{i}kr\cos(\theta-\pi+\beta)}\mathrm{e}^{2^q\mathrm{i}kd\cos\beta}$$

$$= \phi_0\mathrm{e}^{-\mathrm{i}\omega t}\sum_{q=1}^{p}R_\mathrm{s}^q\mathrm{e}^{2^q\mathrm{i}kd\cos\beta}\sum_{n=-\infty}^{n=\infty}\mathrm{i}^n\mathrm{e}^{-\mathrm{i}n(\pi-\beta)}\mathrm{J}_n(kr)\mathrm{e}^{\mathrm{i}n\theta} \tag{7.38}$$

在柱坐标系 (r,θ) 和 (r',θ') 中，散射波速度势分别表示为

$$\Phi_\mathrm{sca}^\mathrm{image}(r,\theta)\big|_{r<2d} = \sum_{q=1}^{p}\sum_{n=-\infty}^{\infty}\sum_{m=-\infty}^{\infty}R_\mathrm{s}^q C_{n,2}\mathrm{J}_m(kr)\mathrm{H}_{n-m}^{(1)}(2^q kd)\mathrm{e}^{\mathrm{i}m\theta} \tag{7.39}$$

$$\Phi_\mathrm{sca}^\mathrm{object}(r',\theta')\big|_{r'<2d} = \sum_{q=1}^{p}\sum_{n=-\infty}^{\infty}\sum_{m=-\infty}^{\infty}R_\mathrm{s}^q C_{n,1}\mathrm{J}_m(kr')\mathrm{H}_{n-m}^{(1)}(2^q kd)\mathrm{e}^{\mathrm{i}m\theta'} \tag{7.40}$$

同样，在柱坐标系 (r,θ) 和 (r',θ') 中，介质粒子外的总声场速度势可分别表示为

$$\Phi_\mathrm{tot}(r,\theta)\big|_{r<2d} = \phi_0\left[\begin{array}{l}\displaystyle\sum_{n=-\infty}^{\infty}(\Pi_{1,n}\mathrm{J}_n(kr) + C_{n,1}\mathrm{H}_n^{(1)}(kr))\mathrm{e}^{\mathrm{i}n\theta} \\[3mm] \displaystyle+\sum_{q=1}^{p}\sum_{n=-\infty}^{\infty}\sum_{m=-\infty}^{\infty}R_\mathrm{s}^q C_{n,2}\mathrm{J}_m(kr)\mathrm{H}_{n-m}^{(1)}(2^q kd)\mathrm{e}^{\mathrm{i}m\theta}\end{array}\right] \tag{7.41}$$

其中，$\Pi_{1,n} = \mathrm{i}^n\left(\mathrm{e}^{-\mathrm{i}n\beta} + \displaystyle\sum_{q=1}^{p}R_\mathrm{s}^q\mathrm{e}^{\mathrm{i}2^q kd\cos\beta}\mathrm{e}^{-\mathrm{i}n(\pi-\beta)}\right)$。

$$\Phi_\mathrm{tot}(r',\theta')\big|_{r'<2d} = \phi_0\left[\begin{array}{l}\displaystyle\sum_{n=-\infty}^{\infty}(\Pi_{2,n}\mathrm{J}_n(kr') + C_{n,1}\mathrm{H}_n^{(1)}(kr'))\mathrm{e}^{\mathrm{i}n\theta'} \\[3mm] \displaystyle+\sum_{q=1}^{p}\sum_{n=-\infty}^{\infty}\sum_{m=-\infty}^{\infty}R_\mathrm{s}^q C_{n,2}\mathrm{J}_m(kr')\mathrm{H}_{n-m}^{(1)}(2^q kd)\mathrm{e}^{\mathrm{i}m\theta'}\end{array}\right] \tag{7.42}$$

其中，$\Pi_{2,n} = \mathrm{i}^n\left(\displaystyle\sum_{q=1}^{p}R_\mathrm{s}^q\mathrm{e}^{\mathrm{i}2^q kd\cos\beta}\mathrm{e}^{-\mathrm{i}n\beta} + \mathrm{e}^{-\mathrm{i}n(\pi-\beta)}\right)$。

通过边界条件来计算散射系数,粒子和镜像粒子的边界条件为: 在边界处 $(r = a)$ 法向位移连续，法向应力连续以及切向应力连续，即

$$U_{2r} = U_{1r}, \quad \sigma_{2rr} = \sigma_{1rr}, \quad \sigma_{2r\theta} = 0 \tag{7.43}$$

$$U_{2r'} = U_{1r'}, \quad \sigma_{2r'r'} = \sigma_{1r'r'}, \quad \sigma_{2r'\theta'} = 0 \tag{7.44}$$

其中，$U_{1r}(U_{1r'})$ 是柱外质点的法向位移；$U_{2r}(U_{2r'})$ 是柱内质点的法向位移；σ_{1rr} $(\sigma_{1r'r'})$ 是柱外质点的法向应力；$\sigma_{2rr}(\sigma_{2r'r'})$ 是柱内质点的法向应力；$\sigma_{2r\theta}(\sigma_{2r'\theta'})$ 是柱内切向应力。

下面计算声波作用在粒子上的声辐射力，已知声辐射力计算公式 [10] 如下

$$\langle \boldsymbol{F}_{\{1,2\}} \rangle \underset{kr\to\infty}{=} \frac{1}{2}\rho k^2 \int_{S_0} \Re\{\Phi_{is,\{1,2\}}\}\mathrm{d}\boldsymbol{S} \tag{7.45}$$

其中，$\Re\{\cdot\}$ 表示取复数的实部；$\Phi_{is,\{1,2\}} \underset{kr\to\infty}{=} \Phi^*_{\mathrm{sca},\{1,2\}}[(\mathrm{i}/k)\partial_r\Phi^{\mathrm{eff}}_{\mathrm{inc},\{1,2\}} - \Phi^{\mathrm{eff}}_{\mathrm{inc},\{1,2\}} - \Phi_{\mathrm{sca},\{1,2\}}]$，并且 $\mathrm{d}\boldsymbol{S} = \mathrm{d}S \cdot \boldsymbol{e}_r$，$\mathrm{d}S = r\mathrm{d}\theta$ 表示单位长度圆柱形粒子的横截面积，$\boldsymbol{e}_r = \cos\theta\boldsymbol{e}_x + \sin\theta\boldsymbol{e}_y$，这里 $\boldsymbol{e}_x, \boldsymbol{e}_y$ 分别是笛卡儿坐标系的单位矢量，标志 $\langle\cdot\rangle$ 表示取时间平均，上标 $*$ 表示取复数的共轭。

上面式 (7.36) 和式 (7.41) 表示的是介质中粒子周围的总速度势，注意到从粒子表面反射出去的波不考虑再次入射到粒子表面，那么这一部分声波就不用归入粒子的有效声场 [9]

$$\begin{aligned}
\Phi^{\mathrm{eff}}_{\mathrm{inc}}(r,\theta) &= \Phi_{\mathrm{tot}}(r,\theta)|_{r<2d} - \Phi^{\mathrm{object}}_{\mathrm{sca}}(r,\theta) = \Phi_{\mathrm{inc}}(r,\theta) + \Phi_R(r,\theta) + \Phi^{\mathrm{image}}_{\mathrm{sca}}(r,\theta) \\
&= \phi_0\bigg[\sum_{n=-\infty}^{\infty} \Lambda_{1,n}\mathrm{J}_n(kr)\mathrm{e}^{\mathrm{i}n\theta} + R_{\mathrm{s}}\sum_{n=-\infty}^{\infty} \\
&\quad \cdot \bigg(C_{n,2}\sum_{m=-\infty}^{\infty} \mathrm{J}_n(kr)\mathrm{H}^{(1)}_{n-m}(2kd)\mathrm{e}^{\mathrm{i}m\theta}\bigg)\bigg]
\end{aligned} \tag{7.46}$$

若考虑多次反射情况，式 (7.46) 表示为

$$\begin{aligned}
\Phi^{\mathrm{eff}}_{\mathrm{inc}}(r,\theta) &= \Phi_{\mathrm{tot}}(r,\theta)|_{r<2d} - \Phi^{\mathrm{object}}_{\mathrm{sca}}(r,\theta) = \Phi_{\mathrm{inc}}(r,\theta) + \Phi_R(r,\theta) + \Phi^{\mathrm{image}}_{\mathrm{sca}}(r,\theta) \\
&= \phi_0\bigg[\sum_{n=-\infty}^{\infty} \Pi_{1,n}\mathrm{J}_n(kr)\mathrm{e}^{\mathrm{i}n\theta} + \sum_{q=1}^{p}\sum_{n=-\infty}^{\infty}\sum_{m=-\infty}^{\infty} \\
&\quad R^q_{\mathrm{s}}C_{n,2}\mathrm{J}_n(kr)\mathrm{H}^{(1)}_{n-m}(2^q kd)\mathrm{e}^{\mathrm{i}m\theta}\bigg]
\end{aligned} \tag{7.47}$$

根据粒子的有效速度势及声辐射力计算公式，最终可以获得粒子的声辐射力表达式

$$Y_x = \frac{2}{kS_{c,1}}\Im\left\{\sum_{n=-\infty}^{\infty}\bigg(\Lambda_{1,n} + C_{n,1} + R_{\mathrm{s}}\sum_{m=-\infty}^{\infty} C_{m,2}\mathrm{H}^{(1)}_{n-m}(2kd)\bigg)(C^*_{n+1,1} - C^*_{n-1,1})\right\} \tag{7.48}$$

$$Y_y = -\frac{2}{kS_{c,1}}\Re\left\{\sum_{n=-\infty}^{\infty}\left(\varLambda_{1,n}+C_{n,1}+R_{\mathrm{s}}\sum_{m=-\infty}^{\infty}C_{m,2}\mathrm{H}_{n-m}^{(1)}(2kd)\right)(C_{n+1,1}^*+C_{n-1,1}^*)\right\}$$

$$(7.49)$$

若考虑多次反射情况，式 (7.48)，式 (7.49) 表示为

$$Y_x = \frac{2}{kS_{c,1}}\Im\left\{\sum_{n=-\infty}^{\infty}\left(\varPi_{1,n}+C_{n,1}+\sum_{q=1}^{p}\sum_{m=-\infty}^{\infty}R_{\mathrm{s}}^q C_{m,2}\mathrm{H}_{n-m}^{(1)}(2^q kd)\right)\right.$$
$$\left.\cdot(C_{n+1,1}^* - C_{n-1,1}^*)\right\}$$

$$(7.50)$$

$$Y_y = -\frac{2}{kS_{c,1}}\Re\left\{\sum_{n=-\infty}^{\infty}\left(\varPi_{1,n}+C_{n,1}+\sum_{q=1}^{p}\sum_{m=-\infty}^{\infty}R_{\mathrm{s}}^q C_{m,2}\mathrm{H}_{n-m}^{(1)}(2^q kd)\right)\right.$$
$$\left.\cdot(C_{n+1,1}^* + C_{n-1,1}^*)\right\}$$

$$(7.51)$$

对实物粒子，将式 (7.36) 代入边界条件式 (7.43)，并运用复指数函数的正交特性，可以得到以下表达式

$$\varPi_{1,n}ka\mathrm{J}_n'(ka) + C_{n,1}ka\mathrm{H}_n^{(1)'}(ka) + ka\mathrm{J}_n'(ka)\sum_{m=-\infty}^{\infty}R_{\mathrm{s}}C_{m,2}\mathrm{H}_{n-m}^{(1)'}(2kd)$$

$$= E_n^{\mathrm{int}}k_1a\mathrm{J}_n'(k_1a) + F_n^{\mathrm{int}}n\mathrm{J}_n(k_2a) \tag{7.52}$$

$$-\lambda(ka)^2\varPi_{1,n}\mathrm{J}_n(ka) - \lambda(ka)^2C_{n,1}\mathrm{H}_n^{(1)}(ka) - \lambda(ka)^2\mathrm{J}_n(ka)\sum_{m=-\infty}^{\infty}R_{\mathrm{s}}C_{m,2}\mathrm{H}_{n-m}^{(1)'}(2kd)$$

$$= 2\mu_1(k_1a)^2E_n^{\mathrm{int}}\mathrm{J}_n''(k_1a) + 2\mu_1 nk_2aF_n^{\mathrm{int}}\mathrm{J}_n'(k_2a) - 2\mu_1F_n^{\mathrm{int}}\mathrm{J}_n(k_2a)$$
$$-\lambda(k_1a)^2E_n^{\mathrm{int}}\mathrm{J}_n(k_1a) \tag{7.53}$$

$$-2E_n^{\mathrm{int}}nk_1a\mathrm{J}_n'(k_1a) + 2nE_n^{\mathrm{int}}\mathrm{J}_n(k_1a) - n^2F_n^{\mathrm{int}}\mathrm{J}_n(k_2a) - (k_2a)^2F_n^{\mathrm{int}}\mathrm{J}_n''(k_2a)$$
$$+k_2aF_n^{\mathrm{int}}\mathrm{J}_n'(k_2a) = 0 \tag{7.54}$$

同理，对镜像粒子，将式 (7.37) 代入边界条件式 (7.44)，并运用复指数函数的正交特性，可以得到以下表达式

$$\varPi_{2,n}ka\mathrm{J}_n'(ka) + C_{n,2}ka\mathrm{H}_n^{(1)'}(ka) + ka\mathrm{J}_n'(ka)\sum_{m=-\infty}^{\infty}R_{\mathrm{s}}C_{m,1}\mathrm{H}_{m-n}^{(1)'}(2kd)$$

$$= H_n^{\text{int}} k_1 a J_n'(k_1 a) + I_n^{\text{int}} n J_n(k_2 a) \tag{7.55}$$

$$-\lambda(ka)^2 \Pi_{2,n} J_n(ka) - \lambda(ka)^2 C_{n,2} H_n^{(1)}(ka) - \lambda(ka)^2 J_n(ka) \sum_{m=-\infty}^{\infty} R_s C_{m,1}$$

$$H_{n-m}^{(1)\prime}(2kd) = 2\mu_1 (k_1 a)^2 H_n^{\text{int}} J_n''(k_1 a) + 2\mu_1 n k_2 a I_n^{\text{int}} J_n'(k_2 a)$$

$$-2\mu_1 n I_n^{\text{int}} J_n(k_2 a) - \lambda(k_1 a)^2 H_n^{\text{int}} J_n(k_1 a) \tag{7.56}$$

$$-2H_n^{\text{int}} n k_1 a J_n'(k_1 a) + 2n H_n^{\text{int}} J_n(k_1 a) - n^2 I_n^{\text{int}} J_n(k_2 a)$$

$$-(k_2 a)^2 I_n^{\text{int}} J_n''(k_2 a) + k_2 a I_n^{\text{int}} J_n'(k_2 a) = 0 \tag{7.57}$$

式 (7.52) ~ 式 (7.57) 构成一组方程, 将这组方程重新以矩阵及向量的形式表示, 可以运用矩阵逆变换来求得散射系数 $C_{n,1}$ 和 $C_{n,2}$, 其中矩阵维度大小为 $(2N+1) \times (2N+1)$, 向量维度大小为 $1 \times (2N+1)$, $N_{\max} = [\max(\max(ka, kb), kd)] + 25$。得出散射系数后, 代入式 (7.50) 和式 (7.51), 可求得粒子的纵向和横向声辐射力。式 (7.52) ~ 式 (7.57) 进一步简化整理后有

$$\Pi_{1,n} x_{1n} [x_{5n} ka J_n'(ka) + x_{6n} J_n(ka)] + C_{n,1} x_{1n} [x_{5n} ka H_n^{(1)\prime}(ka) + x_{6n} H_n^{(1)}(ka)]$$

$$+ x_{1n} [x_{5n} ka J_n'(ka) + x_{6n} J_n(ka)] \sum_{m=-\infty}^{\infty} R_s C_{m,2} H_{n-m}^{(1)\prime}(2kd) = 0 \tag{7.58}$$

$$\Pi_{2,n} y_{1n} [y_{6n} ka J_n'(ka) + y_{5n} J_n(ka)] + C_{n,2} y_{1n} [y_{6n} ka H_n^{(1)\prime}(ka) + y_{5n} H_n^{(1)}(ka)]$$

$$+ y_{1n} [y_{6n} ka J_n'(ka) + y_{5n} J_n(ka)] \sum_{m=-\infty}^{\infty} R_s C_{m,1} H_{m-n}^{(1)\prime}(2kd) = 0 \tag{7.59}$$

其中,

$$x_{1n} = -2n k_1 a J_n'(k_1 a) + 2n E_n^{\text{int}} J_n(k_1 a)$$

$$x_{2n} = n^2 J_n(k_2 a) + (k_2 a)^2 J_n''(k_2 a) - k_2 a J_n'(k_2 a)$$

$$x_{3n} = [2\mu_1 (k_1 a)^2 J_n''(k_1 a) - \lambda(k_1 a)^2 J_n(k_1 a)]/[\lambda(ka)^2]$$

$$x_{4n} = [2\mu_1 n k_2 a J_n'(k_2 a) - 2\mu_1 n J_n(k_2 a)]/[\lambda(ka)^2]$$

$$x_{5n} = x_{2n} x_{3n} + x_{1n} x_{4n}$$

$$x_{6n} = x_{2n}k_1a\mathrm{J}'_n(k_1a) + x_{1n}n\mathrm{J}_n(k_2a)$$

$$y_{1n} = -2nk_1a\mathrm{J}'_n(k_1a) + 2nE_n^{\mathrm{int}}\mathrm{J}_n(k_1a)$$

$$y_{2n} = n^2\mathrm{J}_n(k_2a) + (k_2a)^2\mathrm{J}''_n(k_2a) - k_2a\mathrm{J}'_n(k_2a)$$

$$y_{3n} = [2\mu_1(k_1a)^2\mathrm{J}''_n(k_1a) - \lambda(k_1a)^2\mathrm{J}_n(k_1a)]/[\lambda(ka)^2]$$

$$y_{4n} = [2\mu_1n\mathrm{J}_n(k_2a) - 2\mu_1nk_2a\mathrm{J}'_n(k_2a)]/[\lambda(ka)^2]$$

$$y_{5n} = y_{2n}k_1a\mathrm{J}'_n(k_1a) + y_{1n}n\mathrm{J}_n(k_2a)$$

$$y_{6n} = y_{2n}y_{3n} - y_{1n}y_{4n}$$

方程组式 (7.58) 和式 (7.59)，可以用矩阵形式表示

$$\boldsymbol{a} + \boldsymbol{C_1} \times \boldsymbol{A} + R_{\mathrm{s}}\boldsymbol{C_2} \times \boldsymbol{C} = 0 \tag{7.60}$$

$$\boldsymbol{b} + \boldsymbol{C_2} \times \boldsymbol{B} + R_{\mathrm{s}}\boldsymbol{C_1} \times \boldsymbol{D} = 0 \tag{7.61}$$

$C_{n,1}$ 和 $C_{n,2}$ 可表示成

$$\boldsymbol{C_1} = (-\boldsymbol{a} - \boldsymbol{C_2} \times \boldsymbol{C}) \times \boldsymbol{A}^{-1} \tag{7.62}$$

$$\boldsymbol{C_2} = (\boldsymbol{a} \times \boldsymbol{A}^{-1} \times \boldsymbol{D} - \boldsymbol{b}) \times (\boldsymbol{B} - \boldsymbol{C} \times \boldsymbol{A}^{-1} \times \boldsymbol{D})^{-1} \tag{7.63}$$

其中，

$$\boldsymbol{a} = [a_{-N}, a_{-N+1}, \cdots, a_{N-1}, a_N]_{1\times(2N+1)}$$

$$\boldsymbol{b} = [b_{-N}, b_{-N+1}, \cdots, b_{N-1}, b_N]_{1\times(2N+1)}$$

$$\boldsymbol{C_1} = [C_{-N,1}, C_{-N+1,1}, \cdots, C_{N-1,1}, C_{N,1}]_{1\times(2N+1)}$$

$$\boldsymbol{C_2} = [C_{-N,2}, C_{-N+1,2}, \cdots, C_{N-1,2}, C_{N,2}]_{1\times(2N+1)}$$

$$\boldsymbol{A} = \begin{bmatrix} A_{-N} & 0 & \cdots & 0 & 0 \\ 0 & A_{-N+1} & 0 & \cdots & 0 \\ \vdots & 0 & & 0 & \vdots \\ 0 & \cdots & 0 & A_{N-1} & 0 \\ 0 & 0 & \cdots & 0 & A_N \end{bmatrix}_{(2N+1)\times(2N+1)}$$

$$
\boldsymbol{B} =
\begin{bmatrix}
B_{-N} & 0 & \cdots & 0 & 0 \\
0 & B_{-N+1} & 0 & \cdots & 0 \\
\vdots & 0 & & 0 & \vdots \\
0 & \cdots & 0 & B_{N-1} & 0 \\
0 & 0 & \cdots & 0 & B_N
\end{bmatrix}_{(2N+1)\times(2N+1)}
$$

$$
\boldsymbol{C} =
\begin{bmatrix}
E_{-N}\mathrm{H}^{(1)}_{-N-(-N)}(kd) & E_{-N+1}\mathrm{H}^{(1)}_{-N+1-(-N)}(kd) & \cdots \\
E_{-N}\mathrm{H}^{(1)}_{-N-(-N+1)}(kd) & E_{-N+1}\mathrm{H}^{(1)}_{-N+1-(-N+1)}(kd) & \cdots \\
\vdots & \vdots & \\
E_{-N}\mathrm{H}^{(1)}_{-N-(N-1)}(kd) & E_{-N+1}\mathrm{H}^{(1)}_{-N+1-(N-1)}(kd) & \cdots \\
E_{-N}\mathrm{H}^{(1)}_{-N-(N)}(kd) & E_{-N+1}\mathrm{H}^{(1)}_{-N+1-(N)}(kd) & \cdots
\end{bmatrix}
$$

$$
\begin{bmatrix}
E_{N-1}\mathrm{H}^{(1)}_{N-1-(-N)}(kd) & E_{N}\mathrm{H}^{(1)}_{N-(-N)}(kd) \\
E_{N-1}\mathrm{H}^{(1)}_{N-1-(-N+1)}(kd) & E_{N}\mathrm{H}^{(1)}_{N-(-N+1)}(kd) \\
\vdots & \vdots \\
E_{N-1}\mathrm{H}^{(1)}_{N-1-(N-1)}(kd) & E_{N}\mathrm{H}^{(1)}_{N-(N-1)}(kd) \\
E_{N-1}\mathrm{H}^{(1)}_{N-1-(N)}(kd) & E_{N}\mathrm{H}^{(1)}_{N-(N)}(kd)
\end{bmatrix}_{(2N+1)\times(2N+1)}
$$

$$
\boldsymbol{D} =
\begin{bmatrix}
F_{-N}\mathrm{H}^{(1)}_{-N-(-N)}(kd) & F_{-N+1}\mathrm{H}^{(1)}_{-N-(-N+1)}(kd) & \cdots \\
F_{-N}\mathrm{H}^{(1)}_{-N+1-(-N)}(kd) & F_{-N+1}\mathrm{H}^{(1)}_{-N+1-(-N+1)}(kd) & \cdots \\
\vdots & \vdots & \\
F_{-N}\mathrm{H}^{(1)}_{N-1-(-N)}(kd) & F_{-N+1}\mathrm{H}^{(1)}_{N-1-(-N+1)}(kd) & \cdots \\
F_{-N}\mathrm{H}^{(1)}_{N-(-N)}(kd) & F_{-N+1}\mathrm{H}^{(1)}_{N-(-N+1)}(kd) & \cdots
\end{bmatrix}
$$

$$
\begin{bmatrix}
F_{N-1}\mathrm{H}^{(1)}_{-N-(N-1)}(kd) & F_{N}\mathrm{H}^{(1)}_{-N-N}(kd) \\
F_{N-1}\mathrm{H}^{(1)}_{-N+1-(N-1)}(kd) & F_{N}\mathrm{H}^{(1)}_{-N+1-N}(kd) \\
\vdots & \vdots \\
F_{N-1}\mathrm{H}^{(1)}_{N-1-(N-1)}(kd) & F_{N}\mathrm{H}^{(1)}_{N-1-N}(kd) \\
F_{N-1}\mathrm{H}^{(1)}_{N-(N-1)}(kd) & F_{N}\mathrm{H}^{(1)}_{N-N}(kd)
\end{bmatrix}_{(2N+1)\times(2N+1)}
\tag{7.64}
$$

另外，其他量可表示为

$$a_n = \Pi_{1,n} x_{1n} [x_{5n} ka \mathrm{J}_n'(ka) + x_{6n} \mathrm{J}_n(ka)]$$

$$b_n = \Pi_{2,n} y_{1n} [y_{6n} ka \mathrm{J}_n'(ka) + y_{5n} \mathrm{J}_n(ka)]$$

$$A_n = x_{1n} [x_{5n} ka \mathrm{H}_n^{(1)\prime}(ka) + x_{6n} \mathrm{H}_n^{(1)}(ka)]$$

$$B_n = y_{1n} [y_{6n} ka \mathrm{H}_n^{(1)\prime}(ka) + y_{5n} \mathrm{H}_n^{(1)}(ka)]$$

$$E_n = x_{1n} [x_{5n} ka \mathrm{J}_n'(ka) + x_{6n} \mathrm{J}_n(ka)]$$

$$F_n = y_{1n} [y_{6n} ka \mathrm{J}_n'(ka) + y_{5n} \mathrm{J}_n(ka)] \tag{7.65}$$

2. 仿真分析与讨论

这里对平面波以任意角度入射时，处于阻抗边界附近粒子所受声辐射力进行了仿真分析。本章选择粒子的材料为聚乙烯，已知外部介质 (水) 的密度 $\rho_1 = 1000 \mathrm{kg/m^3}$，水中声速 $c_1 = 1500 \mathrm{m/s}$，聚乙烯材料的密度为 $\rho_2 = 0.957 \times 10^3 \mathrm{kg/m^3}$，材料中纵波声速 $c_\mathrm{L} = 2430 \mathrm{m/s}$，横波声速为 $c_\mathrm{T} = 950 \mathrm{m/s}$。式 (7.48) ~ 式 (7.51) 中声辐射力表达式里 $S_c (= 2a)$ 表示粒子单位长度的截断面积。在接下来的数值仿真中，分别从粒子横截面尺寸的大小、边界距离以及平面波不同的入射角度等方面，分析研究其声辐射力的变化情况。

1) 特定粒子大小情况下的声辐射力

首先，我们固定了粒子尺寸的大小 (取 $ka = 0.1$)，考虑在不同入射角度及不同边界距离情况下，粒子的声辐射力受其影响的情况，具体数值仿真结果如图 7.6 和图 7.7 所示。

图 7.6 显示的是单次反射时，粒子的横向、纵向声辐射力的仿真结果。图 (a) 和 (c) 中的阻抗边界反射率取 $R_s = 0.5$，平面波入射角范围：$-90° \leqslant \beta \leqslant 90°$，粒子距阻抗边界归一化距离：$0.1 < kd \leqslant 15$。从图 (a) 中可看出，粒子的横向声辐射力函数 Y_x 与平面波的入射角 β 呈对称分布 ($Y_x(\beta) = Y_x(-\beta)$)，随角度 β 的变化呈现一定的扇形分布，且随着入射角度的增大，辐射力的绝对值在逐步减小。另外，Y_x 的数值在正负之间变化，且绝对值随边界间距 kd 的增大而减小，这说明在特定的边界距离下，当选择适当的入射角度 β 时，粒子是可以被推离 ($Y_x < 0$) 或拉向 ($Y_x > 0$) 阻抗边界的，或者在交叉点 ($Y_x = 0$)，粒子也可以保持静止。

图 (c) 显示的是粒子的纵向声辐射力 Y_y，与横向声辐射力 Y_x 相似，它同样随距离 kd 的增大而减小。Y_y 与入射角 β 呈反对称扇形分布，并且随角度 β 的增大而增大。当正入射 $\beta = 0°$ 时，$Y_y = 0$；当 $-90° \leqslant \beta < 0°$ 时，Y_y 的幅值始终保持为负；而当 $0° < \beta \leqslant 90°$ 时，Y_y 的幅值始终为正。从图 (a) 和 (c) 中可

以发现, 当粒子间距 kd 接近于粒子尺寸 $(ka = 0.1)$ 时, 此时的声辐射力 (Y_x, Y_y) 幅值绝对值最大。

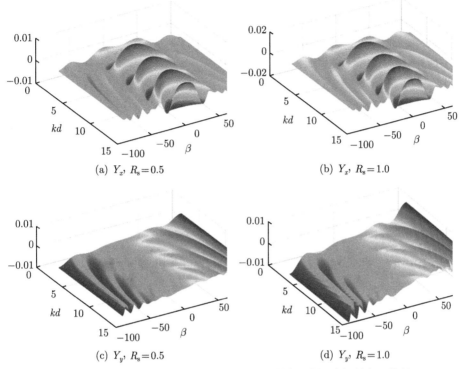

图 7.6 单次反射时粒子 $(ka = 0.1)$ 的声辐射力 (彩图请扫封底二维码)
(a), (b) 横向声辐射力 Y_x; (c), (d) 纵向声辐射力 Y_y

图 7.6(b) 和 (d) 中的边界反射率取 $R_s = 1.0$(即刚性边界全反射)。对比较左侧中的横向辐射力 Y_x, 纵向辐射力 Y_y 后, 可以发现它们随入射角度 β, 边界距离 kd 的变化规律都具有相同的特点。唯一不同的就是, 在边界反射率 R_s 增大时, 它们的数值都有了一定的增加, 这说明 Y_x, Y_y 的绝对值随着 R_s 增大而增大。在实际的粒子操控中, 要特别注意这些变化, 因为数值的不同, 会影响对粒子的操控。

图 7.7 显示的是三次反射时, 粒子的横向、纵向声辐射力 (Y_x, Y_y) 的数值仿真结果。相对于图 7.6 中只考虑单次反射情况时, 这里相应的数值都有一定量的增加。仔细分析后可以发现, 在阻抗边界反射率 R_s 较低时, 理论计算过程中可以不考虑反射次数对声辐射力的影响, 但是在边界反射率较高时, 计算声辐射力时, 应该需要考虑多次反射情况。

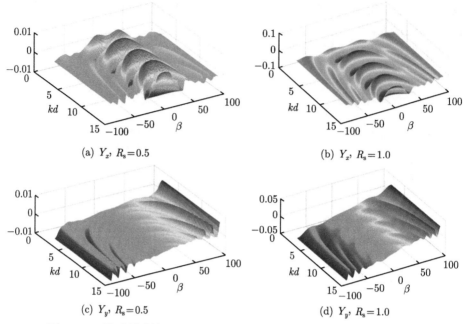

(a) Y_x, R_s=0.5　　　　　　　　　　　　　　(b) Y_x, R_s=1.0

(c) Y_y, R_s=0.5　　　　　　　　　　　　　　(d) Y_y, R_s=1.0

图 7.7　三次反射时粒子 ($ka = 0.1$) 的声辐射力 (彩图请扫封底二维码)

(a)，(b) 横向声辐射力 Y_x；(c)，(d) 纵向声辐射力 Y_y

2) 特定边界距离情况下的声辐射力

其次，我们固定了粒子到阻抗边界的距离 (d 为距离，kd 为归一化距离，这里取 $kd = 6$)，考虑在不同入射角度及不同尺寸粒子情况下，声辐射力的变化情况，具体仿真结果图 7.8 和图 7.9 所示。

图 7.8 显示的是单次反射时，粒子的横向和纵向声辐射力的仿真曲线。图 7.8(a) 和 (c) 中的边界反射率取 $R_s = 0.5$，给出了粒子尺寸 $ka = 0.1, 0.6, 1.1$ 和 1.6 四种情况下，粒子的声辐射力随入射角度的变化规律，平面波入射角范围：$-90° \leqslant \beta \leqslant 90°$。从图 (a) 中可看出，粒子的横向声辐射力函数 Y_x 与平面波的入射角 β 呈对称分布 ($Y_x(\beta) = Y_x(-\beta)$)，随角度 β 的变化呈现一定的振荡状态。当 $ka = 0.1$ 时，Y_x 的数值非常小，而随着粒子尺寸的增大，辐射力数值有所增加，但呈现出波动变化，且在多数情况下，Y_x 的值都为正值，只有在个别入射角度及特定尺寸粒子时，Y_x 才有负值出现。这意味着，在这种情况下，当选择适当的入射角度 β 时，粒子是可以被拉向 ($Y_x > 0$) 阻抗边界的。

图 7.8(c) 显示的是粒子的纵向声辐射力 Y_y 的变化曲线。与横向声辐射力 Y_x 不同的是，Y_y 与入射角 β 呈反对称 ($Y_y(\beta) = -Y_y(-\beta)$)，数值随角度 β 的增大而增大，当正入射 $\beta = 0°$ 时 $Y_y = 0$；而当 $-90° \leqslant \beta < 0°$ 时 Y_y 的幅值一直保持为负；当 $0° < \beta \leqslant 90°$ 时 Y_y 的幅值一直保持为正。针对不同尺寸的粒子，纵

向声辐射力 Y_y 的数值也不相同，粒子尺寸较小时，其 Y_y 值也比较小。

图 7.8(b) 和 (d) 中的边界反射率取 $R_s = 1.0$ (即刚性边界全反射)。对比较左侧中的横向声辐射力 Y_x，纵向声辐射力 Y_y 后，可以发现它们随入射角度 β、边界距离 kd 的变化规律都具有相同的特点。不过，当边界反射率增大时，它们的数值都有了一定的增加，这说明 Y_x, Y_y 的绝对值随着 R_s 增大而增大。其中，横向辐射力 Y_x 变化较大，出现了较大的负值情况。这意味着，当选择适当的入射角度 β 时，粒子也可以被推离 ($Y_x < 0$) 阻抗边界。在刚性边界时，需要注意这些变化，会影响对粒子的操控。

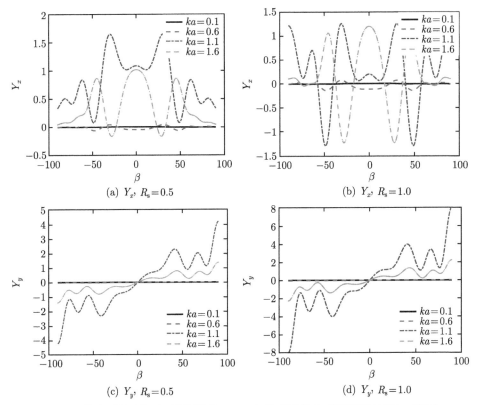

图 7.8 单次反射时粒子 (边界距离 $kd = 6$) 的声辐射力 (彩图请扫封底二维码)
(a), (b) 横向声辐射力 Y_x；(c), (d) 纵向声辐射力 Y_y

图 7.9 显示的是考虑三次反射时，粒子的横向和纵向声辐射力的变化曲线。相对于图 7.8 中只考虑单次反射时，相应的数值都有显著的增加。仔细分析后可以发现，当阻抗边界反射率较低时，理论计算过程中如果不考虑反射次数，对结果的影响有限；但是当边界反射率较高时，计算声辐射力必须要考虑多次反射带来的影响，因为这时候粒子的横向和纵向声辐射力较之前有了量级的增加。

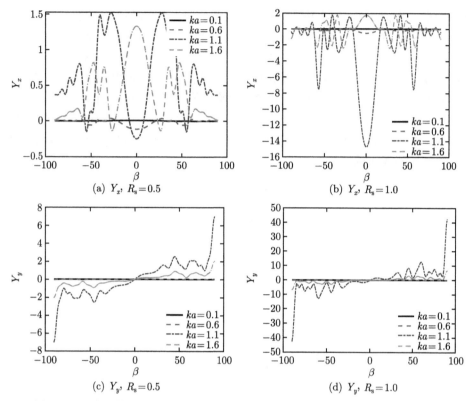

图 7.9　三次反射时粒子 (边界距离 $kd = 6$) 的声辐射力 (彩图请扫封底二维码)

(a), (b) 横向声辐射力 Y_x；(c), (d) 纵向声辐射力 Y_y

3) 特定入射角度情况下的声辐射力

最后，我们固定平面波入射角度 β(这里考虑两种情况 $\beta = 30°$ 和 $\beta = 60°$)，考虑在不同边界距离、不同尺寸粒子及多次 (三次) 反射情况下，声辐射力的变化情况，具体仿真结果图 7.10 和图 7.11 所示。

图 7.10 显示的是入射角度 $\beta = 30°$ 时，粒子的横向和纵向声辐射力的仿真结果。图 (a) 和 (c) 中的边界反射率取 $R_\mathrm{s} = 0.5$，给出了不同尺寸粒子情况下，粒子的声辐射力随边界距离 kd 的变化规律。从图 (a) 中可看出，粒子的横向声辐射力函数 Y_x 随边界距离 kd 的增加呈现振动变化状态，而随着粒子尺寸的增大，其数值呈现出波动减小趋势。Y_x 的值有正有负，意味着，在这种入射角情况下，在特定的边界距离，不同的粒子可以产生不同的横向声辐射力，$Y_x > 0$ 时，粒子被拉向阻抗边界，$Y_x > 0$ 时，则反之。图 (c) 显示的是粒子的纵向声辐射力 Y_y 的仿真情况，与横向声辐射力 Y_x 有相似的结论。

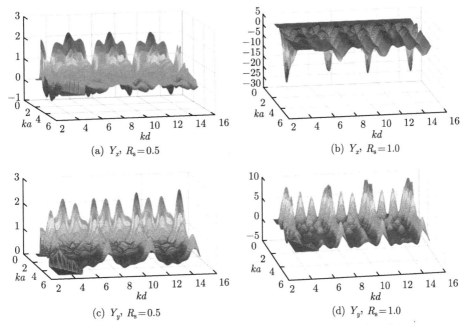

(a) Y_x, $R_s = 0.5$ (b) Y_x, $R_s = 1.0$

(c) Y_y, $R_s = 0.5$ (d) Y_y, $R_s = 1.0$

图 7.10 入射角度 $\beta = 30°$ 时粒子的声辐射力 (彩图请扫封底二维码)

(a), (b) 横向声辐射力 Y_x; (c), (d) 纵向声辐射力 Y_y

图 7.10(b) 和 (d) 中的边界反射率取 $R_s = 1.0$(即刚性边界全反射)。对比较 (a) 和 (c) 中的横向声辐射力 Y_x、纵向声辐射力 Y_y 后，可以发现它们随入射角度 β 和边界距离 kd 的变化规律有部分的类似，不同的是，除了随边界反射率 R_s 增大，它们的数值有一定的增加之外，横向辐射力 Y_x 的负值 (拉力) 出现了较为明显的增加。

图 7.11 显示的是入射角度 $\beta = 60°$ 时，粒子的横向和纵向声辐射力的仿真结果。相对于图 7.10 而言，它们具有相似的结论，这里不再赘述。

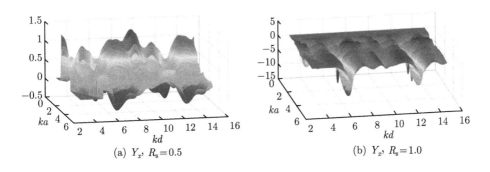

(a) Y_x, $R_s = 0.5$ (b) Y_x, $R_s = 1.0$

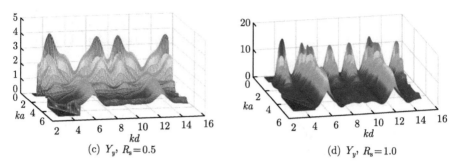

(c) Y_y, $R_s = 0.5$　　　　　　　　　　　　(d) Y_y, $R_s = 1.0$

图 7.11　入射角度 $\beta = 60°$ 时粒子的声辐射力 (彩图请扫封底二维码)
(a)，(b) 横向声辐射力 Y_x；(c)，(d) 纵向声辐射力 Y_y

7.2　高斯波对单边界下柱形粒子的声辐射力

除了最基本的平面波以外，高斯波也是常见的波束，特别是在生物医学超声领域有着重要的应用 [18]。这里我们尝试通过有限级数法将高斯波束展开，从而计算出其作用于单边界柱形粒子上的声辐射力 [19]。

与平面波不同的是，高斯波束在空间中传播时，其波阵面并不是一个平面，但是在波束的腰部可以近似看成一个平面。高斯波束入射到柱形粒子上时，其物理模型如图 7.12 所示。为了简洁，我们没有画出阻抗边界以及镜像源，粒子与阻抗边界的距离为 d。

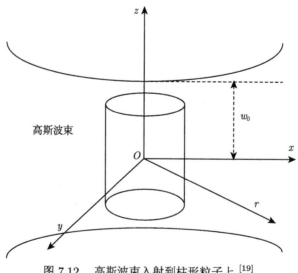

图 7.12　高斯波束入射到柱形粒子上 [19]

高斯波束沿着 x 轴正方向传播，取其中心为坐标原点，柱形粒子所在直线为 z 轴，粒子的中心恰好也是坐标原点，xOy 平面内的矢量 r 与 x 轴的夹角为 θ。

在这种情况下，入射的高斯波束可以写成 [19]

$$p_{\mathrm{i}} = p_0 \mathrm{e}^{-\frac{z^2+y^2}{w_0^2}} \mathrm{e}^{\mathrm{i}kx} \tag{7.66}$$

其中，w_0 是高斯波束的束腰宽度。

可以看出，与平面波相比，多了一项指数调节因子，因此其振幅不再处处相等。由于它和平面波形式上的相似性，我们自然地联想到是不是也可以将其像平面波一样利用有限级数法展开。事实上，在相关文献中，已经实现了这一点 [19]。这里不再赘述具体的推导过程，仅给出展开的结果。

$$\Phi_{\mathrm{inc}} = \Phi_0 \sum_{n=-\infty}^{\infty} \mathrm{i}^n g_n \mathrm{J}_n(kr) \mathrm{e}^{\mathrm{i}n\theta} \mathrm{e}^{-\mathrm{i}\omega t} \tag{7.67}$$

与平面波的展开式 (7.4) 相比，多了一项 g_n，称为波束因子。除此之外，其余参数与平面波情况下意义相同。

自然地，我们也可以将其余声波用这种形式表示，如式 (7.68) ~ 式 (7.70) 所示。

$$\Phi_{\mathrm{ref}} = \Phi_0 R_{\mathrm{s1}} \mathrm{e}^{\mathrm{i}2kd} \sum_{n=0}^{\infty} (-1)^n \mathrm{i}^n \mathrm{J}_n(kr) \mathrm{e}^{\mathrm{i}n\theta} \mathrm{e}^{-\mathrm{i}\omega t} \tag{7.68}$$

$$\Phi_{\mathrm{scat}} = \Phi_0 \sum_{n=0}^{\infty} g_n a_n \mathrm{i}^n \mathrm{H}_n(kr) \mathrm{e}^{\mathrm{i}n\theta} \mathrm{e}^{-\mathrm{i}\omega t} \tag{7.69}$$

$$\Phi_{\mathrm{scat,ref1}} \Phi_0 R_{\mathrm{s1}} \sum_{n=-\infty}^{\infty} (-1)^n a_n \mathrm{i}^n g_n \mathrm{H}_n(k\bar{r}) \mathrm{e}^{-\mathrm{i}n\bar{\theta}} \mathrm{e}^{-\mathrm{i}\omega t} \tag{7.70}$$

其分别对应着平面波情况下的式 (7.5)、式 (7.7) 和式 (7.8)。

现在的问题显然是关于波束因子的计算。这一任务可以通过查阅相关文献解决 [18]。我们援引其结果如下

$$g_n = \begin{cases} 1, & n = 0 \\ \displaystyle\sum_{q=0}^{n/2} 2^{n-2q} \frac{n(n-q-1)!(-1)^{-q}s^{n-2q}}{q!\left[\dfrac{n-2q}{2}\right]!\varepsilon_n \mathrm{i}^n}, & n \text{ 为偶数} \\ \displaystyle\sum_{q=0}^{n/2} 2^{n-2q} \frac{n(n-q-1)!(-1)^{-q}s^{n-2q-1}}{nq!\left[\dfrac{n-1-2q}{2}\right]!\varepsilon_n \mathrm{i}^{n-1}}, & n \text{ 为奇数} \end{cases} \tag{7.71}$$

其中，$s = 1/kw_0$，这里 k 是该流体介质中的波数。其余参数与平面波情形相同。

　　上述计算中，我们发现，随着 n 的增加，波束因子从 1 开始逐渐减小到 0，我们将计算结果中小于 0.001 的数值全部作为零来看待，并将其作为收敛的标志。从表中可以看出，随着束腰宽度与波长的比值不断增大，波束因子的收敛速度越来越慢。我们知道，平面波可以看成波束因子恒为 1 的特殊 "高斯波"，因此可以设想，当波束因子足够大时，就可以将其近似为平面波来处理 [20]。

7.2.1　声辐射力的求解

　　解决了波束因子的求解问题，原则上我们就可以套用 7.1 节的理论来求解此时的声辐射力。此时流体介质内总的速度势依然是四项速度势之和，分别代入式 (7.67) ~ 式 (7.70) 可以得到速度势的具体表达形式 [21]

$$
\Phi_{\text{total}} = \Phi_0 \mathrm{e}^{-\mathrm{i}\omega t} \left\{ \sum_{n=0}^{\infty} \varepsilon_n g_n A_n \mathrm{i}^n \mathrm{J}_n(kr) \cos n\theta + \sum_{n=0}^{\infty} \varepsilon_n a_n g_n \mathrm{i}^n \mathrm{H}_n^{(1)}(kr) \cos n\theta \right\}
$$
(7.72)

其中，

$$
A_n = 1 + R_{\mathrm{s}} \mathrm{e}^{\mathrm{i}2kd} (-1)^n + \frac{R_{\mathrm{s}}}{\varepsilon_n g_n \mathrm{i}^n} \sum_{m=0}^{\infty} (-1)^m \varepsilon_m g_m a_m \mathrm{i}^m \mathrm{H}_{m-n}^{(1)}(2kd) \mathrm{J}_n(kr)
$$

其余参数的含义与前述相同。

　　在粒子刚性与非刚性两种条件下，分别赋予不同的边界条件，就可以很容易地求出两种情况下的散射数。

　　无论什么波形入射，声辐射力的原始公式依然是式 (7.21) 的形式，经过一系列繁复的计算，我们发现此时粒子的声辐射力依然可以写成式 (7.23) 的形式，并且声波能量密度和散射的横截面积都没有发生变化，唯一需要修正的就是所谓的声辐射力函数 Y_p。其表达式为 [20]

$$
\begin{aligned}
Y_p = -\frac{2}{ka} \sum_{n=0}^{\infty} & \left\{ \mathrm{Re}(g_n g_{n+1}^*)(\xi_{n+1}^{(1)}\xi_n^{(2)} + \xi_n^{(1)}\xi_{n+1}^{(2)} + \eta_{n+1}^{(1)}\eta_n^{(2)} + \eta_n^{(1)}\eta_{n+1}^{(2)} \right. \\
& + 2\xi_{n+1}^{(2)}\xi_n^{(2)} + 2\eta_n^{(2)}\eta_{n+1}^{(2)}) + \mathrm{Im}(g_n g_{n+1}^*)(\xi_{n+1}^{(2)}\eta_n^{(1)} + \xi_{n+1}^{(1)}\eta_n^{(2)} - \xi_n^{(1)}\eta_{n+1}^{(2)} \\
& \left. - \xi_n^{(2)}\eta_{n+1}^{(1)} + 2\xi_n^{(2)}\eta_{n+1}^{(2)} - 2\xi_n^{(2)}\eta_{n+1}^{(2)}) \right\}
\end{aligned}
$$
(7.73)

其中，

$$
\xi_n^{(1)} = \mathrm{Re}(A_n), \quad \eta_n^{(1)} = \mathrm{Im}(A_n), \quad \xi_n^{(2)} = \mathrm{Re}(a_n), \quad \eta_n^{(2)} = \mathrm{Im}(a_n)
$$

$$
g_n^r = \mathrm{Re}(g_n), \quad g_n^i = \mathrm{Im}(g_n)
$$

　　至此，我们求出了柱形粒子在单边界下的声辐射力公式，为下一步仿真奠定了基础。

7.2.2 仿真实例

这一节我们通过具体的例子来探究单阻抗边界下高斯波束对柱形粒子的声辐射力特性，以期对高斯波的声辐射力特点有一个直观的认识。

我们依然首先研究在固定粒子与边界距离 d 的情况下声辐射力函数随 ka 的变化关系。这里仍然假定 $d = 2a$。与平面波入射情况相比，此时还需要考虑一个参数，即高斯波的束腰宽度 w_0。通过前面的讨论可以知道，束腰宽度的大小影响着波束因子的能收敛速率。束腰宽度越大，波束因子收敛越慢，越接近于平面波的入射情况。在这里的仿真中，为了更直观地体现高斯波声辐射力不同于平面波的特点，我们将波束因子定为波长的 3 倍，即 $w_0 = 3\lambda$。刚性柱和油酸柱的仿真结果如图 7.13 所示。

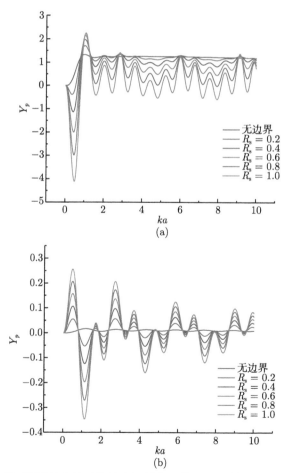

图 7.13 高斯波入射时刚性柱和油酸柱的声辐射力函数随 ka 的变化 (彩图请扫封底二维码)

(a) 刚性柱；(b) 油酸柱

与平面波的情况类似, 阻抗边界的存在加剧了声辐射力的振荡特性。同样, 在高斯波入射的情况下, 也会有 "声捕获力" 现象的存在, 这与自由空间中的高斯波入射情况很不同。无论是刚性柱还是油酸柱, 声压反射系数的变化对声辐射力幅值的影响都与平面波入射情况相似。

类似地, 我们还可以研究高斯波入射时声辐射力函数随声波频率的变化关系以及随 kd 的变化关系, 得到类似于图 7.3 和图 7.4 的曲线。这里仅给出刚性柱的两幅曲线, 如图 7.14 和图 7.15 所示。相关参数与前述相同。

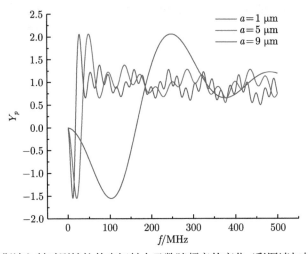

图 7.14　高斯波入射时刚性柱的声辐射力函数随频率的变化 (彩图请扫封底二维码)

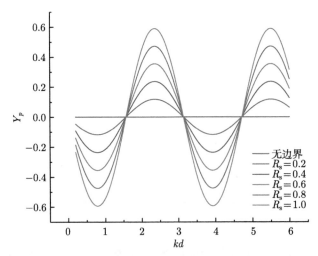

图 7.15　高斯波入射时刚性柱的声辐射力函数随 kd 的变化 (彩图请扫封底二维码)

不难看出, 这两幅曲线的变化规律都与平面波情况类似, 不再赘述。

实际操作中, 高斯波束的束腰宽度可以任意选择, 因此有必要考虑束腰宽度的不同对声辐射力函数曲线的影响。此时固定边界声压反射系数 $R_s = 0.5$, 粒子与边界距离仍然为半径的两倍。刚性柱的仿真结果如图 7.16 所示。

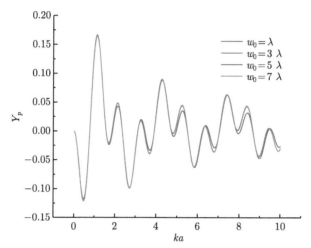

图 7.16　不同束腰宽度下高斯波对刚性柱的声辐射力函数 (彩图请扫封底二维码)

可以发现, 束腰宽度对声辐射力函数曲线的影响不是很显著, 在束腰宽度达到 3λ 后, 基本上就和平面波入射无二异, 束腰宽度大于 3λ 的所有曲线几乎重合。只有当波束因子小至波长的一倍时, 才在中高频处显示出些许差异, 声辐射力函数值与平面波相比略微下降。

7.3　平面波对单边界下球形粒子的声辐射力

如前所述, 平面波是最基本也是最简单的一类波形, 这一节我们依然首先考虑平面波入射时的情况。

考虑单边界下平面波垂直入射到半径为 a 的球形粒子上, 粒子与阻抗边界的距离为 d, 这一物理模型与图 7.1 很类似, 只不过将原图中的柱形粒子换为球形而已。当然, 此时的坐标系相应地也应该改成球坐标系, 这样比较方便, 以球心为坐标原点 O, 极角和仰角分别记为 θ 和 φ。

根据数学物理方法中平面波展开为球函数的理论[22], 入射声波可以表示为

$$\Phi_{\text{inc}} = \Phi_0 \mathrm{e}^{-\mathrm{i}\omega t} \sum_{n=0}^{\infty} (2n+1)\mathrm{i}^n \mathrm{j}_n(kr) \mathrm{P}_n(\cos\theta) \tag{7.74}$$

其中, $\mathrm{j}_n(\cdot)$ 是第一类 n 阶球贝塞尔函数; $\mathrm{P}_n(\cdot)$ 是 n 阶勒让德函数。

根据镜像理论，阻抗边界的反射波可以表示为

$$\Phi_{\text{ref}} = \Phi_0 e^{-i\omega t} \sum_{n=0}^{\infty} R_s e^{j2kd}(-1)^n(2n+1)i^n j_n(kr) P_n(\cos\theta) \tag{7.75}$$

其中，R_s 仍然表示边界的声压反射系数，可由式 (7.6) 计算。

球形粒子对于入射声波的散射波和镜像源的散射波分别为

$$\Phi_{\text{scat}} = \Phi_0 e^{-i\omega t} \sum_{n=0}^{\infty} (2n+1)i^n a_n h_n^{(1)}(kr) P_n(\cos\theta) \tag{7.76}$$

$$\Phi_{\text{scat,ref}} = \Phi_0 e^{-i\omega t} \sum_{n=0}^{\infty} R_s(-1)^n(2n+1)i^n a_n(\omega) h_n^{(1)}(k\bar{r}) P_n(\cos\bar{\theta}) \tag{7.77}$$

其中，$h_n^{(1)}(\cdot)$ 是第一类 n 阶球汉克尔函数；a_n 是球的散射系数。

从形式上看，这些速度势的表达式与柱形粒子的情况相同，只是球坐标系下，平面波的展开函数有所不同而已。

7.3.1　散射系数的求解

得到了各项速度势的具体形式，接下来就是散射系数的求解问题，这一点可以通过赋予球表面不同的边界条件得到。流体介质中总的速度势显然为以上四项之和，利用球函数的加法公式 [23]，又可以将其写成 [24]

$$\Phi_{\text{total}} = \Phi_0 e^{-i\omega t} \left\{ \sum_{n=0}^{\infty} A_n i^n j_n(kr) P_n(\cos\theta) + \sum_{n=0}^{\infty} a_n i^n h_n^{(1)}(kr) P_n(\cos\theta) \right\} \tag{7.78}$$

其中，

$$A_n = 1 + R_s e^{i2kd}(-1)^n + \frac{R_s}{(2n+1)i^n} \sum_{m=0}^{\infty} (-1)^m (2m+1) a_m i^m Q_{mn} \tag{7.79}$$

$$Q_{mn} = \sqrt{(2n+1)(2m+1)} i^{m-n} \sum_{\sigma=|m-n|}^{m+n} (-1)^\sigma i^\sigma b_\sigma^{mn} h_\sigma^{(1)}(kd) \tag{7.80}$$

当 q 是偶数时，

$$(b_\sigma^{mn}) = \frac{(-1)^{q+\sigma} q!}{(q-n)!\,(q-m)!\,(q-\sigma)!} \times \sqrt{\frac{2\sigma+1}{(2q+1)!}(2q-2n)!\,(2q-2m)!\,(2q-2\sigma)!} \tag{7.81}$$

当 q 是奇数时，

$$(b_\sigma^{mn}) = 0$$

声压的计算方式依然是式 (7.14)，至于径向质点速度，可通过对速度势的求导得到

$$v_r = -\Phi_0 \mathrm{e}^{-\mathrm{i}\omega t} \left\{ \sum_{n=0}^{\infty} A_n \mathrm{i}^n k \mathrm{j}_n'(ka) \mathrm{P}_n(\cos\theta) + \sum_{n=0}^{\infty} a_n \mathrm{i}^n k \mathrm{h}_n^{(1)'}(ka) \mathrm{P}_n(\cos\theta) \right\}$$
(7.82)

散射系数的求解依赖于一定的边界条件。对于刚性球而言，与刚性柱一样，粒子表面径向速度为零，即式 (7.15) 还是成立的，只是彼处的 r 是柱坐标的径向分量，而此处是球坐标。具体形式为

$$\sum_{n=0}^{\infty} A_n \mathrm{i}^n k \mathrm{j}_n'(ka) \mathrm{P}_n(\cos\theta) + \sum_{n=0}^{\infty} a_n \mathrm{i}^n k \mathrm{h}_n^{(1)'}(ka) \mathrm{P}_n(\cos\theta) = 0$$
(7.83)

于是，a_n 的数值解可以根据迭代法求出。对于非刚性柱而言，应当考虑球体内折射波的存在

$$\Phi_l = \Phi_0 \mathrm{e}^{-\mathrm{i}\omega t} \sum_{n=0}^{\infty} \mathrm{i}^n B_n \mathrm{j}_n(k_l r) \mathrm{P}_n(\cos\theta)$$
(7.84)

其中，B_n，k_l 的含义与式 (7.17) 中相同。

此时的边界条件变为式 (7.18)，同样可由迭代法求得散射系数。

7.3.2 声辐射力的求解

自此我们得到了不同边界下的声散射系数，可以进行声辐射力的计算了。声辐射力的计算原始公式依然是式 (7.21)，至于我们所关心的轴向分量，则是式 (7.22) 的形式。经过一系列的数学计算，我们发现最终的结果仍然是式 (7.23) 的形式 [24]，即

$$\langle F \rangle = Y_p S \langle E \rangle$$
(7.85)

其中，$\langle E \rangle = \dfrac{1}{2}\rho_0 k^2 \Phi_0^2$ 是声波的空间能量密度，与柱形粒子相同。但散射横截面积 $S = \pi a^2$ 有所不同。至于最核心的声辐射力函数，其表达式也有所不同。此时

$$Y_p = -\frac{4}{(ka)^2} \sum_{n=0}^{\infty} (n+1) \bigg(\xi_{n+1}^{(1)}\xi_n^{(2)} + \xi_n^{(1)}\xi_{n+1}^{(2)} + \eta_{n+1}^{(1)}\eta_n^{(2)} + \eta_n^{(1)}\eta_{n+1}^{(2)} + 2\xi_{n+1}^{(2)}\xi_n^{(2)}$$

$$+ 2\eta_n^{(2)}\eta_{n+1}^{(2)} \bigg)$$
(7.86)

其中，

$$\xi_n^{(1)} = \mathrm{Re}\,(A_n)\,, \quad \eta_n^{(1)} = \mathrm{Im}(A_n)\,, \quad \xi_n^{(2)} = \mathrm{Re}\,(a_n)\,, \quad \eta_n^{(2)} = \mathrm{Im}(a_n) \qquad (7.87)$$

于是, 单边界下球形粒子的声辐射力理论计算得到解决, 可以进行数值仿真。

7.3.3 仿真实例

得到了球形粒子的声辐射力计算公式, 接下来我们通过一些具体的仿真实例进一步探究其声辐射力特性。

我们依然首先研究在不同边界声压反射系数下声辐射力函数随 ka 的变化关系, 分为刚性球和油酸球两种情况。粒子中心与边界的距离为 $2a$, 仿真结果如图 7.17 所示。

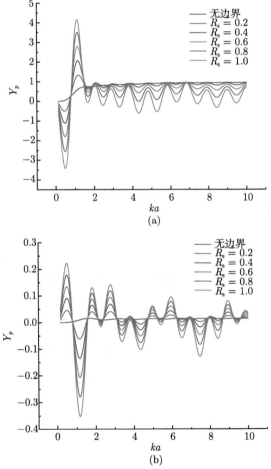

图 7.17   平面波入射时 (a) 刚性球和 (b) 油酸球的声辐射力函数随 ka 的变化 (彩图请扫封底二维码)

总体而言，刚性球的声辐射力要远大于油酸球。不管是刚性球还是非刚性球，都会在特定的 ka 范围内出现 "声捕获力"，并且在中低频处更容易出现较大的正向或负向声辐射力函数的峰值。与柱形粒子一样，边界声压反射系数的增大同样会增大声辐射力函数的峰值，但是几乎并不改变取这些峰值时的 ka 值。

接下来研究在不同的粒子半径下声辐射力函数随入射声波频率的变化关系，边界声压反射系数 $R_s = 0.5$。刚性球和油酸球的仿真结果如图 7.18 所示。

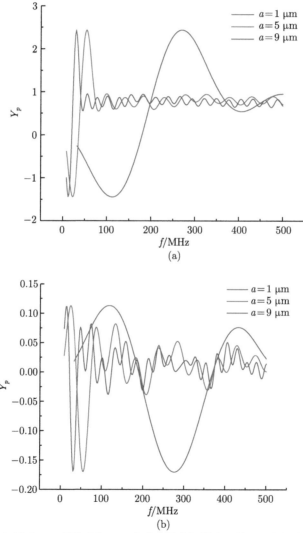

图 7.18　平面波入射时 (a) 刚性球和 (b) 油酸球的声辐射力函数随频率的变化 (彩图请扫封底二维码)

与柱形粒子的情况一样，粒子半径的增大会使正向与负向声辐射力函数峰值往低频处移动，并且曲线振荡更加剧烈，更容易取得极值。但半径的大小对声辐射力函数的峰值并不产生影响，比如在三条曲线的第一个正向峰值处，尽管频率不同，但声辐射力函数值相等。

粒子与边界的距离显然也会对声辐射力产生影响。固定 $ka = 0.063$，在不同边界反射系数下，刚性球和油酸球的仿真结果如图 7.19 所示。不难看出，球形粒子声辐射力函数随 kd 的变化规律与柱形粒子基本一致，类似于正弦曲线。边界反射系数的增大会导致函数峰值的增大。

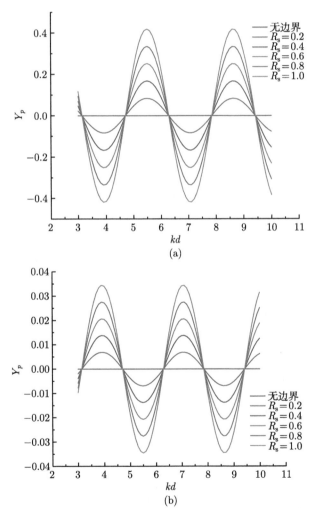

图 7.19　平面波入射时 (a) 刚性球和 (b) 油酸球的声辐射力函数随 kd 的变化 (彩图请扫封底二维码)

至此，我们研究了平面波入射时单阻抗边界下球形粒子的声辐射力特性，为下一节转入对高斯波束的研究奠定了基础。

7.4 高斯波对单边界下球形粒子的声辐射力

高斯波束入射时，其物理模型与图 7.12 相似 [25]，只需将其中柱形粒子换为球形粒子即可，粒子中心与波束中心重合，同时也是坐标系的原点。仍假定高斯波束沿 x 轴正向传播，其波束的腰部可以近似看成一个平面。高斯波束自然还可以表示为式 (7.66) 的形式，但为了求出之后的散射系数以及声辐射力，有必要将其再改写为类似 (7.67) 的有限级数的形式

$$\Phi_{\text{inc}} = \Phi_0 e^{-i\omega t} \sum_{n=0}^{\infty} g_n (2n+1) i^n j_n(kr) P_n(\cos\theta) \tag{7.88}$$

其中，g_n 依然称为波束因子，但此时是在球坐标下展开而非柱坐标，因此与 7.2 节中的波束因子有所不同。

对于其余波束，我们也可以用类似的方法展开

$$\Phi_{\text{ref}} = \Phi_0 e^{-i\omega t} \sum_{n=0}^{\infty} R_s e^{i2kd} (-1)^n g_n (2n+1) i^n j_n(kr) P_n(\cos\theta) \tag{7.89}$$

$$\Phi_{\text{scat}} = \Phi_0 e^{-i\omega t} \sum_{n=0}^{\infty} g_n (2n+1) i^n a_n h_n^{(1)}(kr) P_n(\cos\theta) \tag{7.90}$$

$$\Phi_{\text{scat,ref}} = \Phi_0 e^{-i\omega t} \sum_{n=0}^{\infty} R_s (-1)^n g_n (2n+1) i^n a_n(\omega) h_n^{(1)}(k\bar{r}) P_n(\cos\bar{\theta}) \tag{7.91}$$

其分别对应着平面波入射条件下的式 (7.75) ~ 式 (7.77)。

下面我们进行波束因子的计算，事实上，相关文献中已经给出了该结果 [25,26]。我们列示于此

$$g_n = \begin{cases} \dfrac{\Gamma\left(\dfrac{n}{2}+1\right)}{\Gamma\left(\dfrac{n+1}{2}\right)} \displaystyle\sum_{q=0}^{n/2} \dfrac{\Gamma\left(\dfrac{n}{2}+q+\dfrac{1}{2}\right)}{\left(\dfrac{n}{2}-q\right)! q!} (-4s^2)^q, & n \text{ 为偶数} \\[3em] \dfrac{\Gamma\left(\dfrac{n}{2}+1\right)}{\Gamma\left(\dfrac{n+3}{2}\right)} \displaystyle\sum_{q=0}^{n/2} \dfrac{\Gamma\left(\dfrac{n}{2}+q+\dfrac{3}{2}\right)}{\left(\dfrac{n}{2}-q\right)! q!} (-4s^2)^q, & n \text{ 为奇数} \end{cases} \tag{7.92}$$

其中，$s = 1/kw_0$，与式 (7.71) 类似。

从计算可以看出，不论束腰宽度为多大，随着 n 的增加，波束因子都会从 1 逐渐衰减至 0。我们依然以小于 0.001 作为衰减的标志。束腰宽度越大，衰减越慢，越接近于平面波的情况[4]。

7.4.1　声辐射力的求解

波束因子既已算出，接下来就可以转入散射系数的求解。流体介质中总的声场可以表示为[24]

$$\Phi_{\text{total}} = \Phi_0 e^{-i\omega t} \left\{ \sum_{n=0}^{\infty} A_n g_n i^n j_n(kr) P_n(\cos\theta) + \sum_{n=0}^{\infty} a_n g_n i^n h_n^{(1)}(kr) P_n(\cos\theta) \right\} \tag{7.93}$$

其中，

$$A_n = 1 + R_s e^{i2kd}(-1)^n + \frac{R_s}{(2n+1)g_n i^n} \sum_{m=0}^{\infty} g_m (-1)^m (2m+1) a_m i^m Q_{mn} \tag{7.94}$$

对于刚性球，自然要满足表面法向速度为零的边界条件。对于非刚性球，则要满足表面声压与径向速度连续的条件。无论是刚性球还是非刚性球，总可以根据迭代法求出各项散射系数的值。

轴向声辐射力的原始公式依然不变，经过一系列数学运算，可以得到其具体表示形式仍然是式 (7.86) 的形式，并且其中 $\langle E \rangle$ 与 S 的表达式与平面波入射时相同，唯一改变的只是声辐射力函数，此时[24]

$$\begin{aligned}
Y_p = -\frac{4}{(ka)^2} \sum_{n=0}^{\infty} (n+1) &\{ \mathrm{Re}(g_n g_{n+1}^*)(\xi_{n+1}^{(1)} \xi_n^{(2)} + \xi_n^{(1)} \xi_{n+1}^{(2)} + \eta_{n+1}^{(1)} \eta_n^{(2)} + \eta_n^{(1)} \eta_{n+1}^{(2)} \\
&+ 2\xi_{n+1}^{(2)} \xi_n^{(2)} + 2\eta_n^{(2)} \eta_{n+1}^{(2)}) + \mathrm{Im}(g_n g_{n+1}^*)(\xi_{n+1}^{(2)} \eta_n^{(1)} + \xi_{n+1}^{(1)} \eta_n^{(2)} - \xi_n^{(1)} \eta_{n+1}^{(2)} \\
&- \xi_n^{(2)} \eta_{n+1} + 2\xi_n^{(2)} \eta_{n+1}^{(2)} - 2\xi_n^{(2)} \eta_{n+1}^{(2)}) \}
\end{aligned} \tag{7.95}$$

其中，

$$\xi_n^{(1)} = \mathrm{Re}(A_n), \quad \eta_n^{(1)} = \mathrm{Im}(A_n), \quad \xi_n^{(2)} = \mathrm{Re}(a_n), \quad \eta_n^{(2)} = \mathrm{Im}(a_n)$$

$$g_n^r = \mathrm{Re}(g_n), \quad g_n^i = \mathrm{Im}(g_n)$$

看来，利用有限级数展开的方法对于球形粒子而言依然是可行的。至此我们求得了高斯波束对单边界下球形粒子的声辐射力公式，可以进行下一步的仿真。

7.4.2 仿真实例

首先绘出声辐射力函数曲线随 ka 的变化关系。在仿真中, 我们依然取高斯波的束腰宽度 $w_0 = 3\lambda$, 粒子与边界的距离仍为半径的两倍, 刚性球和油酸球的仿真结果如图 7.20 所示。

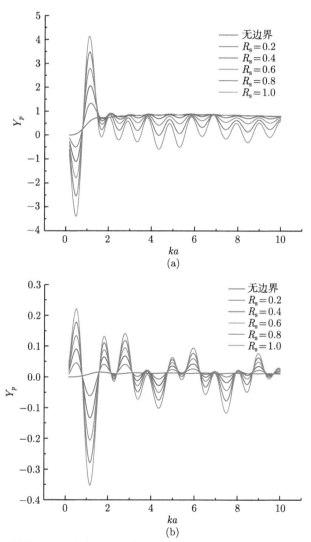

图 7.20 高斯波入射时 (a) 刚性球和 (b) 油酸球的声辐射力函数随 ka 的变化 (彩图请扫封底二维码)

与平面波入射时相比, 曲线的大体趋势类似, 刚性球的声辐射力要远大于油酸球。在中低频处的适当位置, 都可以产生较大的正向与负向声辐射力, 并且边界声压反射系数越大，峰值越大。这与预期结果是一致的。

下面研究声辐射力函数随频率以及粒子与边界距离的关系。束腰宽度仍然选取为 $w_0 = 3\lambda$，对刚性球的仿真结果如图 7.21 和图 7.22 所示。图 7.22 中，$ka = 0.063$。可以发现它们的规律与平面波入射时类似，不再赘述。

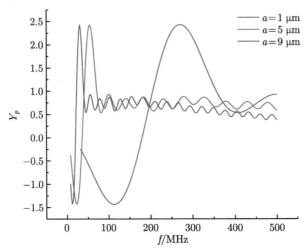

图 7.21　高斯波入射时刚性球的声辐射力函数随频率的变化 (彩图请扫封底二维码)

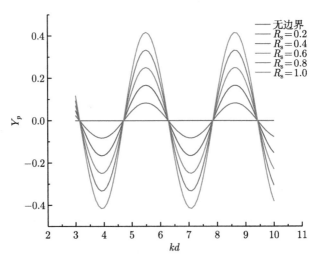

图 7.22　高斯波入射时刚性球的声辐射力函数随 kd 的变化 (彩图请扫封底二维码)

最后我们尝试探究高斯波束的束腰宽度对声辐射力函数曲线的影响。仍假定反射系数 $R_\mathrm{s} = 0.5$，对刚性球而言，不同束腰宽度下的仿真曲线如图 7.23 所示。

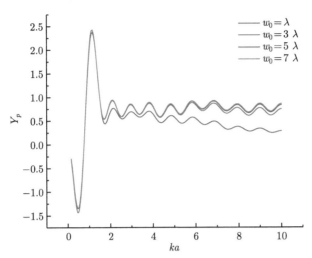

图 7.23　不同束腰宽度下高斯波对刚性球的声辐射力函数 (彩图请扫封底二维码)

当束腰宽度较小 (小于 3 倍波长) 时，与平面波入射时相比，声辐射力函数曲线在中高频处出现明显的下降，并且 ka 越大，差异越大。而当束腰宽度增加时，声辐射力函数曲线愈发接近于平面波的入射情况，几乎与之重合。

7.5　平面波对双边界下柱形粒子的声辐射力

如图 7.24 所示，全空间内存在三种理想流体介质，形成了两个阻抗边界 1 和 2，柱形粒子位于介质 1 内，粒子的半径为 a，与阻抗边界 1 的距离为 d_1，与阻抗边界 2 的距离为 d_2。平面波垂直于边界入射。至于边界的影响，在 7.1 节中，我们曾用镜像法解决了这一问题。当边界增加到两个时，是否依然可行呢？我们试想，将阻抗边界 1 等效为第一个镜像源，其位置在粒子相对于边界 1 的对称处，大小与原粒子完全相同。同时，将阻抗边界 2 等效为第二个镜像源，其位置在粒子相对于边界 2 的对称处，大小与之完全相同。以该截面内柱形粒子的中心为原点 O 建立坐标系。

考虑全空间内的所有声波成分。对于入射平面波和粒子的散射波而言，依然可以表示成式 (7.4) 和式 (7.7) 的形式，无须多言。声波入射到两个阻抗边界后的反射声波可以等效为反向入射的镜像波，与之前不同的是，此时存在两个镜像波的成分

$$\Phi_{\mathrm{ref1}} = \Phi_0 R_{\mathrm{s1}} \mathrm{e}^{\mathrm{i}2kd_1} \sum_{n=-\infty}^{\infty} (-1)^n \, \mathrm{i}^n \mathrm{J}_n(kr) \mathrm{e}^{\mathrm{i}n\theta} \mathrm{e}^{-\mathrm{i}\omega t} \tag{7.96}$$

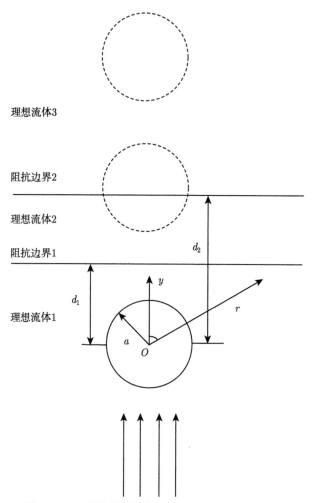

图 7.24　双阻抗边界下柱形粒子对平面波的声散射

$$\Phi_{\mathrm{ref2}} = \Phi_0 R_{\mathrm{s2}} \mathrm{e}^{\mathrm{i}2kd_2} \sum_{n=-\infty}^{\infty} (-1)^n \, \mathrm{i}^n \mathrm{J}_n(kr) \mathrm{e}^{\mathrm{i}n\theta} \mathrm{e}^{-\mathrm{i}\omega t} \tag{7.97}$$

其中，R_{s1} 和 R_{s2} 分别表示两个边界的声压反射系数。

两边界对于粒子散射波的反射波自然也可以等效为镜像源的散射波，与之前不同的是，此时存在两镜像源

$$\Phi_{\mathrm{scat,ref1}} = \Phi_0 R_{\mathrm{s1}} \sum_{n=-\infty}^{\infty} (-1)^n \, a_n \mathrm{i}^n \mathrm{H}_n(k\bar{r}) \mathrm{e}^{-\mathrm{i}n\bar{\theta}} \mathrm{e}^{-\mathrm{i}\omega t} \tag{7.98}$$

$$\Phi_{\text{scat,ref2}} = \Phi_0 R_{\text{s2}} \sum_{n=-\infty}^{\infty} (-1)^n \, a_n \text{i}^n \text{H}_n(k\bar{r}) \text{e}^{-\text{i}n\bar{\theta}} \text{e}^{-\text{i}\omega t} \tag{7.99}$$

7.5.1 散射系数的求解

显然，流体介质中的总声场为

$$\Phi_{\text{total}} = \Phi_{\text{inc}} + \Phi_{\text{ref1}} + \Phi_{\text{ref2}} + \Phi_{\text{scat,ref1}} + \Phi_{\text{scat,ref2}} \tag{7.100}$$

同样，为方便后续运算，将其改写为式 (7.101) 的形式

$$\Phi_{\text{total}} = \Phi_0 \text{e}^{-\text{i}\omega t} \left\{ \sum_{n=0}^{\infty} \varepsilon_n A_n \text{i}^n \text{J}_n(kr) \cos n\theta + \sum_{n=0}^{\infty} \varepsilon_n a_n \text{i}^n \text{H}_n^{(1)}(kr) \cos n\theta \right\} \tag{7.101}$$

其中，

$$A_n = 1 + R_{\text{s1}} \text{e}^{\text{i}2kd_1} (-1)^n + R_{\text{s2}} \text{e}^{\text{i}2kd_2} (-1)^n + \frac{R_{\text{s1}}}{\varepsilon_n \text{i}^n} \sum_{m=0}^{\infty} (-1)^m \varepsilon_m a_m \text{i}^m \text{H}_{m-n}^{(1)}(2kd_1)$$

$$+ \frac{R_{\text{s2}}}{\varepsilon_n \text{i}^n} \sum_{m=0}^{\infty} (-1)^m \varepsilon_m a_m \text{i}^m \text{H}_{m-n}^{(1)}(2kd_2) \tag{7.102}$$

根据谐波声压与速度势的关系，可以得到总声压场的分布。根据速度势质点速度的关系，可以得到径向速度

$$v_r = \Phi_0 \text{e}^{-\text{i}\omega t} \left\{ \sum_{n=0}^{\infty} \varepsilon_n A_n \text{i}^n k \text{J}_n^{'}(ka) \cos n\theta + \sum_{n=0}^{\infty} \varepsilon_n a_n \text{i}^n k \text{H}_n^{(1)'}(ka) \cos n\theta \right\} \tag{7.103}$$

考虑柱形粒子是刚性的，即表面可以看成完全硬边界，则表面的质点径向振动速度为零，可以得到

$$\left\{ \sum_{n=0}^{\infty} \varepsilon_n A_n \text{i}^n k \text{J}_n^{'}(ka) \cos n\theta + \sum_{n=0}^{\infty} \varepsilon_n a_n \text{i}^n k \text{H}_n^{(1)'}(ka) \cos n\theta \right\} = 0 \tag{7.104}$$

于是我们得到了关于散射系数 a_n 的隐式方程，可以通过迭代法求得其每一项的数值解。

如果柱形粒子不是刚性的，此时就要考虑柱体内部折射波的存在，其折射波的声压和质点速度仍然可以表示为式 (7.19) 和式 (7.20) 的形式。此时的边界条件亦应该改为式 (7.18)。将声压与质点速度代入边界条件，同样可以求得散射系数 a_n 的数值解。

7.5.2　声辐射力的求解

事实上，声辐射力的计算公式与单边界下完全相同，增加了一个边界仅仅影响了散射系数的求解问题，因而此时的声辐射力公式仍然为式 (7.23) 的形式，并且各项物理含义完全相同。至于声辐射力函数，则仍然是式 (7.24) 的形式。

7.5.3　仿真实例

完成了理论推导，下面我们就可以来进行一些实例的仿真了。为了方便我们的研究，不妨假设流体 1 和流体 3 是同一种介质 (事实上大多数都是这种情况)[23]，而流体 2 与之不同。根据式 (7.6)，声波入射到两个边界的声压反射系数应该互为相反数。在这样的假定下，我们进行如下研究。

首先探究声辐射力函数随 ka 的变化关系。我们将粒子与边界 1 的距离设为半径的两倍，而粒子与边界 2 的距离设为半径的六倍，在不同的声压反射系数下，对刚性柱和油酸柱的仿真结果如图 7.25 所示。

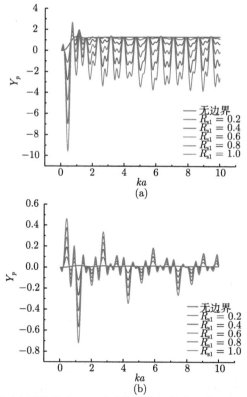

图 7.25　平面波入射时 (a) 刚性柱和 (b) 油酸柱的声辐射力函数随 ka 的变化 (彩图请扫封底二维码)

所得结果与参考文献 [23] 中是一致的。与单边界的情况相比，无论是刚性柱还是非刚性柱，其大体变化趋势相同。在适当的频率处可以出现较大的 "声捕获力"，只是此时的频带范围明显变窄。对于单边界下的每一个负向声辐射力的峰值，在双边界下都变成了两个峰，即变化比原来更加复杂。特别是在反射系数较大时，这样的现象尤其明显。这种峰的 "分裂" 现象是由双边界单独存在时峰的位置并不重合而引起的，是双边界声辐射力函数曲线的典型特征。而在反射系数较小时，本来曲线的峰谷就不明显。因此此时的声辐射力函数曲线与单边界下很相近，这在物理上也是可以理解的。

接下来我们再来研究粒子声辐射力函数与粒子到第一个边界距离 d_1 的变化关系，两边界的距离固定为半径的四倍，固定 $ka = 0.063$，对刚性柱和油酸柱的仿真结果如图 7.26 所示。

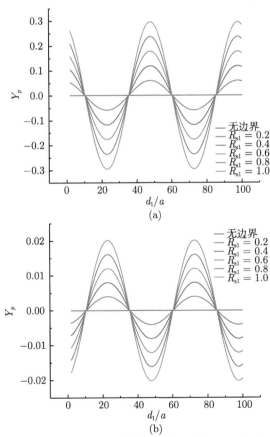

图 7.26   平面波入射时 (a) 刚性柱和 (b) 油酸柱的声辐射力函数随 d_1/a 的变化 (彩图请扫封底二维码)

可以看到, 此时声辐射力函数随 d_1/a 的变化仍然是周期性的正弦曲线, 并且刚性柱的情况下声辐射力远大于非刚性柱, 与单边界下类似。其实, 由于两边界距离不变, 此时相当于两边界整体移动, 自然规律相似。

与单边界不同的是, 此时两边界的间距也是可以调节的参数。接下来我们专门来研究这一 "中间层" 厚度对于声辐射力函数的影响。此时固定粒子与边界 1 的距离为半径的两倍, 仿真中仍设 $ka = 0.063$。为了程序简单, 我们将自变量设为粒子与边界 2 的距离 d_2 而非中间层厚度, 不过此时边界 1 已经固定, 两者实际上是同时变化的。对刚性柱和油酸柱的仿真结果如图 7.27 所示。

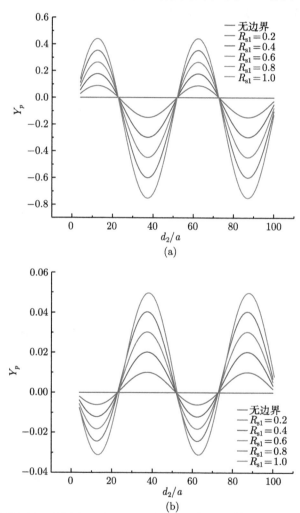

图 7.27　平面波入射时 (a) 刚性柱和 (b) 油酸柱的声辐射力函数随 d_2/a 的变化 (彩图请扫封底二维码)

我们发现，此时无论是刚性柱还是非刚性柱，尽管声辐射力函数随 d_2 的变化关系依然是周期函数，但不再是正弦曲线。换言之，当固定边界 1，移动边界 2 时，正向与负向声辐射力函数峰值并不相等。对于刚性柱而言，负向声辐射力峰值更大，而油酸柱恰好相反。究其原因，是因为在粒子与边界 2 的这段距离中，包含了两种不同的介质，造成了这种不对称现象。这也为我们通过改变中间层厚度来调节粒子所受的声辐射力提供了理论依据。

7.6　高斯波对双边界下柱形粒子的声辐射力

7.6.1　声辐射力的求解

双阻抗边界下高斯波的入射模型也很简单，只需要将图 7.24 中的平面波入射改为高斯波入射即可。此时，入射声波仍然可以表示为式 (7.4) 的形式。利用镜像原理，全空间内存在的所有其他声波可以表示为

$$\Phi_{\mathrm{ref1}} = \Phi_0 R_{\mathrm{s1}} \mathrm{e}^{\mathrm{i}2kd_1} \sum_{n=-\infty}^{\infty} (-1)^n g_n \mathrm{i}^n \mathrm{J}_n(kr) \mathrm{e}^{\mathrm{i}n\theta} \mathrm{e}^{-\mathrm{i}\omega t} \tag{7.105}$$

$$\Phi_{\mathrm{ref2}} = \Phi_0 R_{\mathrm{s2}} \mathrm{e}^{\mathrm{i}2kd_2} \sum_{n=-\infty}^{\infty} (-1)^n g_n \mathrm{i}^n \mathrm{J}_n(kr) \mathrm{e}^{\mathrm{i}n\theta} \mathrm{e}^{-\mathrm{i}\omega t} \tag{7.106}$$

$$\Phi_{\mathrm{scat,ref1}} = \Phi_0 R_{\mathrm{s1}} \sum_{n=-\infty}^{\infty} (-1)^n a_n g_n \mathrm{i}^n \mathrm{H}_n(k\bar{r}) \mathrm{e}^{-\mathrm{i}n\bar{\theta}} \mathrm{e}^{-\mathrm{i}\omega t} \tag{7.107}$$

$$\Phi_{\mathrm{scat,ref2}} = \Phi_0 R_{\mathrm{s2}} \sum_{n=-\infty}^{\infty} (-1)^n a_n g_n \mathrm{i}^n \mathrm{H}_n(k\bar{r}) \mathrm{e}^{-\mathrm{i}n\bar{\theta}} \mathrm{e}^{-\mathrm{i}\omega t} \tag{7.108}$$

其中，g_n 为波束因子。

流体介质中的总声场为以上所有声波的叠加，经整理，可以表示为

$$\Phi_{\mathrm{total}} = \Phi_0 \mathrm{e}^{-\mathrm{i}\omega t} \left\{ \sum_{n=0}^{\infty} \varepsilon_n A_n \mathrm{i}^n g_n \mathrm{J}_n(kr) \cos n\theta + \sum_{n=0}^{\infty} \varepsilon_n a_n g_n \mathrm{i}^n \mathrm{H}_n^{(1)}(kr) \cos n\theta \right\} \tag{7.109}$$

其中，

$$A_n = 1 + R_{\mathrm{s1}} \mathrm{e}^{\mathrm{i}2kd_1} (-1)^n + R_{\mathrm{s2}} \mathrm{e}^{\mathrm{i}2kd_2} (-1)^n$$

$$+ \frac{R_{\mathrm{s1}}}{\varepsilon_n g_n \mathrm{i}^n} \sum_{m=0}^{\infty} (-1)^m \varepsilon_m a_m g_m \mathrm{i}^m \mathrm{H}_{m-n}^{(1)}(2kd_1)$$

$$+ \frac{R_{\mathrm{s2}}}{\varepsilon_n g_n \mathrm{i}^n} \sum_{m=0}^{\infty} (-1)^m \varepsilon_m a_m g_m \mathrm{i}^m \mathrm{H}_{m-n}^{(1)}(2kd_2) \tag{7.110}$$

得到了速度势，就很容易得到声压场与速度场的分布。再辅以柱体表面适当的边界条件，就可以得到粒子对声波的散射系数 a_m，具体分为刚性与非刚性两种情况讨论，与前述相同，无须赘言。

至于声辐射力的求解公式，完全可以继续使用式 (7.95)。

7.6.2　仿真实例

为了体现高斯波束的特点，我们依然选取束腰宽度 $w_0 = 3\lambda$ 的高斯波进行仿真。其余参数与平面波入射时相同。对于刚性柱和油酸柱而言，声辐射力函数曲线如图 7.28 所示。

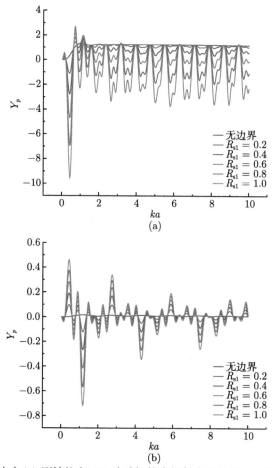

图 7.28　高斯波入射时 (a) 刚性柱和 (b) 油酸柱的声辐射力函数随 ka 的变化 (彩图请扫封底二维码)

与平面波入射时一样，增加了一个边界导致了所谓的 "峰的分裂" 现象，无论是刚性柱还是非刚性柱, 原来的每一个负向声辐射力峰值都分裂为两个峰, 使得曲线的变化更加剧烈。在低频处, 这一现象使获得 "声捕获力" 的频带范围明显变窄。此外, 边界声压反射系数的增加会使这一现象更加明显, 这是可以预料的。

下面我们再简单地研究一下双边界下声辐射力函数与粒子到两边界距离的关系, 这里只给出刚性柱的结果, 如图 7.29 和图 7.30 所示。

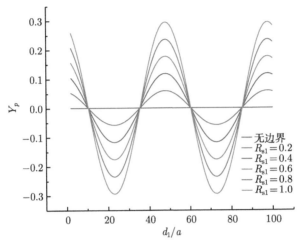

图 7.29　高斯波入射时刚性柱的声辐射力函数随 d_1/a 的变化 (彩图请扫封底二维码)

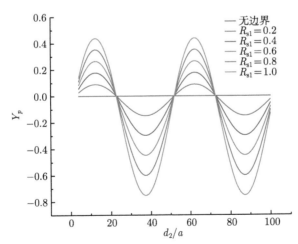

图 7.30　高斯波入射时刚性柱的声辐射力函数随 d_2/a 的变化 (彩图请扫封底二维码)

其变化规律与平面波入射时基本一致, 声辐射力函数随 d_1/a 依然是正弦曲线, 而随 d_2/a 出现了正向和负向峰值不等的现象。

7.7　平面波对双边界下球形粒子的声辐射力

考虑双边界下平面波垂直入射到半径为 a 的球形粒子上，粒子与阻抗边界 1 的距离为 d_1，与阻抗边界 2 的距离为 d_2，这一物理模型与图 7.24 很类似，只不过将原图中的柱形粒子换为球形而已。当然，此时的坐标系相应地也应该改成球坐标系，这样比较方便，以球心为坐标原点 O，极角和仰角分别记为 θ 和 φ。

考虑全空间内的所有声波成分。入射平面波和粒子的散射波依然可以表示为式 (7.74) 和式 (7.76) 的形式。两边界对入射声波的反射波，利用镜像法可以表示为

$$\Phi_{\text{ref1}} = \Phi_0 \mathrm{e}^{-\mathrm{i}\omega t} \sum_{n=0}^{\infty} R_{s1} \mathrm{e}^{j2kd_1} (-1)^n (2n+1) \mathrm{i}^n \mathrm{j}_n(kr) \mathrm{P}_n(\cos\theta) \tag{7.111}$$

$$\Phi_{\text{ref2}} = \Phi_0 \mathrm{e}^{-\mathrm{i}\omega t} \sum_{n=0}^{\infty} R_{s2} \mathrm{e}^{j2kd_2} (-1)^n (2n+1) \mathrm{i}^n \mathrm{j}_n(kr) \mathrm{P}_n(\cos\theta) \tag{7.112}$$

至于两边界对于粒子散射波的反射波，可以表示为

$$\Phi_{\text{scat,ref1}} = \Phi_0 \mathrm{e}^{-\mathrm{i}\omega t} \sum_{n=0}^{\infty} R_{s1} (-1)^n (2n+1) \mathrm{i}^n a_n \mathrm{h}_n^{(1)}(k\bar{r}) \mathrm{P}_n(\cos\bar{\theta}) \tag{7.113}$$

$$\Phi_{\text{scat,ref2}} = \Phi_0 \mathrm{e}^{-\mathrm{i}\omega t} \sum_{n=0}^{\infty} R_{s2} (-1)^n (2n+1) \mathrm{i}^n a_n \mathrm{h}_n^{(1)}(k\bar{r}) \mathrm{P}_n(\cos\bar{\theta}) \tag{7.114}$$

以上四式中的各个参量含义与前述相同，不再赘述。

7.7.1　散射系数的求解

流体介质中的总声场用式子表示为

$$\Phi_{\text{total}} = \Phi_0 \mathrm{e}^{-\mathrm{i}\omega t} \left\{ \sum_{n=0}^{\infty} A_n \mathrm{i}^n \mathrm{j}_n(kr) \mathrm{P}_n(\cos\theta) + \sum_{n=0}^{\infty} a_n \mathrm{i}^n \mathrm{h}_n^{(1)}(kr) \mathrm{P}_n(\cos\theta) \right\} \tag{7.115}$$

其中，

$$\begin{aligned} A_n = {} & 1 + R_{s1}\mathrm{e}^{i2kd_1}(-1)^n + R_{s2}\mathrm{e}^{i2kd_2}(-1)^n \\ & + \frac{R_{s1}}{(2n+1)g_n \mathrm{i}^n} \sum_{m=0}^{\infty} g_m (-1)^m (2m+1) a_m \mathrm{i}^m Q_{mn} \\ & + \frac{R_{s2}}{(2n+1)g_n \mathrm{i}^n} \sum_{m=0}^{\infty} g_m (-1)^m (2m+1) a_m \mathrm{i}^m Q_{mn} \end{aligned} \tag{7.116}$$

根据谐波声压与速度势的关系，可以得到总声压场的分布。根据速度势质点速度的关系，可以得到径向速度

$$v_r = -\Phi_0 e^{-i\omega t}\left\{\sum_{n=0}^{\infty} A_n i^n k j_n^{'}(ka) P_n(\cos\theta) + \sum_{n=0}^{\infty} a_n i^n k h_n^{(1)'}(ka) P_n(\cos\theta)\right\}$$
(7.117)

如果球形粒子可以看成是刚性的，那么球表面的径向速度为零，即

$$\sum_{n=0}^{\infty} A_n i^n k j_n^{'}(ka) P_n(\cos\theta) + \sum_{n=0}^{\infty} a_n i^n k h_n^{(1)'}(ka) P_n(\cos\theta) = 0$$
(7.118)

可以解得每一项散射系数。

如果粒子不能看成刚性的，那么就要考虑球内部折射波的存在，其形式为式 (7.84)，此时要满足球表面声压与法向质点速度连续的边界条件，联立解得散射系数。

7.7.2 声辐射力的求解

声辐射力的公式与单边界无异，可以沿用当时的式 (7.85)。至于声辐射力函数，则仍旧是式 (7.86) 的形式。

7.7.3 仿真实例

理论推导既已完成，下面我们进行仿真。同 7.5 节一样，为简单计，假设流体 1 和 3 是同一种介质，流体 2 与之不同。粒子与边界 1 的距离为半径的两倍，与边界 2 的距离为半径的六倍。对刚性球和油酸球而言，其声辐射力函数曲线如图 7.31 所示。

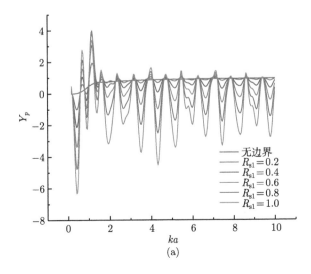

(a)

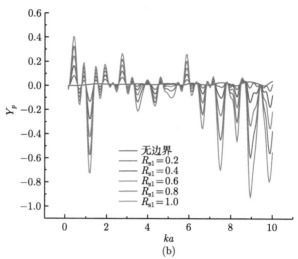

图 7.31　平面波入射时 (a) 刚性球和 (b) 油酸球的声辐射力函数随 ka 的变化 (彩图请扫封底二维码)

与单边界情况相比可以发现，双边界下刚性球的声辐射力函数曲线变化比较剧烈，在我们仿真的 ka 范围内，取得峰值的点数有所增加。尤其是在低频时，声辐射力函数甚至可以从负向峰值很快变成正向峰值，产生很尖锐的峰谷。而对油酸球而言，竟然在 ka 为 7∼10 的中高频范围内出现很大的负向声辐射力函数峰值，这与在单边界下的情况极为不同！这些都是由增加了一个边界，从而增加了不同声波之间的相互作用而引起的。

至于粒子声辐射力函数与粒子到边界 1 和边界 2 的距离之间的关系，仿真结果分别如图 7.32 和图 7.33 所示，相关仿真参数与前述相同。

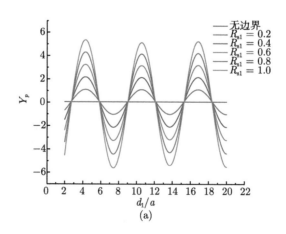

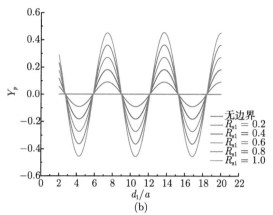

(b)

图 7.32 平面波入射时 (a) 刚性柱和 (b) 油酸柱的声辐射力函数随 d_1/a 的变化 (彩图请扫封底二维码)

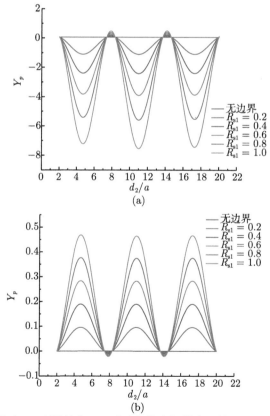

图 7.33 平面波入射时 (a) 刚性柱和 (b) 油酸柱的声辐射力函数随 d_2/a 的变化 (彩图请扫封底二维码)

与柱形粒子的情况相同，此时的声辐射力函数随 d_1 的变化曲线仍然是正负向峰值相同的正弦曲线，与单边界无异。而固定 d_1，改变 d_2 时，出现了显著的"不对称"现象，即正负向峰值不再相等。有趣的是，在刚性球情况下，正向声辐射力几乎不出现，即声波对于大多数 d_2 值是捕获力，而油酸球的情况恰好相反，"声捕获力"很难出现。

7.8　高斯波对双边界球形粒子的声辐射力

7.8.1　声辐射力的求解

双边界下高斯波的入射模型也很简单，只需将 7.7 节中的平面波换为高斯波即可。入射声波和散射声波仍然可以表示成为式 (7.88) 和式 (7.90) 的形式，两边界对于入射声波的反射波，可以表示为

$$\Phi_{\mathrm{ref1}} = \Phi_0 \mathrm{e}^{-\mathrm{i}\omega t} \sum_{n=0}^{\infty} R_{\mathrm{s}} \mathrm{e}^{\mathrm{i}2kd_1} (-1)^n g_n (2n+1) \mathrm{i}^n \mathrm{j}_n(kr) \mathrm{P}_n(\cos\theta) \tag{7.119}$$

$$\Phi_{\mathrm{ref2}} = \Phi_0 \mathrm{e}^{-\mathrm{i}\omega t} \sum_{n=0}^{\infty} R_{\mathrm{s}} \mathrm{e}^{\mathrm{i}2kd_2} (-1)^n g_n (2n+1) \mathrm{i}^n \mathrm{j}_n(kr) \mathrm{P}_n(\cos\theta) \tag{7.120}$$

至于两边界对于粒子散射波的反射波，可以表示为

$$\Phi_{\mathrm{scat,ref1}} = \Phi_0 \mathrm{e}^{-\mathrm{i}\omega t} \sum_{n=0}^{\infty} R_{\mathrm{s1}} (-1)^n g_n (2n+1) \mathrm{i}^n a_n \mathrm{h}_n^{(1)}(k\bar{r}) \mathrm{P}_n(\cos\bar{\theta}) \tag{7.121}$$

$$\Phi_{\mathrm{scat,ref2}} = \Phi_0 \mathrm{e}^{-\mathrm{i}\omega t} \sum_{n=0}^{\infty} R_{\mathrm{s2}} (-1)^n g_n (2n+1) \mathrm{i}^n a_n \mathrm{h}_n^{(1)}(k\bar{r}) \mathrm{P}_n(\cos\bar{\theta}) \tag{7.122}$$

其中，g_n 是入射波按球函数展开时的波束因子。

流体介质中的总声场为以上所有声波的叠加，经整理，可以表示为

$$\Phi_{\mathrm{total}} = \Phi_0 \mathrm{e}^{-\mathrm{i}\omega t} \left\{ \sum_{n=0}^{\infty} A_n g_n \mathrm{i}^n \mathrm{j}_n(kr) \mathrm{P}_n(\cos\theta) + \sum_{n=0}^{\infty} a_n g_n \mathrm{i}^n \mathrm{h}_n^{(1)}(kr) \mathrm{P}_n(\cos\theta) \right\} \tag{7.123}$$

其中，

$$A_n = 1 + R_{\mathrm{s1}} \mathrm{e}^{\mathrm{i}2kd_1} (-1)^n + R_{\mathrm{s2}} \mathrm{e}^{\mathrm{i}2kd_2} (-1)^n$$

$$+ \frac{R_{\mathrm{s1}}}{(2n+1)g_n \mathrm{i}^n} \sum_{m=0}^{\infty} g_m (-1)^m (2m+1) a_m \mathrm{i}^m Q_{mn}$$

$$+\frac{R_{s2}}{(2n+1)g_n\mathrm{i}^n}\sum_{m=0}^{\infty}g_m\left(-1\right)^m\left(2m+1\right)a_m\mathrm{i}^mQ_{mn} \tag{7.124}$$

得到了速度势, 就很容易得到声压场与速度场的分布。根据球形粒子表面适当的边界条件, 就可以得到粒子对声波的散射系数 a_m, 具体分为刚性与非刚性两种情况讨论, 与前述相同, 无须赘言。

至于声辐射力的求解公式, 完全可以继续使用公式 (7.95)。

7.8.2 仿真实例

我们依然选取束腰宽度为三倍波长的高斯波入射来进行仿真。其余参数与平面波相同, 刚性球和油酸球的声辐射力函数曲线如图 7.34 所示。

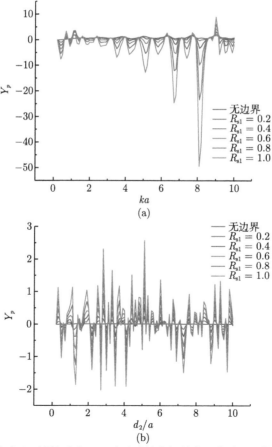

图 7.34 高斯波入射时 (a) 刚性球和 (b) 油酸球的声辐射力函数随 ka 的变化 (彩图请扫封底二维码)

　　无论是刚性球还是油酸球，其在双边界下的声辐射力函数与单边界有着很大的差异。对于刚性球而言，此时在中低频处声辐射力函数峰值较小，而当 ka 大于 6 时，在适当的频率范围内，可以出现很大的负向声辐射力函数峰值，甚至达到 50 这样的量级！对于油酸球而言，与单边界相比，曲线的峰值更加密集，无论是在低频还是高频，都会在一定频率处获得很大的正向或负向声辐射力。

　　下面我们再简单地研究一下双边界下声辐射力函数与粒子到两边界距离的关系，这里只给出刚性柱的结果，如图 7.35 和图 7.36 所示。

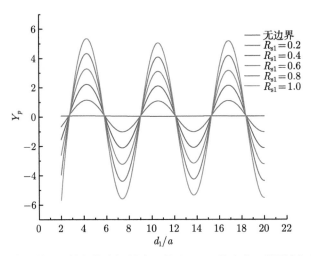

图 7.35　高斯波入射时刚性柱的声辐射力函数随 d_1/a 的变化 (彩图请扫封底二维码)

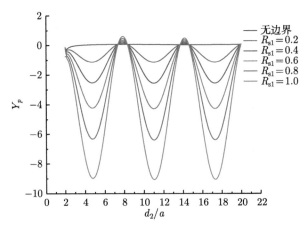

图 7.36　高斯波入射时刚性柱的声辐射力函数随 d_2/a 的变化 (彩图请扫封底二维码)

参 考 文 献

[1] 张海澜. 理论声学. 北京: 高等教育出版社, 2012: 231–296.

[2] 梁昆淼. 数学物理方法. 北京: 高等教育出版社, 2010: 275–277.

[3] Zhang X F, Yun Q, Zhang G B, et al. Computation of the acoustic radiation force on a rigid cylinder in off-axial Gaussian beam using the translational addition theorem. Acta Acustica united with Acustica, 2016, 102: 334–340.

[4] Qiao Y P, Zhang X F, Zhang G B. Acoustic radiation force on a fluid cylindrical particle immersed in water near an impedance boundary. The Journal of the Acoustical Society of America, 2017, 141(6): 4633–4641.

[5] 吴融融. 声波对球形粒子的声辐射力研究. 南京: 南京大学声学研究所, 2016: 79–82.

[6] Qiao Y P, Zhang X F, Zhang G B. Acoustic radiation force on a fluid cylindrical particle immersed in water near an impedance boundary. Journal of the Acoustical Society of America, 2017, 141: 4633–4641.

[7] Qiao Y P, Zhang X F, Zhang G B. Axial acoustic radiation force on a rigid cylinder near an impedance boundary for on-axis Gaussian beam. Wave Motion, 2017, 74: 182–190.

[8] Qiao Y P, Shi J Y, Zhang X F, et al. Acoustic radiation force on a rigid cylinder in an off-axis Gaussian beam near an impedance boundary. Wave Motion, 2018, 83: 111–120.

[9] Mitri F G. Extrinsic extinction cross-section in the multiple acoustic scattering by fluid particles. Journal of Applied Physics, 2017, 121: 144904.

[10] Mitri F G. Acoustic attraction, repulsion and radiation force cancellation on a pair of rigid particles with arbitrary cross-sections in 2D: Circular cylinders example. Annals of Physics, 2017, 386: 1–14.

[11] Hasheminejad S M, Azarpeyvand M. Modal vibrations of a cylindrical radiator over an impedance plane. Journal of Sound and Vibration, 2004, 278: 461–477.

[12] Hasheminejad S M, Alibakhshi M A. Diffraction of sound by a poroelastic cylindrical absorber near an impedance plane. International Journal of Mechanical Sciences, 2007, 49: 1–12.

[13] Abramowitz M, Stegun I A. Handbook of mathematical functions. Washington, DC: National Bureau of Standards, 1964: 363.

[14] Mitri F M. Resonance scattering and radiation force calculations for an elastic cylinder using the translational addition theorem for cylindrical wave functions. American Institute of Physics Advances, 2015, 5: 097205.

[15] Brillouin L. Tensors in mechanics and elasticity. New York: Academic Press, 1964.

[16] Zhang X F, Yun Q, Zhang G B, et al. Computation of the acoustic radiation force on a rigid cylinder in off-axial Gaussian beam using the translational addition theorem. Acta Acustica united with Acustica, 2016, 102: 334–340.

[17] Maidanik G. Torques due to acoustical radiation pressure. Journal of the Acoustical Society of America, 1958, 30: 620–623.

[18] 乔玉佩, 张小凤. 阻抗界面附近水下刚性柱形粒子的声辐射力. Journal of Nanjing Uni-

versity (Nature and Sciences), 2017, 53(1): 19–26.

[19] 宋智广, 张小凤, 张光斌. 高斯波束对水中柱形粒子的声辐射力研究. 压电与声光, 2013, 35(6): 792–796.

[20] Qiao Y P, Zhang X F, Zhang G B. Axial acoustic radiation force on a rigid cylinder near an impedance boundary for on-axis Gaussian beam. Wave Motion, 2017, 74: 182–190.

[21] 梁昆淼. 数学物理方法. 北京: 高等教育出版社, 2010: 300–301.

[22] Friedman B, Russek J. Addition theorems for spherical waves. Quart Appl Math, 1954, 12: 13–23.

[23] Amir K M, Mitri F G. Acoustic radiation force on a spherical contrast agent shell near a vessel porous wall-theory. Ultrasound in Medicine and Biology, 2011, 37(2): 301–311.

[24] 陈东梅, 张小凤, 张光斌, 等. 高斯波束对水中球形粒子的声辐射力研究. 压电与声光, 2013, 35(3): 329–332.

[25] 陈东梅. 高斯波束对水中微小粒子的声辐射力研究. 西安: 陕西省超声学重点实验室, 2014: 1–91.

[26] Majid R, Mojahed A. Acoustic manipulation of oscillating spherical bodies: Emergence of axial negative acoustic radiation force. Journal of Sound and Vibration, 2016, 383: 265–276.

第 8 章 多粒子间的声辐射力

声辐射力现象是由入射波到悬浮物体的动量转移引起的[1]，人们可以通过声辐射力来实现对粒子的声操控。在之前的理论和实验中，对单个物体施加的声辐射力已经有了广泛的研究[2-7]，但在实际操作中，一个外部声场中可能会同时出现若干个悬浮粒子。当声场中存在多个粒子时，一方面这些粒子将会与声场发生相互作用；另一方面粒子与粒子之间也会有相互作用，从一个粒子中出现的散射场将引起来自其周围其他各粒子的进一步散射[8,9]。2000 年，Roumeliotis 等简要分析了两个粒子之间的多重散射效应[10-14]，然后 Mitri 将其引入声学镊子领域[15,16]，并讨论了声辐射力、粒子间距离和入射角之间的关系。2016 年，Zhang 等研究了平面驻波声场中多个粒子情况下粒子受到的声辐射力[17]，Lopes 等研究了平面声场中液体多粒子的声辐射力[18]，2018 年惠铭心等也对平面声场中的多粒子进行了研究[19]。

8.1 平面波中两远距离粒子间声辐射力

在声场中，由于声波具有一定的能量和动量，声场中的物体受到声场对它的力的作用，称为声辐射力，并且，由于存在散射，当声场中存在多个物体时，任意一个物体产生的散射波都会对其他物体产生力的作用，可以称这种由散射产生的辐射力为声场中物体间的相互作用力。本节主要研究介质中多个粒子间的相互作用力情况。

当平面声波入射到多个球形粒子上时，对于其中的任意一个粒子 n，入射波和散射波的速度势可以分别表示为[20]

$$\phi_{\mathrm{i},n} = \mathrm{e}^{-\mathrm{i}\omega t} \sum_{lm} a_{l,m}^{n} \mathrm{j}_{l}\left(k_{0} r_{n}\right) \mathrm{Y}_{l,m}\left(\theta_{n}, \varphi_{n}\right) \tag{8.1}$$

$$\phi_{\mathrm{s},n} = \mathrm{e}^{-\mathrm{i}\omega t} \sum_{lm} b_{l,m}^{n} \mathrm{h}_{l}^{(1)}\left(k_{0} r_{n}\right) \mathrm{Y}_{l,m}\left(\theta_{n}, \varphi_{n}\right) \tag{8.2}$$

其中，$\displaystyle\sum_{lm} = \sum_{l=0}^{\infty} \sum_{m=-l}^{l}$，$\mathrm{Y}_{l,m}\left(\theta, \varphi\right)$ 为归一化球谐函数，且可以由勒让德函数表示，$\mathrm{Y}_{l,m}\left(\theta, \varphi\right) = \zeta_{l} \mathrm{P}_{l}^{m}\left(\cos\theta\right) \mathrm{e}^{\mathrm{i}m\varphi}$，这里 $\zeta_{l} = (-1)^{m} \sqrt{\left[(2l+1)(l-m)!\right] / \left[4\pi(l+m)!\right]}$，

$P_l^m(\cos\theta)$ 为 l 阶连带勒让德函数，当两粒子位于同一 yz 平面内时，$\varphi = 0$，$a_{l,m}^n$ 为粒子 n 受到的总的入射速度势，它由两部分组成，第一部分是本身入射波产生的速度势，第二部分是空间中除 n 外其余粒子产生的散射波在 n 处产生的速度势，所以 $a_{l,m}^n$ 可以表示为

$$a_{l,m}^n = a_{l,m}^{n(0)} + \sum_{q \neq n} a_{l,m}^{n(q)} \tag{8.3}$$

以介质中的两个粒子球 n, q 为例，如图 8.1 所示，点 O 为观察点位置，两个粒子到观察点的距离为 r_n, r_q，方向向量分别为 $\boldsymbol{r}_n, \boldsymbol{r}_q$，而 $r_{n,q}, \boldsymbol{r}_{n,q}$ 分别为从 q 的中心到 n 的中心点的距离和方向向量，为了便于利用对称性，我们可以先假设两个粒子在同一个 xy 平面上，也就是两个粒子球位于平面声场中的同一个波阵面处。

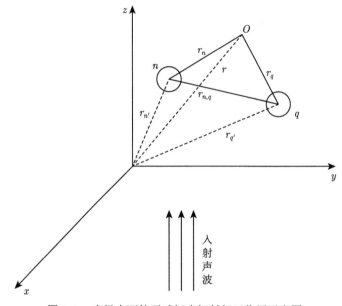

图 8.1　声场中两粒子球间声辐射相互作用示意图

我们首先考虑由于平面行波场产生的速度势 $a_{l,m}^{n(0)}$，这部分只与外部声场以及粒子 n 本身有关，这一部分速度势可以表示为 [21]

$$a_{l,m}^{n(0)} = \phi_0 \mathrm{i}^l \sqrt{4\pi(2l+1)} \mathrm{e}^{-\mathrm{i}k_0 z_n} \delta_{m,0} \tag{8.4}$$

其中，ϕ_0 为入射平面行波速度势幅值；z_n 为粒子 n 的 z 方向坐标；$\delta_{m,m'}$ 为克罗内克 δ(Kronecker delta) 函数，满足

$$\delta_{m,m'} = \begin{cases} 0, & m \neq m' \\ 1, & m = m' \end{cases}$$

所以，显然，只有当 $m = 0$ 时，$a_{l,m}^{n(0)}$ 才能得到非 0 的值。

第二部分由散射产生的速度势，$a_{l,m}^{n(q)}$ 可以由球面函数的加法定理得到 [22]

$$a_{l,m}^{n(q)} = \sum_{l',m'} b_{l',m'}^q G_{l,m,l',m'}^{nq} \tag{8.5}$$

其中，

$$G_{l,m,l',m'}^{nq} = 4\pi \sum_{l''} \mathrm{i}^{l+l''-l'} C_{l,m,l'',(m'-m)}^{l'm'} \mathrm{h}_{l''}(k_0 r_{nq}) \mathrm{Y}_{l'',m'-m}(\boldsymbol{r}_{nq})$$

$$C_{l,m,l'',(m'-m)}^{l'm'} = \int_0^{2\pi} \int_0^{\pi} \mathrm{Y}_{l',m'}(\theta,\varphi) \mathrm{Y}_{l,m}^*(\theta,\varphi) \mathrm{Y}_{l'',m'-m}^*(\theta,\varphi) \sin\theta \mathrm{d}\theta \mathrm{d}\varphi \tag{8.6}$$

$b_{l,m}^n$ 和 $a_{l,m}^n$ 之间存在一个简单的对应关系，即 $b_{l,m}^n = A_l a_{l,m}^n$（因为所有的粒子球都是完全相同的，所以 $A_l^n = A_l^q = A_l$）。将这个对应关系和式 (8.3) 代入式 (8.4)，可以得到以下对应关系

$$a_{l,m}^{n(q)} = \sum_{l'm'} A_{l'} \left(a_{l',m'}^{q(0)} + \sum_{q' \neq q} a_{l',m'}^{q(q')} \right) G_{l,m,l',m'}^{nq} \tag{8.7}$$

假设介质中粒子稀疏分布，也就是各个粒子之间的距离足够远，即满足 $k_o r_{nq} \gg 1$，那么其余粒子的散射波可以视为一个小量，若高阶小量不予考虑的话，式 (8.7) 可以用一个更简单的式子来代替

$$a_{l,m}^{n(q)} = \sum_{l'm'} A_{l'} a_{l',m'}^{q(0)} G_{l,m,l',m'}^{nq} \tag{8.8}$$

我们定义声辐射力为一个周期内粒子的平均辐射应力张量 $\langle \boldsymbol{S} \rangle$ 对整个表面 S 的积分

$$F^n = \oiint\limits_S \langle \boldsymbol{S} \rangle \mathrm{d}S \tag{8.9}$$

平均应力张量可以表示为 [23]

$$\langle \boldsymbol{S} \rangle = -\left(\frac{\rho_0 |v|^2}{4} - \frac{|p|^2}{4\rho_0 c_0^2} \right) \boldsymbol{I} + \frac{1}{2} \rho_0 \mathrm{Re}(v^* v) \tag{8.10}$$

其中，$\boldsymbol{I}$ 为单位张量。式 (8.10) 也可以用速度势表示为

$$\langle \boldsymbol{S} \rangle = \rho_0 \left[\frac{1}{4} \nabla^2 |\phi|^2 \, \boldsymbol{I} - \frac{1}{2} \mathrm{Re} \left(\nabla\phi\nabla\phi^* \right) \right] \tag{8.11}$$

若我们不考虑介质的边界条件，也就是将介质视为是无限大的，且入射声波从 z 正方向入射，由对称性可知，粒子 n 受到的声辐射力可以视为 x 和 y 两个方向的力的集合，即 $F^n = \left(F^n_x, F^n_y \right)$，将式 (8.1)，式 (8.2) 代入式 (8.11)，F^n_x, F^n_y, F^n_z 可以表示为 [24,25]

$$F^n_x + \mathrm{i}F^n_y = \frac{\mathrm{i}\rho_0}{4} \sum_{lm} \left[\mu_{l+1,m-1} \left(2b^n_{l+1,m+1} b^{n*}_{l,m} + b^n_{l+1,m-1} a^{n*}_{l,m} + a^n_{l+1,m-1} b^{n*}_{l,m} \right) \right.$$
$$\left. + \mu_{l+1,-m-1} \left(2b^n_{l,m} b^{n*}_{l+1,m+1} + b^n_{l,m} a^{n*}_{l+1,m+1} + a^n_{l,m} b^{n*}_{l+1,m+1} \right) \right] \tag{8.12}$$

$$F^n_z = \frac{\rho_0}{2} \mathrm{Im} \left[\sum_{lm} \sqrt{\frac{(l-m+1)(l+m+1)}{(2l+1)(2l+3)}} T_l a^n_{l,m} a^{n*}_{l+1,m} \right] \tag{8.13}$$

其中，$\mu_{l,m} = \sqrt{[(l-m)(l-m-1)]/[(2l-1)(2l+1)]}$ 。

我们先考虑 F^n_x 和 F^n_y，将 $b^n_{lm} = A_l a^n_{lm}$ 代入式 (8.12) 可以得到

$$F^n_x + \mathrm{i}F^n_y = \frac{\mathrm{i}\rho_0}{4} \sum_{lm} \left(T_l \mu_{l+1,m-1} a^{n*}_{l,m} a^n_{l+1,m-1} + T^*_l \mu_{l+1,-m-1} a^n_{l,m} a^{n*}_{l+1,m+1} \right) \tag{8.14}$$

其中，$T_l = 2A_{l+1} A^*_l + A_{l+1} + A^*_l$ 表示粒子 n 的总的散射情况，由于只存在粒子 n 和 q，将 $a^n_{l,m} = a^{n(0)}_{l,m} + a^{n(q)}_{l,m}$ 代入式 (8.14) 可得

$$a^{n*}_{l,m} a^n_{l+1,m-1} = a^{n(0)*}_{l,m} a^{n(0)}_{l+1,m-1} + a^{n(0)*}_{l,m} a^{n(q)}_{l+1,m-1} + a^{n(q)*}_{l,m} a^{n(0)}_{l+1,m-1} + a^{n(q)*}_{l,m} a^{n(q)}_{l+1,m-1}$$
$$a^n_{l,m} a^{n*}_{l+1,m+1} = a^{n(0)}_{l,m} a^{n(0)*}_{l+1,m+1} + a^{n(0)}_{l,m} a^{n(q)*}_{l+1,m+1} + a^{n(q)}_{l,m} a^{n(0)*}_{l+1,m+1} + a^{n(q)}_{l,m} a^{n(q)*}_{l+1,m+1}$$
$$\tag{8.15}$$

由式 (8.4) 以及克罗内克 δ 函数的性质可知，$a^{n(0)}_{l,m}, a^{n(0)}_{l+1,m-1}$ 中必有至少一个为 0，所以 $a^{n(0)*}_{l,m} a^{n(0)}_{l+1,m-1} = 0$ 恒成立，同样地，有 $a^{n(0)}_{l,m} a^{n(0)*}_{l+1,m+1} = 0$ 。若 $m \neq 0$，$a^n_{l,m} = a^{n(q)}_{l,m}$ 相对于 $a^n_{l,0}$ 而言为小量，若 $m, m\pm1$ 均不为 0，则 $a^{n*}_{l,m} a^n_{l+1,m\pm1}$ 为高阶小量，在计算过程中可忽略。对于 $a^{n(q)}_{l,m}$，由式 (8.8)，$a^{n(q)}_{l,m} = \sum_{l'm'} A_{l'} a^{q(0)}_{l',m'} G^{nq}_{l,m,l',m'}$，其中 $a^{q(0)}_{l',m'}$ 同样满足式 (8.4)，即只有当 $m' = 0$ 时才有非 0 解，所以式 (8.8) 变为

$$a^{n(q)}_{l,m} = \sum_{l'} A_{l'} a^{q(0)}_{l',0} G^{nq}_{l,m,l',0} \tag{8.16}$$

同样地，$a_{l,m}^{n(q)*}a_{l+1,m-1}^{n(q)}$，$a_{l,m}^{n(q)}a_{l+1,m+1}^{n(q)*}$ 为高阶小量，在计算过程中可忽略，则式 (8.15) 变为

$$a_{l,m}^{n*}a_{l+1,m-1}^{n} = \sum_{l'} \left(A_{l'}a_{l,m}^{n(0)*}a_{l',0}^{q(0)}G_{l+1,m-1,l',0}^{nq} + A_{l'}^{*}a_{l',0}^{q(0)*}a_{l+1,m-1}^{n(0)}G_{l,m,l',0}^{nq*} \right)$$

$$a_{l,m}^{n}a_{l+1,m+1}^{n*} = \sum_{l'} \left(A_{l'}^{*}a_{l,m}^{n(0)}a_{l',0}^{q(0)*}G_{l+1,m+1,l',0}^{nq*} + A_{l'}a_{l',0}^{q(0)}a_{l+1,m+1}^{n(0)*}G_{l,m,l',0}^{nq} \right)$$

$$(8.17)$$

式 (8.14) 中略去一切高阶小量后得到

$$F_x^n + iF_y^n = \frac{i\rho_0}{4}\sum_l \left[T_l \left(\mu_{l+1,-1}a_{l,0}^{n*}a_{l+1,-1}^{n} + \mu_{l+1,0}a_{l,1}^{n*}a_{l+1,0}^{n} \right) \right.$$
$$\left. + T_l^* \left(\mu_{l+1,-1}a_{l,0}^{n}a_{l+1,1}^{n*} + \mu_{l+1,0}a_{l,-1}^{n}a_{l+1,0}^{n*} \right) \right]$$

$$(8.18)$$

特别地，当 $l=0$ 时，因为 $-l \leqslant m \leqslant l$，$m$ 的取值也只能为 0。

接下来考虑 $G_{l,m,l',m'}^{nq}$ 的取值，由于之前已经证明了 $m'=0$，所以 $G_{l,m,l',m'}^{nq}$ 变为

$$G_{l,m,l',0} = 4\pi\sum_{l''}i^{l+l''-l'}C_{l,m,l'',-m}^{l',0}h_{l''}(kr_{nq})Y_{l'',-m}(\theta_{nq},\varphi_{nq})$$

$$C_{l,m,l'',-m}^{l',0} = \int_0^{2\pi}\int_0^{\pi}Y_{l',0}(\theta,\varphi)Y_{l,m}^{*}(\theta,\varphi)Y_{l'',-m}^{*}(\theta,\varphi)d\theta d\varphi$$

$$(8.19)$$

并且粒子 n,q 在同一 xy 平面内，所以在球坐标系下 $\theta_{nq}=\frac{\pi}{2}$ 恒成立，φ_{nq} 与粒子的位置有关，所以

$$Y_{l'',-m}(\hat{r}_{ij}) = \zeta_{l''}P_{l''}^{-m}(0)e^{-im\varphi_{nq}}$$

$$(8.20)$$

显然，式 (8.19) 在计算中十分复杂，为了便于计算，我们进行一些近似，对于两个相距较远的粒子球 n,q，即 $r_{nq}>1$，球汉克尔函数可以近似为 $h_{l''}(kr_{nq})=\frac{(-i)^{l''}e^{ikr_{nq}}}{ikr_{nq}}+O\left(\frac{1}{r_{nq}}\right)$，此时

$$G_{l,m,l',0} = \frac{e^{ikr_{nq}}}{kr_{nq}}e^{-im\varphi_{nq}}4\pi i^{l-l'-1}\sum_{l''}C_{l,m,l'',-m}^{l',0}Y_{l'',-m}\left(\frac{\pi}{2},0\right)$$

$$= \frac{e^{ikr_{nq}}}{kr_{nq}}e^{-im\varphi_{nq}}M_{l,m,l',0}$$

$$(8.21)$$

将 $M_{l,m,l',0}$ 代入式 (8.17) 可得

$$a_{l,m}^{n*}a_{l+1,m-1}^{n} = \frac{1}{kr_{nq}}U_{l,m}, \quad a_{l,m}^{n}a_{l+1,m+1}^{n*} = \frac{1}{kr_{nq}}V_{l,m} \tag{8.22}$$

其中，

$$\begin{aligned}
U_{l,m} &= \sum_{l'} \left(A_{l'}a_{l,m}^{n(0)*}a_{l',0}^{q(0)}e^{-i(m-1)\varphi_{nq}}e^{ikr_{nq}}M_{l+1,m-1,l',0} \right.\\
&\quad \left. + A_{l'}^{*}a_{l',0}^{q(0)*}a_{l+1,m-1}^{n(0)}e^{im\varphi_{nq}}e^{-ikr_{nq}}M_{m,l',0}^{*} \right)\\
V_{l,m} &= \sum_{l'} \left(A_{l'}^{*}a_{l,m}^{n(0)}a_{l',0}^{q(0)*}e^{i(m+1)\varphi_{nq}}e^{-ikr_{nq}}M_{l+1,m+1,l',0}^{*} \right.\\
&\quad \left. + A_{l'}a_{l',0}^{q(0)}a_{l+1,m+1}^{n(0)*}e^{-im\varphi_{nq}}e^{ikr_{nq}}M_{m,l',0} \right)
\end{aligned} \tag{8.23}$$

将式 (8.23) 代入式 (8.18)，得到

$$F_x^n + iF_y^n = \frac{1}{kr_{nq}}\frac{i\rho_0}{4}\sum_{l}\mu_{l+1,-1}\left(T_lU_{l,0} + T_l^*V_{l,0}\right) + \mu_{l+1,0}\left(T_lU_{l,1} + T_l^*V_{l,-1}\right) \tag{8.24}$$

因为 $M_{l,m,l',0}e^{-im\varphi_{nq}} = 4\pi i^{l-l'-1}\sum_{l''}C_{l,m,l'',-m}^{l',0}Y_{l'',-m}(\theta_{nq},\varphi_{nq})$，所以经过计算可以证明 $M_{l+1,-1,l',0}e^{i\varphi_{nq}} = -M_{l+1,1,l',0}e^{-i\varphi_{nq}}$，因此

$$\begin{aligned}
T_lU_{l,0} + T_l^*V_{l,0} &= \sum_{l'}\left[T_lA_{l'}a_{l,0}^{n(0)*}a_{l',0}^{n(0)}e^{ikr_{nq}}M_{l+1,-1,l',0} \right.\\
&\quad \left. - \left(T_lA_{l'}a_{l,0}^{n(0)*}a_{l',0}^{n(0)}e^{ikr_{nq}}M_{l+1,-1,l',0} \right)^* \right]e^{i\varphi_{nq}}\\
&= \sum_{l'}2i\mathrm{Im}\left(T_lA_{l'}a_{l,0}^{n(0)*}a_{l',0}^{n(0)}e^{ikr_{nq}}M_{l+1,-1,l',0} \right)e^{i\varphi_{nq}}
\end{aligned} \tag{8.25}$$

$$\begin{aligned}
T_lU_{l,1} + T_l^*V_{l,-1} &= \sum_{l'}\left[T_lA_{l'}^{*}a_{l',0}^{n(0)*}a_{l+1,0}^{n(0)}e^{-ikr_{nq}}M_{l,1,l',0}^{*} \right.\\
&\quad \left. - \left(T_lA_{l'}^{*}a_{l',0}^{n(0)*}a_{l+1,0}^{n(0)}e^{-ikr_{nq}}M_{l,1,l',0}^{*} \right)^* \right]e^{i\varphi_{nq}}\\
&= \sum_{l'}2i\mathrm{Im}\left(T_lA_{l'}^{*}a_{l',0}^{n(0)*}a_{l+1,0}^{n(0)}e^{-ikr_{nq}}M_{l,1,l',0}^{*} \right)e^{i\varphi_{nq}}
\end{aligned} \tag{8.26}$$

所以

$$F_x^n + iF_y^n = \frac{H_{nq}}{kr_{nq}}e^{i\varphi_{nq}} \tag{8.27}$$

其中,

$$Z_{nq} = H_{nq}\mathrm{e}^{\mathrm{i}\varphi_{nq}} = \frac{\mathrm{i}\rho_0}{4}\sum_l \left[\mu_{l+1,-1}\left(T_l U_{l,0} + T_l^* V_{l,0}\right) + \mu_{l+1,0}\left(T_l U_{l,1} + T_l^* V_{l,-1}\right)\right]$$

(8.28)

特别地,因为 m 必须满足 $-l \leqslant m \leqslant l$,当 $l = 0$ 时,式 (8.28) 只有 $\mu_{l+1,-1}$ 这一项存在。

对于式 (8.27),我们可以发现,这个式子的实部就是粒子间相互作用力在 x 方向的分量,而虚部为 y 方向的分量,两者之间的关系由 φ_{nq} 决定,若用三角函数分别表示

$$F_x^n = \frac{H_{nq}}{kr_{nq}}\cos\varphi_{nq}$$
$$F_y^n = \frac{H_{nq}}{kr_{nq}}\sin\varphi_{nq}$$

(8.29)

当两粒子位于同一 yz 平面内时,$\varphi_{nq} = \pi/2$,此时 x 方向相互作用力不存在,实际上,这种情况下由粒子与声波之间的对称性,x 方向相互作用力为 0 这一结论也是显而易见的。

从式 (8.28) 可以看到,Z_{nq} 的取值与两粒子间距离无关,只与粒子和外部介质本身的性质有关,所以对于 H_{nq} 和 φ_{nq},同样与两粒子间的距离无关。

接着我们考虑 F_z^n 的变化情况,也就是式 (8.13),根据式 (8.17),可以直接得到

$$a_{l,m}^n a_{l+1,m}^{n*} = \sum_{l'}\left(A_{l'}^* a_{l,m}^{n(0)} a_{l',0}^{n(0)*} G_{l+1,m,l',0}^{nq*} + A_{l'} a_{l',0}^{n(0)} a_{l+1,m}^{n(0)*} G_{l,m,l',0}^{nq}\right)$$

(8.30)

考虑到式 (8.14) 和克罗内克 δ 函数的性质,式 (8.30) 中只有当 $m = 0$ 时才存在非 0 解,所以式 (8.13) 和式 (8.30) 变为

$$F_z^n = \frac{\rho_0}{2}\mathrm{Im}\left[\sum_l \sqrt{\frac{(l+1)(l+1)}{(2l+1)(2l+3)}} T_l a_{l,0}^n a_{l+1,0}^{n*}\right]$$
$$a_{l,0}^n a_{l+1,0}^{n*} = \sum_{l'}\left(A_{l'}^* a_{l,0}^{n(0)} a_{l',0}^{n(0)*} G_{l+1,0,l',0}^{nq*} + A_{l'} a_{l',0}^{n(0)} a_{l+1,0}^{n(0)*} G_{l,0,l',0}^{nq}\right)$$

(8.31)

将式 (8.21) 的简化代入式 (8.31),可以得到粒子受到的 z 方向的作用力分量,可以表示为

$$F_z^n = \frac{1}{kr_{nq}}\frac{\rho_0}{2}\mathrm{Im}\left[\sum_l \mathrm{e}^{\mathrm{i}kr_{nq}}\sqrt{\frac{(l+1)(l+1)}{(2l+1)(2l+3)}} T_l\right.$$
$$\left. \cdot \sum_{l'}\left(A_{l'}^* a_{l,0}^{n(0)} a_{l',0}^{n(0)*} M_{l+1,0,l',0}^{nq*} + A_{l'} a_{l',0}^{n(0)} a_{l+1,0}^{n(0)*} M_{l,0,l',0}^{nq}\right)\right]$$

(8.32)

式 (8.27) 和式 (8.32) 就是位于同一波阵面的两个远距离粒子间相互作用力的简化算法，接下来，我们以水浸聚苯乙烯粒子的实例来研究粒子间相互作用力的变化情况。

8.2 平面波中水浸聚苯乙烯粒子间声辐射力

我们以水浸聚苯乙烯粒子为例研究粒子间相互作用力，水浸聚苯乙烯的各个物理性质如下：外部介质，即水的密度 $\rho_0 = 1000\text{kg/m}^3$，水中声速 $c_0 = 1490\text{m/s}$，聚苯乙烯材料的密度为 $\rho_1 = 1050\text{kg/m}^3$，材料中纵波声速 $v_L = 2400\text{m/s}$，横波声速为 $v_T = 1150\text{m/s}$。

经过 8.1 节的推导，我们得到了两粒子间远距离相互作用力的式 (8.27) 和式 (8.32)，这两个公式显示出相互作用力的大小与外部附加的声场以及粒子本身的性质有关，我们假设外部声场均匀且恒定，附加给粒子的速度势 ϕ_0 为常数，为了更好地研究作用力随粒子间距离的变化趋势并且剔除 ϕ_0 的影响，我们可以定义一个由声场产生的基础作用力 $F_0 = E_0 S_0$，其中 $E_0 = \rho_0 k^2 \phi_0^2 / 2$ 是平面波的能量密度，$S_0 = \pi a^2 / 4$ 为球形粒子在声场中的横截面积，a 为粒子半径，所以，两粒子球间归一化相互作用力可以表示为

$$F_{xy} = \frac{1}{F_0} \frac{H_{nq}}{2\pi (d/\lambda)}$$
$$F_z = \frac{F_z^n}{F_0}$$

(8.33)

其中 d 为两粒子间距离，λ 为外部声场中声波的波长，根据式 (8.33) 就可以得到粒子间相互作用力随着粒子间距离的变化情况，此处我们计算前两阶，即 $l = 0,1$ 的情况，如图 8.2 所示，分别是四种不同大小粒子间归一化相互作用力的变化示意图。

从图中可以发现，在外部声场一定的情况下，随着粒子间距离的增大，两者间的相互作用力整体上来说逐渐减小并呈现出正弦曲线的模式，围绕 $F = 0$ 上下波动，力的大小和方向发生周期性变化。很显然，因为 F_{xy}, F_z 的这种性质，我们可以依靠声辐射相互作用来捕获或移动介质中的粒子。从图 8.2 中可以发现，对于粒子所受到的相互作用力在 xy 平面上的分量 F_{xy} 而言，在外部声场条件一定的情况下，随着粒子半径的增大，F_{xy} 的大小有显著增大，但其随着粒子间距离 d 增大而产生的变化趋势是完全相同的，类似于多个幅度不同而相位相同的正弦曲线。

由于在之前的计算过程中进行了近似计算，即汉克尔函数 $h_l(x)$ 在 $x > 1$ 时的近似代换，所以此处得到的结果只有在粒子之间距离较远的情况下能很好地符合实际情况，而在粒子距离很近时存在较大误差。

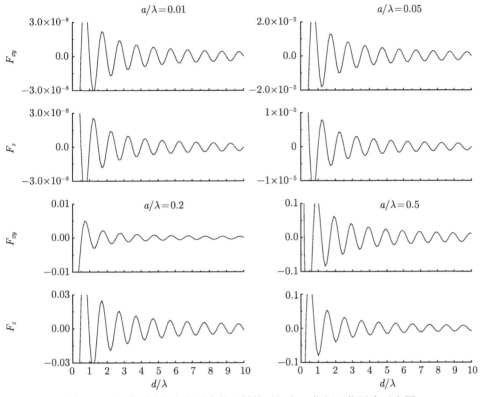

图 8.2 四种不同大小水浸聚苯乙烯粒子间归一化相互作用力示意图

8.3 平面波中位于同一波面的粒子间声辐射力

若介质中不仅仅只有两个粒子，而是存在相互独立的三个甚至三个以上的粒子，那么对于其中任意一个粒子 n 而言，它同时受到来自于除它以外所有粒子的作用力，由于在远距离情况下，散射声波相对于声场中原有声波已经十分微小，所以我们可以不需要考虑散射声波引起的二次散射，那么式 (8.33) 就变成

$$F_{xy} = \sum_{q \neq n} \frac{1}{F_0} \frac{H_{nq}}{2\pi(d/\lambda)}$$

$$F_z = \sum_{q \neq n} \frac{F_z^n}{F_0} \tag{8.34}$$

从式 (8.34) 可以看出，在粒子间距离较远 (相对于声波波长 λ 而言) 时，其中任意一个粒子受到的其他粒子的合力可以视为其余粒子单独对其产生的力的简单叠加，也就是说，介质中的多粒子系统可以视为多个双粒子系统的叠加。比如

说介质中呈等边三角形排列的三个粒子球, 如图 8.3(a) 所示, 假设三个小球位于同一 xy 平面内, 也就是位于声场中的同一个波正面内, 且 z 轴正方向垂直纸面向外。三个小球间的相互作用力可以分别用式 (8.34) 计算得到, 不过需要注意的是, 虽然三个小球间的距离 d 均相同, 但由于任意两个粒子构成的双粒子系统在球坐标系下拥有不同的 φ 值, 所以对每一个粒子而言, 虽然受到的相互作用力在 xy 平面上分量的大小相同, 但具体的 x 和 y 方向分量存在差异。

由于小球间相互作用力在 z 轴上的分量与小球在 xy 平面上的位置无关而只与小球间距离有关, 三个小球受到的 z 方向相互作用力均为

$$F_z' = 2F_z\left(d/\lambda\right) \tag{8.35}$$

对于小球受到的 xy 平面上的作用力分量 F_{xy}', 需要对每个小球分别考虑, 以小球 1 为例, 在球坐标系下可知, $\varphi_{12} = \dfrac{5\pi}{3}, \varphi_{13} = \dfrac{4\pi}{3}$, 这里的 φ_{12} 表示小球 1 到 2 的连线在球坐标系中的角度坐标 φ, 根据式 (8.29), 小球 1 受到的 x 和 y 方向作用力分量分别为

$$\begin{aligned}
F_{1,x}' &= F_{xy}\left(d/\lambda\right)\cos\varphi_{12} + F_{xy}\left(d/\lambda\right)\cos\varphi_{13} = 0 \\
F_{1,y}' &= F_{xy}\left(d/\lambda\right)\sin\varphi_{12} + F_{xy}\left(d/\lambda\right)\sin\varphi_{13} = -\sqrt{3}F_{xy}\left(d/\lambda\right)
\end{aligned} \tag{8.36}$$

同样地, 对于小球 2 和 3, 我们也可以得到它们在 x 和 y 方向上受到的相互作用力分量

$$\begin{aligned}
F_{2,x}' &= \frac{3}{2}F_{xy}\left(d/\lambda\right), \quad F_{2,y}' = \frac{\sqrt{3}}{2}F_{xy}\left(d/\lambda\right) \\
F_{3,x}' &= -\frac{3}{2}F_{xy}\left(d/\lambda\right), \quad F_{3,y}' = \frac{\sqrt{3}}{2}F_{xy}\left(d/\lambda\right)
\end{aligned} \tag{8.37}$$

而对于如图 8.3(b) 所示的组成边长为 d 的正方形的四个粒子球, 我们同样可以根据两两之间的相互作用力得到每个粒子球受到的总的作用力, 但此处粒子球间距离不再全部为 d。

$$F_z' = 2F_z\left(d/\lambda\right) + F_z\left(\sqrt{2}d/\lambda\right)$$

$$F_{1,x}' = -F_{3,x}' = F_{xy}\left(d/\lambda\right) + \frac{\sqrt{2}}{2}F_{xy}\left(\sqrt{2}d/\lambda\right)$$

$$F_{1,y}' = -F_{3,y}' = -F_{xy}\left(d/\lambda\right) - \frac{\sqrt{2}}{2}F_{xy}\left(\sqrt{2}d/\lambda\right) \tag{8.38}$$

$$F_{2,x}' = -F_{4,x}' = -F_{xy}\left(d/\lambda\right) - \frac{\sqrt{2}}{2}F_{xy}\left(\sqrt{2}d/\lambda\right)$$

$$F'_{2,y} = -F'_{4,y} = -F_{xy}\left(d/\lambda\right) - \frac{\sqrt{2}}{2}F_{xy}\left(\sqrt{2}d/\lambda\right)$$

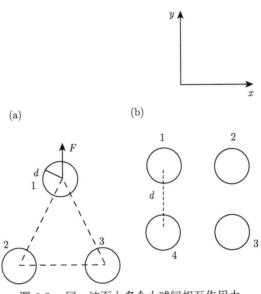

图 8.3 同一波面上多个小球间相互作用力

以此类推, 我们可以很容易表示出各种排列方法下小球受到的总的作用力, 只需要将式 (8.29) 和式 (8.33) 根据实际情况简单叠加即可。

8.4 平面波中位于不同波面的粒子间声辐射力

在 8.1~8.3 节中, 我们讨论的都是位于同一波阵面的粒子间相互作用力, 表现在直角坐标系下也就是所有粒子的 z 坐标相同, 但在实际情况下由于材料、器材等的限制, 很难做到这一点, 所以为了得到更普遍适用的计算公式, 我们还需要研究位于不同波面的粒子间相互作用力。

假设位于介质中的两个粒子 n, q, 它们之间的距离为 d, 并且 z 坐标差值为 d_z, 如图 8.4 所示。在这种情况下, 根据式 (8.4), $a_{l,m}^{n(0)}, a_{l,m}^{q(0)}$ 可以分别表示为

$$
\begin{aligned}
a_{l,m}^{n(0)} &= \phi_0 i^l \sqrt{4\pi\left(2l+1\right)} e^{-ik_0 z_n}\delta_{m,0} \\
a_{l,m}^{q(0)} &= \phi_0 i^l \sqrt{4\pi\left(2l+1\right)} e^{-ik_0(z_n+d_z)}\delta_{m,0}
\end{aligned}
\tag{8.39}
$$

之后的计算过程同式 (8.12)~(8.23), 此处先考虑 x, y 方向分量的变化。由于

d_z 的存在，式 (8.17) 改为

$$
\begin{aligned}
a_{l,m}^{n*}a_{l+1,m-1}^{n} &= \sum_{l'} \left(A_{l'}a_{l,m}^{n(0)*}a_{l',0}^{n(0)}\mathrm{e}^{-\mathrm{i}k_0 d_z}G_{l+1,m-1,l',0}^{nq} \right.\\
&\left. + A_{l'}^{*}a_{l',0}^{n(0)*}a_{l+1,m-1}^{n(0)}\mathrm{e}^{\mathrm{i}k_0 d_z}G_{l,m,l',0}^{nq*} \right)\\
a_{l,m}^{n}a_{l+1,m+1}^{n*} &= \sum_{l'} \left(A_{l'}^{*}a_{l,m}^{n(0)}a_{l',0}^{n(0)*}\mathrm{e}^{\mathrm{i}k_0 d_z}G_{l+1,m+1,l',0}^{nq*} \right.\\
&\left. + A_{l'}a_{l',0}^{n(0)}a_{l+1,m+1}^{n(0)*}\mathrm{e}^{-\mathrm{i}k_0 d_z}G_{l,m,l',0}^{nq} \right)
\end{aligned}
\tag{8.40}
$$

此处由于 $a_{l,m}^{n(0)}$ 只与 l,m 两个变量和粒子位置有关而与粒子本身的物理性质无关，所以 $a_{l,m}^{q(0)}$ 也可以写作 $a_{l,m}^{n(0)}\mathrm{e}^{-\mathrm{i}k_0 d_z}$，这样改写对于结果没有影响。将直角坐标系转换到球坐标系，可以得到 $d_z = d\cos\theta_{nq}$，此时式 (8.23) 中的 $U_{l,m},V_{l,m}$ 不仅取决于 l,m，还与 d,θ_{nq} 有关，式 (8.23) 也可以改为

$$
\begin{aligned}
U_{l,m,d,\theta_{nq}}' &= \sum_{l'} \left(A_{l'}a_{l,m}^{n(0)*}a_{l',0}^{n(0)}\mathrm{e}^{-\mathrm{i}k_0 d\cos\theta_{nq}}\mathrm{e}^{-\mathrm{i}(m-1)\varphi_{nq}}\mathrm{e}^{\mathrm{i}kr_{nq}}M_{l+1,m-1,l',0} \right.\\
&\left. + A_{l'}^{*}a_{l',0}^{n(0)*}a_{l+1,m-1}^{n(0)}\mathrm{e}^{\mathrm{i}k_0 d\cos\theta_{nq}}\mathrm{e}^{\mathrm{i}m\varphi_{nq}}\mathrm{e}^{-\mathrm{i}kr_{nq}}M_{l,m,l',0}^{*} \right)\\
V_{l,m,d,\theta_{nq}}' &= \sum_{l'} \left(A_{l'}^{*}a_{l,m}^{n(0)}a_{l',0}^{n(0)*}\mathrm{e}^{\mathrm{i}k_0 d\cos\theta_{nq}}\mathrm{e}^{\mathrm{i}(m+1)\varphi_{nq}}\mathrm{e}^{-\mathrm{i}kr_{nq}}M_{l+1,m+1,l',0}^{*} \right.\\
&\left. + A_{l'}a_{l',0}^{n(0)}a_{l+1,m+1}^{n(0)*}\mathrm{e}^{-\mathrm{i}k_0 d\cos\theta_{nq}}\mathrm{e}^{-\mathrm{i}m\varphi_{nq}}\mathrm{e}^{\mathrm{i}kr_{nq}}M_{l,m,l',0} \right)
\end{aligned}
\tag{8.41}
$$

需要注意的是，此时 θ_{nq} 不再是定值 $\pi/2$ 而是一个变量，所以式 (8.20) 中 $\mathrm{P}_{l''}^{-m}(\cos\theta_{nq})$ 不再是 $\mathrm{P}_{l''}^{-m}(0)$。将式 (8.41) 代入式 (8.25) 和式 (8.26) 就可以得到不在同一波阵面上的两个粒子间 xy 平面内的相互作用力

$$
F_x^n + \mathrm{i}F_y^n = \frac{H_{nq,\theta}}{kr_{nq}}\mathrm{e}^{\mathrm{i}\varphi_{nq}}
\tag{8.42}
$$

$$
H_{nq,\theta}\mathrm{e}^{\mathrm{i}\varphi_{nq}} = \frac{\mathrm{i}\rho_0}{4}\sum_{l} \begin{array}{l} \mu_{l+1,-1}\left(T_l U_{l,0,d,\theta_{nq}}' + T_l^* V_{l,0,d,\theta_{nq}}'\right)\\ +\mu_{l+1,0}\left(T_l U_{l,1,d,\theta_{nq}}' + T_l^* V_{l,-1,d,\theta_{nq}}'\right) \end{array}
\tag{8.43}
$$

化简后可以得到

$$
\begin{aligned}
H_{nq} = &- \frac{\rho_0}{2} \sum_l \sum_{l'} \mu_{l+1,-1} \mathrm{Im} \left(T_l A_{l'} \mathrm{e}^{-\mathrm{i}k_0 d \cos\theta_{nq}} a_{l,0}^{n(0)*} a_{l',0}^{n(0)} \mathrm{e}^{\mathrm{i}kr_{nq}} M_{l+1,-1,l',0} \right) \\
&+ \mu_{l+1,0} \mathrm{Im} \left(T_l A_{l'}^* \mathrm{e}^{\mathrm{i}k_0 d \cos\theta_{nq}} a_{l',0}^{n(0)*} a_{l+1,0}^{n(0)} \mathrm{e}^{-\mathrm{i}kr_{nq}} M_{l,1,l',0}^* \right)
\end{aligned}
\tag{8.44}
$$

特别地，当 $l=0$ 时，由于 m 必须满足 $-l \leqslant m \leqslant l$，式 (8.43) 中只存在 $\mu_{l+1,-1}$ 这一项。

接下来考虑粒子间相互作用力在 z 方向上的分量，同之前一样，这一分量可以表示为

$$
F_z^n = \frac{\rho_0}{2} \mathrm{Im} \left[\sum_{lm} \sqrt{\frac{(l-m+1)(l+m+1)}{(2l+1)(2l+3)}} T_l a_{l,m}^n a_{l+1,m}^{n*} \right]
\tag{8.45}
$$

根据式 (8.32)，式 (8.39) 对式 (8.45) 进行化简

$$
\begin{aligned}
F_z^n = &\frac{1}{kr_{nq}} \frac{\rho_0}{2} \mathrm{Im} \left[\mathrm{e}^{\mathrm{i}kr_{nq}} \sum_l \sqrt{\frac{(l+1)(l+1)}{(2l+1)(2l+3)}} T_l \right. \\
&\left. \cdot \sum_{l'} \left(\begin{matrix} A_{l'}^* a_{l,0}^{n(0)} a_{l',0}^{n(0)*} \mathrm{e}^{\mathrm{i}k_0 d_z} M_{l+1,0,l',0}^{nq*} \\ + A_{l'} a_{l',0}^{n(0)*} a_{l+1,0}^{n(0)} \mathrm{e}^{-\mathrm{i}k_0 d_z} M_{l,0,l',0}^{nq} \end{matrix} \right) \right]
\end{aligned}
\tag{8.46}
$$

同样地，在这种情况下，粒子间相互作用力在 xy 平面和 z 方向上的归一化分量 F_{xy} 和 F_z 可以分别表示为式 (8.47)

$$
\begin{aligned}
F_{xy} &= \frac{1}{F_0} \frac{H_{nq}}{2\pi(d/\lambda)} \\
F_z &= \frac{F_z^n}{F_0}
\end{aligned}
\tag{8.47}
$$

假设如图 8.4 所示，存在两个相距为 d 的小球，小球半径与声波波长的比值为 0.5，在球坐标系下，两个小球间连线的角度为 $(\theta_{nq}, \varphi_{nq})$，那么根据式 (8.47) 可以分别算出小球在 θ_{nq} 取不同值时受到的归一化相互作用力 F_{xy} 和 F_z。

图 8.5 中 $\theta_{nq} = \pi/2$ 的情况也就是 8.2 节中的在同一波阵面的粒子间相互作用力，与图 8.2 中 $a/\lambda = 0.5$ 的情况相比较，可知两者确实是完全相同的。而 $\theta_{nq} = 0$ 表示两粒子位于同一竖直直线上，此时粒子间不存在 xy 平面内的相互作用力分量。

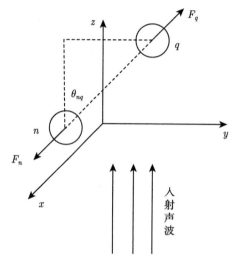

图 8.4　位于不同波面处的两个球形粒子示意图

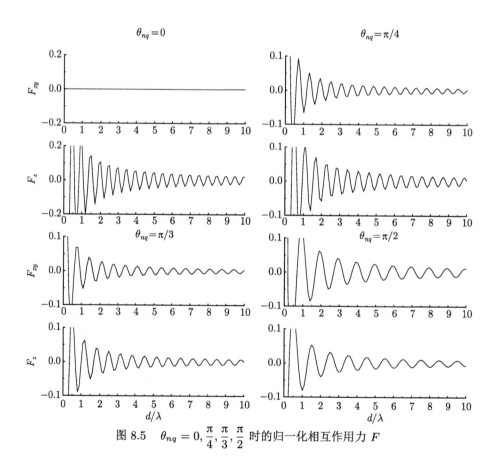

图 8.5　$\theta_{nq} = 0, \dfrac{\pi}{4}, \dfrac{\pi}{3}, \dfrac{\pi}{2}$ 时的归一化相互作用力 F

以上计算的是对于粒子 n 而言的相互作用力，接下来，我们以另一个粒子 q 为研究对象，对于 q 而言，计算公式依然为式 (8.33)，但这种情况下，两粒子间距离依然为 d，在球坐标系下 q,n 连线的夹角 $\theta_{qn} = \pi - \theta_{nq}$，同样地，我们按照图 8.6 作出对应的 $\theta_{nq} = 0, \dfrac{\pi}{4}, \dfrac{\pi}{3}, \dfrac{\pi}{2}$ 的 q 受到的相互作用力示意图。

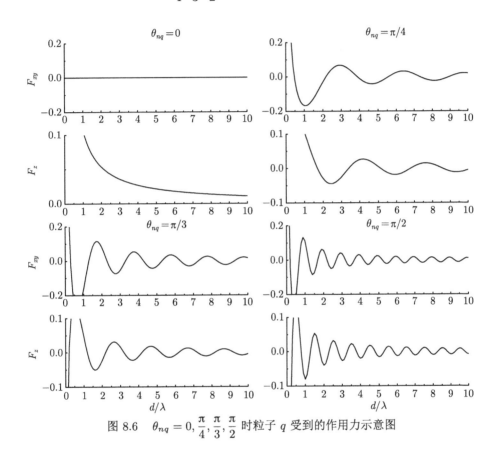

图 8.6 $\theta_{nq} = 0, \dfrac{\pi}{4}, \dfrac{\pi}{3}, \dfrac{\pi}{2}$ 时粒子 q 受到的作用力示意图

之前所计算的 F_{xy} 为粒子受到的 xy 平面内的总的作用力分量，具体的 x,y 方向的分量还需要考虑球坐标中 φ 的影响，以上面的两个粒子为例，计算粒子 n 受到的作用力时，φ 的取值为 φ_{nq}，而在计算 q 受到的作用力时，φ 的取值为 $\varphi_{qn} = (2\pi - \varphi_{nq})$，假设粒子 n 和 q 位于同一 y,z 平面内，则此时 $\varphi_{nq} = \dfrac{\pi}{2}, \varphi_{qn} = \dfrac{3\pi}{2}$，代入式 (8.29) 可知，两个粒子均不受 x 方向的作用力影响，而 y 方向上，两者受到的作用力反向。

接下来考虑多个粒子间相互作用力，同位于波阵面的特殊情况相同，若要计算多个距离较远的粒子间的相互作用，也只需要将两两粒子之间的相互作用力简单叠加即可。

比如以介质中三个组成边长为 d 的等边三角形的粒子为例，假设三个粒子分别为 1,2,3，其中 2,3 位于同一波阵面处，而粒子 1 位于粒子 2,3 上方，如图 8.7 所示，并且三个粒子位于同一个 yz 平面内，也就是 $\varphi_{nq} = \pi/2$ 或 $3\pi/2$，由对称性可知，粒子受到的 x 方向相互作用力为 0。

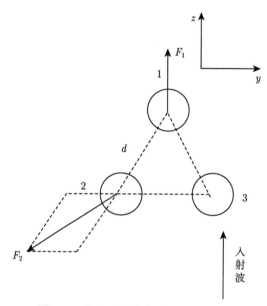

图 8.7   位于不同波阵面的三粒子系统

对于粒子 1，它受到的 z 方向相互作用力可以表示为 2,3 对其产生的相互作用力的叠加，在这种情况下 $\theta_{12} = \theta_{23} = \dfrac{5}{6}\pi$，$\theta_{12}$ 表示从粒子 1 到 2 的连线与 z 轴正方向的夹角，取值范围为 $[0, \pi]$，θ_{23} 同理，所以粒子 1 受到的 z 方向作用力为

$$F_{1,z} = 2F_z \left(d/\lambda, \frac{5\pi}{6} \right) \tag{8.48}$$

而粒子 1 受到的 y 方向作用力可以表示为

$$F_{1,y} = F_{xy} \left(d/\lambda \right) \left(\sin \varphi_{12} + \sin \varphi_{13} \right) \tag{8.49}$$

由于 $\varphi_{12} = -\dfrac{3}{2}\pi, \varphi_{13} = \dfrac{1}{2}\pi$，经计算可知 $F_{1,y} = 0$。对于粒子 2，$\theta_{21} = \dfrac{\pi}{6}$，$\theta_{23} = \dfrac{\pi}{2}$，$\varphi_{21} = \varphi_{23} = \dfrac{\pi}{2}$，所以粒子 2 受到的相互作用力为

$$F_{2,z} = F_z\left(d/\lambda, \frac{\pi}{6}\right) + F_z\left(d/\lambda, \frac{\pi}{2}\right)$$
$$F_{2,y} = F_{xy}\left(d/\lambda, \frac{\pi}{6}\right) + F_{xy}\left(d/\lambda, \frac{\pi}{2}\right)$$

(8.50)

同样地，粒子 3 受到的相互作用力为

$$F_{3,z} = F_z\left(d/\lambda, \frac{\pi}{6}\right) + F_z\left(d/\lambda, \frac{\pi}{2}\right)$$
$$F_{3,y} = -F_{xy}\left(d/\lambda, \frac{\pi}{6}\right) - F_{xy}\left(d/\lambda, \frac{\pi}{2}\right)$$

(8.51)

由于在之前已经给出了计算各种情况下的相互作用力 F_{xy} 和 F_z 的公式，此处可以很容易得到各个粒子受到的相互作用力，如图 8.8 所示，粒子半径和声波长的比值为 0.5。

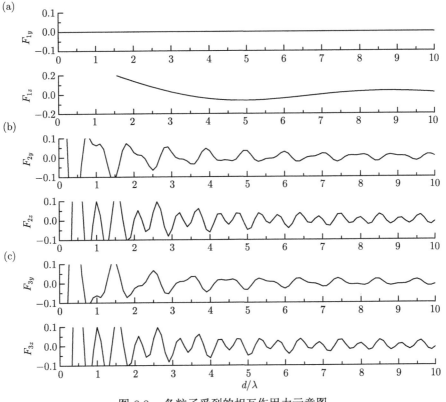

图 8.8 各粒子受到的相互作用力示意图

同 8.3 节中一样，若粒子个数继续增多，得到的相互作用力表达式会更为复杂，但只要粒子间距离足够远，我们就能够使用多个双粒子系统的叠加来模拟多

个粒子组成的系统，其表达式为

$$F_x = \sum_{q \neq n} \frac{1}{F_0} \frac{H_{nq}}{2\pi (d/\lambda)} \cos \varphi_{nq}$$

$$F_y = \sum_{q \neq n} \frac{1}{F_0} \frac{H_{nq}}{2\pi (d/\lambda)} \sin \varphi_{nq} \tag{8.52}$$

$$F_z = \sum_{q \neq n} \frac{F_z^n}{F_0}$$

8.5　高斯波中稀疏粒子间声辐射力

如图 8.9 所示，一束高斯声波在流体介质中传播。声场中存在多个球形粒子，假设这些粒子球完全相同，入射声波方向为 z 正方向，以其中的两个粒子 p 和 q 为例，r_{pq} 表示它们之间的距离，并用 $\boldsymbol{r}_{pq}$ 表示 p 指向 q 的方向向量。两粒子 z 坐标差值为 $\mathrm{d}z$，对于其中的任意一个粒子 p，入射波和散射波的速度势可以分别表示为

$$\phi_{i,p} = \phi_0 \mathrm{e}^{-\mathrm{i}\omega t} \sum_{nm} a_{n,m}^p g_n \mathrm{j}_n (k_0 r_p) \mathrm{Y}_{n,m} (\theta_p, \varphi_p) \tag{8.53}$$

$$\phi_{s,p} = \phi_0 \mathrm{e}^{-\mathrm{i}\omega t} \sum_{nm} b_{n,m}^p g_n \mathrm{h}_n^{(1)} (k_0 r_p) \mathrm{Y}_{n,m} (\theta_p, \varphi_p) \tag{8.54}$$

其中，$\mathrm{Y}_{n,m} (\theta, \varphi)$ 为归一化球谐函数，且可以由勒让德函数表示，$\mathrm{Y}_{n,m} (\theta, \varphi) = \zeta_n \mathrm{P}_n^m (\cos \theta) \mathrm{e}^{\mathrm{i}m\varphi}$，这里 $\zeta_n = (-1)^m \sqrt{[(2n+1)(n-m)!]/[4\pi(n+m)!]}$，$\mathrm{P}_n^m (\cos \theta)$ 为 n 阶连带勒让德函数，$a_{n,m}^p$ 为粒子 p 入射速度势的系数，它由两部分组成，第一部分是由本身入射的高斯波产生的，第二部分是由空间中除 p 以外其余粒子产生的散射波在 p 处产生的，故有

$$a_{n,m}^p = a_{n,m}^{p(0)} + \sum_{q \neq p} a_{n,m}^{p(q)} \tag{8.55}$$

为简单起见，假设声场中仅有两个粒子球 p 和 q，对于入射系数 $a_{n,m}^{p(0)}$ 这部分只与外部声场以及粒子 p 本身有关，这一部分系数可以表示为[21]

$$a_{n,m}^{p(0)} = \phi_0 \mathrm{i}^n \sqrt{4\pi(2n+1)} \mathrm{e}^{-\mathrm{i}k_0 z_p} \delta_{m,0} \tag{8.56}$$

其中，z_p 为粒子 p 的 z 方向坐标；$\delta_{m,m'}$ 为克罗内克 δ 函数，满足 $\delta_{m,m'} = 0, m \neq m'$ 或 $\delta_{m,m'} = 1, m = m'$，所以，仅当 $m = 0$ 时 $a_{n,m}^{p(0)}$ 才能得到非 0 的值。同样对于粒子 q 而言，也有类似的结论。

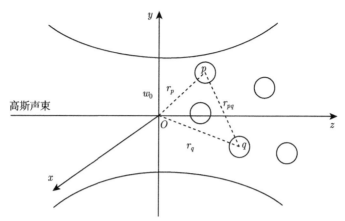

图 8.9 高斯波场中存在的稀疏多粒子球示意图

第二部分是由散射产生的速度势，由文献 [13] 可知，$a_{nm}^{p(q)}$ 可以由球面函数的加法定理 [26] 得到

$$a_{n,m}^{p(q)} = \sum_{n',m'} b_{n',m'}^{q} G_{n,m,n',m'}^{pq} \tag{8.57}$$

其中，

$$G_{n,m,n',m'}^{pq} = 4\pi \sum_{n''} \mathrm{i}^{n+n''-n'} C_{n,m,n'',(m'-m)}^{n'm'} \mathrm{h}_{n''}(k_0 r_{pq}) \, \mathrm{Y}_{n'',m'-m}(\hat{r}_{pq})$$

$$C_{n,m,n'',(m'-m)}^{n'm'} = \int_0^{2\pi} \int_0^{\pi} \mathrm{Y}_{n',m'}(\theta,\varphi) \, \mathrm{Y}_{n,m}^*(\theta,\varphi) \, \mathrm{Y}_{n'',m'-m}^*(\theta,\varphi) \sin\theta \mathrm{d}\theta \mathrm{d}\varphi \tag{8.58}$$

粒子 p 的散射系数 b_{nm}^p 与 a_{nm}^p 存在关系，$b_{nm}^p = A_n a_{nm}^p$，本节中讨论的所有球形粒子都是相同结构，故散射因子都相同。将这个对应关系和 $a_{n,m}^p = a_{n,m}^{p(0)} + \sum\limits_{q\neq p} a_{n,m}^{p(q)}$ 代入式 (8.56)，可以得到如下关系

$$a_{n,m}^{p(q)} = \sum_{n'm'} A_{n'} \left(a_{n',m'}^{q(0)} + \sum_{q'\neq q} a_{n',m'}^{q(q')} \right) G_{n,m,n',m'}^{pq} \tag{8.59}$$

对于稀疏粒子而言，即满足 $k_o r_{pq} \gg 1$，其余粒子的散射波可以视为一个小量，在不考虑高阶小量的情况下，式 (8.59) 可简化为

$$a_{n,m}^{p(q)} = \sum_{n'm'} A_{n'} a_{n',m'}^{q(0)} G_{n,m,n',m'}^{pq} \tag{8.60}$$

声辐射力为一个周期内粒子的平均辐射应力张量 $\langle \boldsymbol{S} \rangle$ 对整个表面 S 的积分

$$F^p = \oiint\limits_S \langle \boldsymbol{S} \rangle \, \mathrm{d}S \tag{8.61}$$

这里 [17],

$$\langle \boldsymbol{S} \rangle = -\left(\frac{\rho_1 |v|^2}{4} - \frac{|p|^2}{4\rho_1 c_1^2} \right) \boldsymbol{I} + \frac{1}{2}\rho_1 \mathrm{Re}\,(v^* v) = \rho_1 \left[\frac{1}{4}\nabla^2 |\phi|^2 \boldsymbol{I} - \frac{1}{2}\mathrm{Re}\,(\nabla\phi\nabla\phi^*) \right] \tag{8.62}$$

其中,$\boldsymbol{I}$ 为单位张量; ρ_1, c_1 分别是流体的密度和声速; v, p, ϕ 分别表示粒子表面的流体速度、压强和速度势。

当不考虑流体的边界条件时,可将流体视为无限大。入射高斯声波从 z 轴正方向入射,粒子 p 受到的声辐射力可以视为 x, y 和 z 三个方向力的集合 [27,28],即 $F^p = \left(F_x^p, F_y^p, F_z^p \right), F_x^p, F_y^p, F_z^p$ 可以表示为

$$\begin{aligned}
F_x^p + \mathrm{i}F_y^p ={} & \frac{\mathrm{i}\rho_0}{4} \sum_{nm} \left[\mu_{n+1,m-1} g_{n+1} g_n^* \left(2b_{n+1,m+1}^p b_{n,m}^{p*} + b_{n+1,m-1}^p a_{n,m}^{p*} \right. \right. \\
& \left. + a_{n+1,m-1}^p b_{n,m}^{p*} \right) + \mu_{n+1,-m-1} g_n g_{n+1}^* \left(2b_{n,m}^p b_{n+1,m+1}^{p*} \right. \\
& \left. \left. + b_{n,m}^p a_{n+1,m+1}^{p*} + a_{n,m}^p b_{n+1,m+1}^{p*} \right) \right]
\end{aligned} \tag{8.63}$$

$$F_z^p = \frac{\rho_0}{2} \mathrm{Im} \left[\sum_{nm} \sqrt{\frac{(n-m+1)(n+m+1)}{(2n+1)(2n+3)}} T_n a_{n,m}^p a_{n+1,m}^{p*} g_n g_{n+1}^* \right] \tag{8.64}$$

其中, $\mu_{n,m} = \sqrt{[(n-m)(n-m-1)]/[(2n-1)(2n+1)]}$ 。

我们首先分析 F_x^p 和 F_y^p,将 $b_{nm}^p = A_n a_{nm}^p$ 代入式 (8.63) 后可得

$$\begin{aligned}
F_x^p + \mathrm{i}F_y^p ={} & \frac{\mathrm{i}\rho_0}{4} \sum_{nm} \left[T_n \mu_{n+1,m-1} g_{n+1} g_n^* a_{n,m}^{p*} a_{n+1,m-1}^p \right. \\
& \left. + T_n^* \mu_{n+1,-m-1} g_n g_{n+1}^* a_{n,m}^p a_{n+1,m+1}^{p*} \right]
\end{aligned} \tag{8.65}$$

其中, $T_n = 2A_{n+1} A_n^* + A_{n+1} + A_n^*$ 表示粒子 p 总的散射情况,由于只存在粒子 p 和 q,将 $a_{np,m}^p = a_{n,m}^{p(0)} + a_{n,m}^{p(q)}$ 代入式 (8.65) 可得

$$a_{n,m}^{p*} a_{n+1,m-1}^p = a_{n,m}^{p(0)*} a_{n+1,m-1}^{p(0)} + a_{n,m}^{p(0)*} a_{n+1,m-1}^{p(q)} + a_{n,m}^p a_{n+1,m-1}^{p(0)} + a_{n,m}^{p(q)*} a_{n+1,m-1}^{p(q)}$$

$$a_{n,m}^p a_{n+1,m+1}^{p*} = a_{n,m}^{p(0)} a_{n+1,m+1}^{p(0)*} + a_{n,m}^{p(0)} a_{n+1,m+1}^{p(q)*} + a_{n,m}^{p(q)} a_{n+1,m+1}^{p(0)*} + a_{n,m}^{p(q)} a_{n+1,m+1}^{p(q)*} \tag{8.66}$$

由式 (8.56) 以及克罗内克 δ 函数的性质可知，$a_{n,m}^{p(0)}, a_{n+1,m-1}^{p(0)}$ 中必有至少一个为 0，所以 $a_{n,m}^{p(0)*}a_{n+1,m-1}^{p(0)} = 0$ 恒成立，同样地，有 $a_{n,m}^{p(0)}a_{n+1,m+1}^{p(0)*} = 0$。若 $m \neq 0, a_{n,m}^{p} = a_{n,m}^{p(q)}$ 相对于 $a_{n,0}^{p}$ 而言为小量，若 $m, m \pm 1$ 均不为 0，则 $a_{n,m}^{p*}a_{n+1,m\pm1}^{p}$ 为高阶小量，在计算过程中可忽略。对于 $a_{n,m}^{p(q)}$，由式 (8.60)，$a_{n,m}^{p(q)} = \sum\limits_{n'm'} A_{n'}a_{n',m'}^{q(0)}G_{n,m,n',m'}^{pq}$，其中，$a_{n',m'}^{q(0)}$ 同样满足式 (8.55)，即只有当 $m' = 0$ 时才有非零解，所以式 (8.60) 变为

$$a_{n,m}^{p(q)} = \sum_{n'} A_{n'}a_{n',0}^{q(0)}G_{n,m,n',0}^{pq} \tag{8.67}$$

同样地，$a_{n,m}^{p(q)*}a_{n+1,m-1}^{p(q)}, a_{n,m}^{p(q)}a_{n+1,m+1}^{p(q)*}$ 为高阶小量，计算中可忽略，则式 (8.66) 变为

$$a_{n,m}^{p*}a_{n+1,m-1}^{p} = \sum_{n'} \left(A_{n'}a_{n,m}^{p(0)*}a_{n',0}^{q(0)}G_{n+1,m-1,n',0}^{pq} + A_{n'}^{*}a_{n',0}^{q(0)*}a_{n+1,m-1}^{p(0)}G_{n,m,n',0}^{pq*} \right)$$

$$a_{n,m}^{p}a_{n+1,m+1}^{p*} = \sum_{l'} \left(A_{n'}^{*}a_{n,m}^{p(0)}a_{n',0}^{q(0)*}G_{n+1,m+1,n',0}^{pq*} + A_{n'}a_{n',0}^{q(0)}a_{l+1,m+1}^{p(0)*}G_{n,m,n',0}^{pq} \right)$$

$$\tag{8.68}$$

式 (8.65) 中略去一切高阶小量后得到

$$F_x^p + \mathrm{i}F_y^p = \frac{\mathrm{i}\rho_0}{4}\sum_n T_n g_{n+1}g_n^* \left(\mu_{n+1,-1}a_{n,0}^{p*}a_{n+1,-1}^{p} + \mu_{n+1,0}a_{n,1}^{p*}a_{n+1,0}^{p} \right) \tag{8.69}$$

$$+ T_n^* g_n g_{n+1}^* \left(\mu_{n+1,-1}a_{n,0}^{p}a_{n+1,1}^{p*} + \mu_{n+1,0}a_{n,-1}^{p}a_{n+1,0}^{p*} \right)$$

特别地，当 $n = 0$ 时，因为 $-n \leqslant m \leqslant n$ ，m 的取值也只能为 0。

接下来考虑 $G_{n,m,n',m'}^{pq}$ 的取值，由于之前已经证明了 $m' = 0$，所以 $G_{n,m,n',m'}^{pq}$ 变为

$$G_{n,m,n',0} = 4\pi \sum_{n''} \mathrm{i}^{n+n''-n'} C_{n,m,n'',-m}^{n',0} \mathrm{h}_{n''}(kr_{pq}) \mathrm{Y}_{n'',-m}(\theta_{pq}, \varphi_{pq})$$

$$C_{n,m,n'',-m}^{n',0} = \int_0^{2\pi}\int_0^{\pi} \mathrm{Y}_{n',0}(\theta,\varphi)\mathrm{Y}_{n,m}^{*}(\theta,\varphi)\mathrm{Y}_{n'',-m}^{*}(\theta,\varphi)\,\mathrm{d}\theta\mathrm{d}\varphi \tag{8.70}$$

为了便于计算，我们进一步近似，对于稀疏粒子 p 和 q 而言，即满足 $k_o r_{pq} \gg 1$，球汉克尔函数可近似为 $\mathrm{h}_{n''}(kr_{pq}) = \dfrac{(-\mathrm{i})^{n''}\,\mathrm{e}^{\mathrm{i}kr_{pq}}}{\mathrm{i}kr_{pq}} + O\left(\dfrac{1}{r_{pq}}\right)$ ，此时

$$
\begin{aligned}
G_{n,m,n',0} &= \frac{\mathrm{e}^{\mathrm{i}kr_{pq}}}{kr_{pq}}\mathrm{e}^{-\mathrm{i}m\varphi_{pq}}4\pi\mathrm{i}^{n-n'-1}\sum_{n''}C^{n',0}_{n,m,n'',-m}\,\mathrm{Y}_{n'',-m}\left(\frac{\pi}{2},0\right) \\
&= \frac{\mathrm{e}^{\mathrm{i}kr_{pq}}}{kr_{pq}}\mathrm{e}^{-\mathrm{i}m\varphi_{pq}}M_{n,m,n'}
\end{aligned}
\tag{8.71}
$$

经过进一步整理, 最终可以得到

$$
F^p_x + \mathrm{i}F^p_y = \frac{H_{pq}}{kr_{pq}}\mathrm{e}^{\mathrm{i}\varphi_{pq}}
\tag{8.72}
$$

其中,

$$
\begin{aligned}
H_{pq} = -\frac{\rho_0}{2}\sum_n\sum_{n'}&\left[\mu_{n+1,-1}\mathrm{Im}\left(T_n A_{n'}a^{p(0)*}_{n,0}a^{q(0)}_{n',0}g^*_n g_{n+1}\right.\right. \\
&\left. \cdot\,\mathrm{e}^{\mathrm{i}2\pi d\cos\theta_{pq}}\mathrm{e}^{\mathrm{i}kr_{pq}}M_{n+1,-1,n',0}\right) \\
&+ \mu_{n+1,0}\mathrm{Im}\left(T_n A^*_{n'}a^{q(0)*}_{n',0}a^{p(0)}_{n+1,0}g_n g^*_{n+1}\right. \\
&\left.\left. \cdot\,\mathrm{e}^{-\mathrm{i}2\pi d\cos\theta_{pq}}\mathrm{e}^{-\mathrm{i}kr_{pq}}M^*_{n,1,n',0}\right)\right]
\end{aligned}
\tag{8.73}
$$

$$
M_{n,m,n',0}\mathrm{e}^{-\mathrm{i}m\varphi_{pq}} = 4\pi\mathrm{i}^{n-n'-1}\sum_{n''}C^{n',0}_{n,m,n'',-m}\,\mathrm{Y}_{n'',-m}\left(\theta_{pq},\varphi_{pq}\right)
\tag{8.74}
$$

对于式 (8.72), 我们可以发现, 这个式子的实部就是粒子间相互作用力在 x 方向的分量, 而虚部为 y 方向的分量, 两者之间的关系由 φ_{pq} 决定。

当两个粒子中心位于同一 yz 平面内, 且粒子与声波之间具有对称时, 此时 $\varphi_{pq} = \pi/2$, 即 x 方向相互作用力为零。

接着我们考虑 F^p_z 的变化情况, 也就是式 (8.64), 根据式 (8.68), 可以直接得到

$$
\begin{aligned}
a^p_{n,m}a^{p*}_{n+1,m} = \sum_{n'}&\left(A^*_{n'}a^{p(0)}_{n,m}a^{q(0)*}_{n',0}\mathrm{e}^{-\mathrm{i}2\pi d\cos\theta_{pq}}G^{pq*}_{n+1,m,n',0}\right. \\
&\left. + A_{n'}a^{p(0)}_{n',0}a^{q(0)*}_{n+1,m}\mathrm{e}^{\mathrm{i}2\pi d\cos\theta_{pq}}G^{pq}_{n,m,n',0}\right)
\end{aligned}
\tag{8.75}
$$

考虑到式 (8.56) 和克罗内克 δ 函数的性质, 式 (8.75) 中只有当 $m = 0$ 时才存在非零解, 所以式 (8.64) 变为

$$
F^p_z = \frac{\rho_0}{2}\mathrm{Im}\left[\sum_n\sqrt{\frac{(n+1)(n+1)}{(2n+1)(2n+3)}}T_n a^p_{n,0}a^{p*}_{n+1,0}g_n g^*_{n+1}\right]
\tag{8.76}
$$

其中，

$$a_{n,0}^p a_{n+1,0}^{p*} = \sum_{n'} \left(A_{n'}^* a_{n,0}^{p(0)} a_{n',0}^{q(0)*} \mathrm{e}^{-\mathrm{i}2\pi d\cos\theta_{pq}} G_{n+1,0,n',0}^{pq*} \right.$$

$$\left. + A_{n'} a_{l',0}^{p(0)} a_{n+1,0}^{q(0)*} \mathrm{e}^{\mathrm{i}2\pi d\cos\theta_{pq}} G_{n,0,n',0}^{pq} \right) \tag{8.77}$$

将式 (8.71) 的简化代入式 (8.77)，可以得到粒子受到的 z 方向的作用力分量，可以表示为

$$F_z^p = \frac{1}{kr_{pq}} \frac{\rho_0}{2} \mathrm{Im} \left[\sum_n \mathrm{e}^{\mathrm{i}kr_{pq}} \sqrt{\frac{(n+1)(n+1)}{(2n+1)(2n+3)}} T_n g_n g_{n+1}^* \right.$$

$$\cdot \sum_{n'} \left(A_{n'}^* a_{n,0}^{p(0)} a_{n',0}^{p(0)*} \mathrm{e}^{-\mathrm{i}2\pi d\cos\theta_{pq}} M_{n+1,0,n'',0}^{pq*} \right.$$

$$\left. + A_{n'} a_{n',0}^{p(0)} a_{l+1,0}^{p(0)*} \mathrm{e}^{\mathrm{i}2\pi d\cos\theta_{pq}} M_{n,0,n',0}^{pq} \right) \right] \tag{8.78}$$

最后，我们再来说明一下式 (8.73) 和式 (8.76) 中高斯波波束因子 g_n，在第 3 章里面，我们已经求解出波束中心处的高斯波束因子。但是对于多粒子情形时，粒子一般处于离轴状态 (图 8.10)，其波束因子数值将发生变化，对于离轴时波束因子的情况，我们可参照高斯波场中离轴柱形粒子的情况 [29]，运用球函数平移加法定理可得到

$$g_n = \begin{cases} \displaystyle\sum_{m=-\infty}^{\infty} \sum_{j=0}^{m} \frac{\Gamma(m/2+1)}{\Gamma(m/2+1/2)} \cdot \frac{\Gamma(m/2+j+1/2)}{(m/2-j)!\,j!} \\ \quad \cdot \left(-4Q_0 s^2\right)^j Q_0 \exp(-\mathrm{i}kz_0) \cdot Q_{mn} \\ \displaystyle\sum_{m=-\infty}^{\infty} \sum_{j=0}^{m} \frac{\Gamma((m-1)/2+1)}{\Gamma((m-1)/2+3/2)} \cdot \frac{\Gamma((m-1)/2+j+3/2)}{((m-1)/2-j)!\,j!} \\ \quad \cdot \left(-4Q_0 s^2\right)^j (Q_0 - Q_1 - jQ_1)\exp(-\mathrm{i}kz_0) \end{cases} \tag{8.79}$$

其中，$Q_0 = 1/(1+2\mathrm{i}z_0/l)$, $Q_1 = 2/(kl(\mathrm{i}-2z_0/l))^2$, $l = kw_0^2$, $s = (kw_0)^{-1}$, $Q_{nm} = \displaystyle\sum_{\nu,\mu} S_{n\nu}^{m\mu}(kd)$, $S_{n\nu}^{m\mu}(kd) = 4\pi(-1)^m \displaystyle\sum_{\sigma=|n-\nu|}^{n+\nu} \mathrm{i}^{\sigma+n-\nu} \cdot \vartheta(\nu,\mu;n,-m;q) \cdot \mathrm{j}_\sigma(kd) \mathrm{Y}_\sigma^{\mu-M}$ (θ_d, φ_d)，这里，ϑ 是格林系数 [30]，$d = (x_0^2 + y_0^2 + z_0^2)^{1/2}$，$\theta_d$ 表示坐标原点到粒子球心连线与 z 轴的夹角；φ_d 表示其连线与 x 轴的夹角。

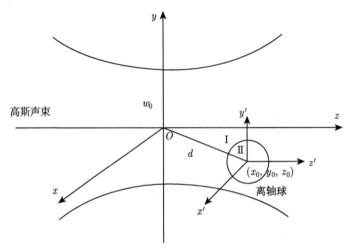

图 8.10   高斯波对离轴球形粒子的散射示意图

8.6   高斯波中水浸聚乙烯粒子间声辐射力

首先，为了求证以上工作的正确性，我们用该方法数值计算了高斯波场中，处于束腰位置两个液体球 (橄榄油球，液体球尺寸大小取 $ka = 1$) 之间的相互作用力。高斯波的束腰宽度取 $w_0 = 5\lambda$(注：在高斯波的束腰宽度远大于粒子球尺寸的情况下，可近似地认为在束腰附近的高斯波为平面波场)。仿真结果如图 8.11 所示，图中 kd 表示粒子球之间的归一化距离，并与之前文献 [18](图 8.12) 做了对比。通过对比，可发现我们的仿真结果与文献中的结果完全吻合，这说明上述的推导过程是合理、正确的。

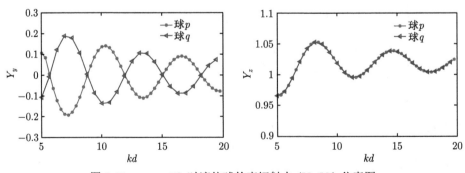

图 8.11 $w_0 = 5\lambda$ 时液体球的声辐射力 (Y_y, Y_z) 仿真图

接下来，我们分别讨论了处于波场中不同位置的两个粒子球，三个粒子球的声辐射力情况，并总结出对于更多粒子球之间相互作用力的求解情况。

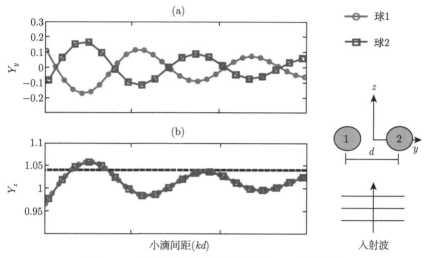

图 8.12　文献 [18] 中的声辐射力 (Y_y, Y_z) 仿真图

8.6.1　两个粒子球中心连线与 y 轴共轴情况

首先，我们考虑声场中只存在两个粒子且与 y 轴共轴的情况，如图 8.13 所示。两个完全相同的粒子球 p 和 q 相距为 d(在之前的理论计算中考虑的是 $k_o r_{pq} \gg 1$ 的情况，故以上计算只适应于稀疏粒子，这里要求 $d > 2a$ 且 $d/\lambda > 1$)，假定两粒子正好处在高斯波的束腰位置，且用 θ_{pq}，φ_{pq} 表示其与坐标轴的夹角。图 8.13～图 8.15 显示的是三种不同大小粒子球在不同波束宽度情况下，其声辐射力 (F_y, F_z) 随两粒子间距 (d) 的变化关系曲线。其中 $\theta_{pq} = \pi/2$，$\varphi_{pq} = \pi/2$，根据式 (8.72)，此时 $F_y^p = F_{xy}^p, F_x^p = 0$。

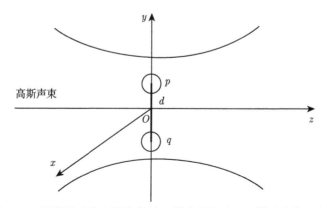

图 8.13　两粒子球中心连线位于 y 轴上且相对于 z 轴对称的示意图

图 8.14 显示的是直径 $a = 0.1\lambda$ 时两粒子球 p 和 q 的声辐射力曲线。左侧

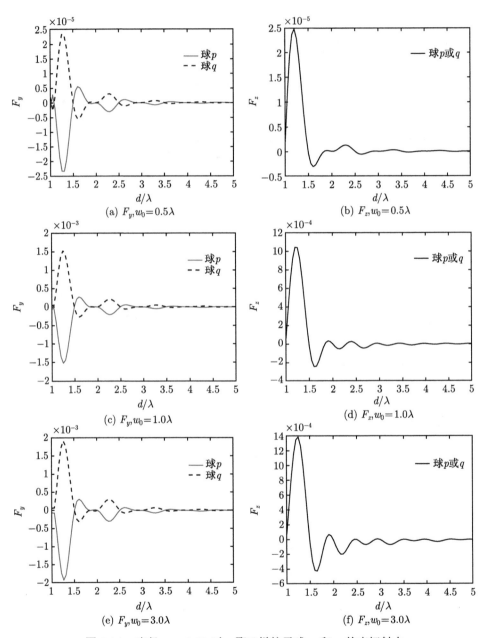

图 8.14 直径 $a = 0.1\lambda$ 时，聚乙烯粒子球 p 和 q 的声辐射力

图 (a)，(c)，(e) 分别表示在束腰宽度为 0.5 倍、1.0 倍和 3.0 倍波长时，y 方向两粒子间的相互作用力。从仿真结果看，F_y 随粒子间距 d 的增加而呈现简谐衰减状态，这说明随着粒子间距离的增加，粒子间散射波的影响会迅速减小。其次，在不同距离处，粒子 p 和 q 间能够产生引力和斥力，结果会出现两个粒子靠近或远离的现象，这种现象尤其在粒子间距较小时表现更突出。另外，由于粒子是处在高斯波场中，所以波束宽度也会对作用力有一定的影响。图 (a)，(c)，(e) 中可以看到，随着波束宽度 w_0 的不断增加，作用力 F_y 的数值也呈现出显著地增加。图 (b)，(d)，(f) 分别表示束腰宽度为 0.5 倍、1.0 倍和 3.0 倍波长时 z 方向两粒子间的作用力 F_z。从仿真结果看，F_z 随粒子间距 d 的增加也呈现出简谐衰减变化，且随着波束宽度 w_0 的增加而增加，这些特征和 F_y 相类似。

接下来，我们增大了粒子的尺寸，分别研究了直径是 $a = 0.3\lambda$ 及 $a = 0.5\lambda$ 的两种情况的粒子，如图 8.15 和图 8.16 所示。从仿真结果看，作用力 F_y 和 F_z 与之前 $a = 0.1\lambda$ 时的作用力具有相似的变化规律，而且随着粒子尺寸的增加，相应的数值也不断地增加。

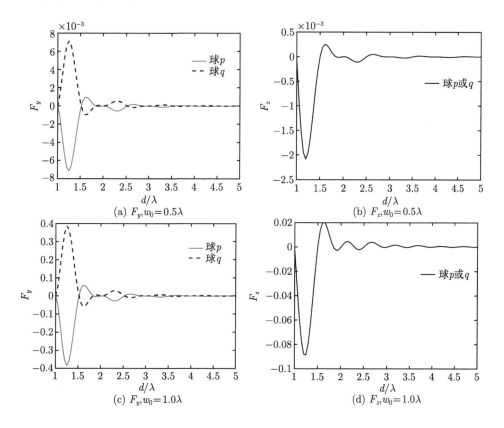

(a) $F_y, w_0 = 0.5\lambda$

(b) $F_z, w_0 = 0.5\lambda$

(c) $F_y, w_0 = 1.0\lambda$

(d) $F_z, w_0 = 1.0\lambda$

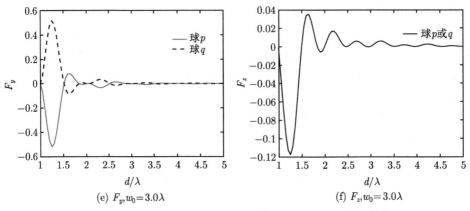

图 8.15　直径 $a = 0.3\lambda$ 时，聚乙烯粒子球 p 和 q 的声辐射力

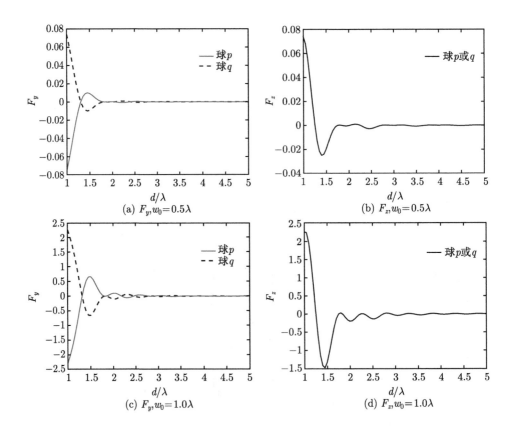

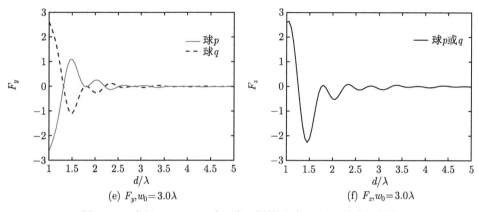

(e) $F_y, w_0 = 3.0\lambda$ (f) $F_z, w_0 = 3.0\lambda$

图 8.16 直径 $a = 0.5\lambda$ 时，聚乙烯粒子球 p 和 q 的声辐射力

8.6.2 两个粒子球中心连线与 y 轴不共轴情况

接着，我们考虑两个粒子球中心连线与 y 轴不共线，即有夹角的情况，位置如图 8.17 所示。这里，假设两粒子球连线与 y 轴有 45° 的夹角，粒子球的直径取 $a = 0.3\lambda$。

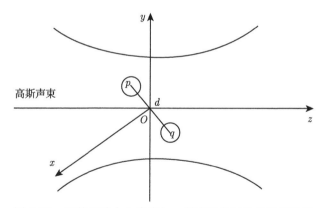

图 8.17 两粒子球中心连线与 y 轴有夹角时的位置示意图

图 8.18 显示粒子球 p 和 q 与 y 轴夹角 $\theta_{pq} = 45°$ 时的声辐射力情况。图 (a)，(c)，(e) 分别表示在束腰宽度为 0.5 倍，1.0 倍和 3.0 倍波长时，y 方向两粒子间相互作用力 F_y。从仿真结果看，F_y 随粒子间距 d 的增加而呈现振荡衰减状态。随着粒子间距 d 的增加，粒子间散射波的影响会迅速减小。这些现象和两粒子处在 y 轴上 (图 8.14~图 8.16) 的情况类似。图 (b)，(d)，(f) 显示的是 z 方向两粒子的作用力。从仿真结果看，这与之前的情况有所不同，粒子 p 和 q 在 z 方向的力 F_z 不再相等，呈现出不同的变化趋势，另外，随着波束宽度 w_0 的增加，作用力

也会增加。

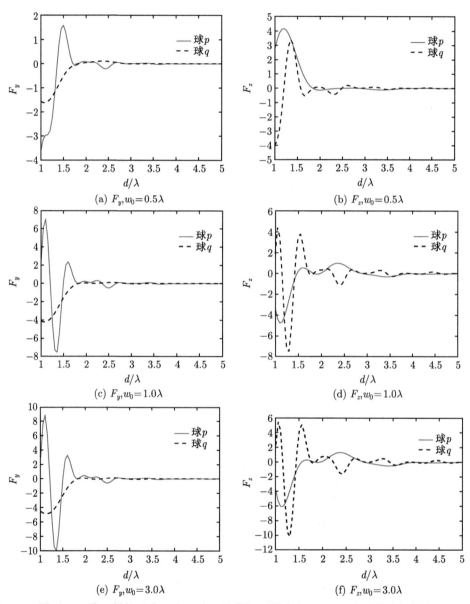

图 8.18　聚乙烯粒子球 p 和 q 中心连线与 y 轴夹角 $\theta_{pq} = 45°$ 时的声辐射力

8.6.3 三个粒子球情况

最后，我们再来考虑声场中存在三个粒子球时的情况，粒子位置如图 8.19 所示。这里，假设 p 和 q 两粒子球中心连线与 y 轴共线，第三个球 t 中心位于 z 轴上，三个球中心连线正好构成等边三角形，并处于 yOz 平面内，这样粒子球两两连线与 x 轴夹角为 $\varphi_{ij} = \pi/2 (i, j = p, q, t$ 且 $i \neq j)$，分析后可得出 p，q 和 t 三个粒子在各个方向受到的声辐射力。

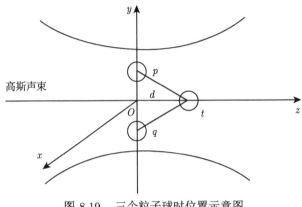

图 8.19 三个粒子球时位置示意图

对于粒子球 p 有

$$F_x^p = F_{pq,xy} \left(d/\lambda, \theta_{pq} \right) \cos \varphi_{pq} + F_{pt,xy} \left(d/\lambda, \theta_{pt} \right) \cos \varphi_{pt} = 0$$

$$F_y^p = F_{pq,xy} \left(d/\lambda, \theta_{pq} \right) \sin \varphi_{pq} + F_{pt,xy} \left(d/\lambda, \theta_{pt} \right) \sin \varphi_{pt}$$

$$= F_{pq,xy} \left(d/\lambda, \theta_{pq} \right) + F_{pt,xy} \left(d/\lambda, \theta_{pt} \right) \tag{8.80}$$

$$F_z^p = F_{pq,z} \left(d/\lambda, \theta_{pq} \right) + F_{pt,z} \left(d/\lambda, \theta_{pt} \right)$$

对于粒子球 q 有

$$F_x^q = F_{qp,xy} \left(d/\lambda, \theta_{qp} \right) \cos \varphi_{qp} + F_{qt,xy} \left(d/\lambda, \theta_{qt} \right) \cos \varphi_{qt} = 0$$

$$F_y^q = F_{qp,xy} \left(d/\lambda, \theta_{qp} \right) \sin \varphi_{qp} + F_{qt,xy} \left(d/\lambda, \theta_{qt} \right) \sin \varphi_{qt}$$

$$= F_{qp,xy} \left(d/\lambda, \theta_{qp} \right) + F_{qt,xy} \left(d/\lambda, \theta_{qt} \right) \tag{8.81}$$

$$F_z^q = F_{qp,z} \left(d/\lambda, \theta_{qp} \right) + F_{qt,z} \left(d/\lambda, \theta_{qt} \right)$$

对于粒子球 t 有

$$F_x^t = F_{tp,xy}\left(d/\lambda, \theta_{tp}\right)\cos\varphi_{tp} + F_{tq,xy}\left(d/\lambda, \theta_{tq}\right)\cos\varphi_{tq} = 0$$

$$F_y^t = F_{tp,xy}\left(d/\lambda, \theta_{tp}\right)\sin\varphi_{tp} + F_{tq,xy}\left(d/\lambda, \theta_{tq}\right)\sin\varphi_{tq}$$

$$= F_{tp,xy}\left(d/\lambda, \theta_{tp}\right) + F_{tq,xy}\left(d/\lambda, \theta_{tq}\right) \tag{8.82}$$

$$F_z^t = F_{tq,z}\left(d/\lambda, \theta_{tq}\right) + F_{tq,z}\left(d/\lambda, \theta_{tq}\right)$$

经数值计算后 (这里粒子球的直径取 0.3 倍波长), 结果如图 8.20 所示。从图 (a), (c) 中可以看到, 粒子 p 和 q 在 y 方向上的作用力 F_y 随粒子间距 d 的增加而呈现简谐衰减状态, 这同样说明随着粒子间距离的增加, 粒子间散射波的影响会不断减小。而粒子 t 在 y 方向的作用力始终为零。图 (b), (d) 显示的是三个粒子在 z 轴方向上的作用力 F_z, 其中, 粒子 p 和 q 的作用力相等并随着粒子间距 d 的增加呈振荡变化, 但并未表现出明显的减小趋势。粒子 t 的作用力随着粒子间距 d 的增加而不断减小, 主要原因是: 随着粒子间距的增加, 粒子 p 和 q 逐渐移出波束中心, 这样对于粒子 t 接收的来自于粒子 p 和 q 的散射波就会逐渐减

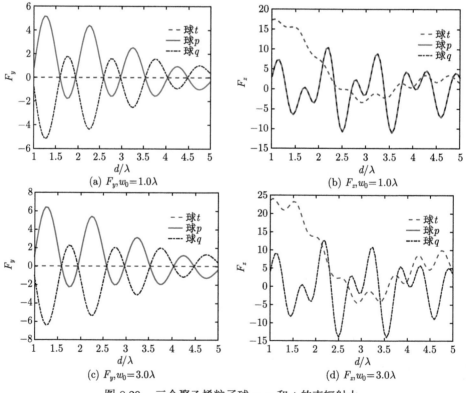

图 8.20　三个聚乙烯粒子球 p, q 和 t 的声辐射力

少，直至最终消失。

对于在波场中存在更多稀疏分布粒子球的情况，我们同样可以得到类似于式 (8.80)～ 式 (8.82) 的公式用来计算声辐射力。这就使得声场中多粒子系统的声辐射力简化为计算双粒子系统的声辐射力的叠加，并且可以计算得到每个粒子受到的声辐射力。在获得粒子受到的声辐射力情况下，我们可以根据粒子受力情况推测粒子球在声场中的运动，而且可以通过改变外加声场来控制粒子球的运动。

8.6.4 结论

本节从球形粒子在高斯波场中的散射出发，综合考虑声场中的入射波与散射波关系，得到适用于高斯波场中存在多个稀疏分布的粒子时的声辐射力计算公式，该公式对于高斯波场中任意位置的粒子均适用。从结果可以看出，当声场中存在多个粒子时，每一个粒子受到的声辐射力都受到其他粒子的影响，这个影响的大小随粒子间距离和角度的改变而发生变化。当声场中存在多个粒子并且这些粒子为稀疏分布时，这个多粒子系统可以视为一系列双粒子系统的叠加，只需要分别计算各个双粒子系统的声辐射力，就可以通过叠加得到声场中任意粒子受到的声辐射力。本节对多个粒子声辐射力的研究，将有助于更好地通过声波操控微小粒子，实现对细胞颗粒的分离和筛选工作，从而促进声镊的进一步实践和应用。

参 考 文 献

[1] Torr G R. The acoustic radiation force. American Journal of Physics,1984 (52): 402–408.

[2] Foldy L L. The multiple scattering of waves. I. General theory of isotropic scattering by randomly distributed scatterers. Physical Review, 1945 (67): 107–119.

[3] Zitron N, Karp S N. Higher-order approximations in multiple scattering. I. Two-dimensional scalar case. J. Math. Phys., 1961 (2): 394–402.

[4] Zitron N, Karp S N. Higher-order approximations in multiple scattering. II. Three-dimensional scalar case. J. Math. Phys., 1961(2): 402–406.

[5] Martin P A. Multiple Scattering: Interaction of Time-Harmonic Waves with N Obstacles. Cambridge: Cambridge University Press, 2006: xii, 437.

[6] Qiao Y P, Zhang X F, Zhang G B. Acoustic radiation force on a fluid cylindrical particle immersed in water near an impedance boundary. Journal of the Acoustical Society of America, 2017 (141): 4633–4641.

[7] Gao S, Mao Y M, Liu J H, et al. Acoustic radiation force induced by two Airy-Gaussian beams on a cylindrical particle. Chinese Phys. B, 2018 (27): 014302.

[8] Doinikov A A. Bjerknes forces between two bubbles in a viscous fluid. Journal of the Acoustical Society of America, 1999 (106): 3305–3312.

[9] Silva G T, Bruus H. Acoustic interaction forces between small particles in an ideal fluid. Physical Review E, 2014, 90(6): 063007.

[10] Embleton T F W. Mutual interaction between two spheres in a plane sound field. Journal of the Acoustical Society of America, 1962 (12): 1714.

[11] Zheng X Y, Apfel R E. Acoustic interaction forces between two fluid spheres in an acoustic field. Journal of the Acoustical Society of America, 1995 (97): 2218–2226.

[12] Doinikov A A. Bjerknes forces between two bubbles in a viscous fluid. Journal of the Acoustical Society of America, 1999(6): 3305–3312.

[13] Fan X Y, Qiu C Y, Zhang S W. Highly asymmetric interaction forces induced by acoustic waves in coupled plate structures. J. Appl. Phys., 2016 (24): 104301.

[14] Roumeliotis J A, Ziotopoulos A G, Kokkorakis G C. Acoustic scattering by a circular cylinder parallel with another of small radius. Journal of the Acoustical Society of America, 2001(109): 870–877.

[15] Mitri F G. Extrinsic extinction cross-section in the multiple acoustic scattering by fluid particles. J. Appl. Phys., 2017(121): 144904.

[16] Mitri F G. Acoustic attraction, repulsion and radiation force cancellation on a pair of rigid particles with arbitrary cross-sections in 2D: Circular cylinders example. Ann. Phys., 2017(386): 1–14.

[17] Zhang S W, Qiu C Y, Wang M D, et al. Acoustically mediated long-range interaction among multiple spherical particles exposed to a plane standing wave. New J. Phys., 2016 (18): 113034.

[18] Lopes J H, Azerpayvand M, Silva G T. Acoustic interaction forces and torques acting on suspended spheres in an ideal fluid. IEEE Trans. Ultrason. Ferroelectr. Freq. Control, 2016 (63): 186–197.

[19] 惠铭心, 刘晓宙, 刘杰惠, 等. 平面行波场中多个粒子受到的声辐射力. 应用声学, 2018(37): 106–113.

[20] 杜功焕, 朱哲民, 龚秀芬. 声学基础. 2 版. 南京: 南京大学出版社, 2001.

[21] Colton D, Kress R. Inverse Acoustic and Electromagnetic Scattering Theory. New York: Springer-Verlag, 1992,102:1601.

[22] Liu Z Y, Chan C T, P Sheng P, et al. Elastic wave scattering by periodic structures of spherical objects: Theory and experiment. Physical Review B,2000,62:2446–2457.

[23] Westervelt P J. The theory of steady forces caused by sound waves. Journal of the Acoustical Society of America, 1951, 23:719.

[24] Silva G T. An expression for the radiation force exerted by an acoustic beam with arbitrary wavefront. Journal of the Acoustical Society of America, 2011, 130:3541.

[25] Zhang S, Qiu C, Wang M, et al. Acoustically mediated long-range interaction among multiple spherical particles exposed to a plane standing wave. New Journal of Physics, 2016,18:113034.

[26] Liu Z Y, Chan C T, Sheng P, et al. Elastic wave scattering by periodic structures of spherical objects: theory and experiment. Phys. Rev. B., 2000 (62): 2446–2457.

[27] Silva G T. An expression for the radiation force exerted by an acoustic beam with arbitrary wave front. Journal of the Acoustical Society of America, 2011(130): 3541.

[28] Silva G T, Lopes J H, Mitri F G. Off-axial acoustic radiation force of repulsor and tractor Bessel beams on a sphere. IEEE Trans. Ultrason. Ferroelectr. Freq. Control, 2013 (60): 1207.

[29] Zhang X F, Qian Y B, Zhang G B, et al. Computation of the acoustic radiation force on a rigid cylinder in off-axial Gaussian beam using the translational addition theorem. Acta Acustica United With Acustica,2016 (102): 334–340.

[30] Silva G T, Baggio A L, Lopes J H, et al. Exact computations of the acoustic radiation force on a sphere using the translational addition theorem. arXiv:1210.2116, 2014.

第 9 章　声辐射力的医学应用

利用声辐射力操控粒子的多功能性，能够应对生物医学和医学领域的应用是当前需要面临的挑战之一。细胞的排列、分离、筛选是研究细胞特性、疾病诊断和治疗的重要过程，尤其是对于癌症患者来说，如果能够及早地检测出癌症细胞，对癌症的治疗会有很大的帮助。声辐射力分离粒子提供了一种有希望替代传统技术的方法，可以通过调整微粒上声辐射力的大小，分离出不同尺寸的不同粒子。在实际应用中，需要以可控的方式运输生物制品，声辐射力的研究为细胞分离和分选提供了坚实的基础。目前，一个非常活跃的研究领域是将声学驻波与微流体相结合。研究者已经开发了许多有希望的生物学应用，用于在无标记环境中以高通量来分离、浓缩和操纵颗粒，特别是生物细胞。声辐射力与微流控技术的结合是一种很有前途的辅助芯片实验设备开发的工具。将声波设置为和血液流动相同的方向，不同的细胞通过周期性的声压波节和波腹时将会受到不同的声辐射力，导致不同的横向位移，从而将癌细胞和正常细胞进行筛选。声辐射力在医学方面的应用包括很多方面，本章就基于声辐射力的弹性成像、声辐射力操控颗粒、微泡和神经调控等方面进行介绍。

9.1　超声辐射力的弹性成像

9.1.1　超声弹性成像的概述

超声弹性成像的基本原理是对组织施加一个内部 (包括自身的) 或外部的动态或者静态、准静态激励，在弹性力学、生物力学等物理规律作用下，组织将产生一个响应。超声弹性成像技术主要包括了静态或准静态压缩弹性成像、血管弹性成像技术、心肌弹性成像技术、声振动成像技术、瞬时弹性成像技术、剪切波弹性成像技术、声辐射力脉冲成像技术、超声剪切成像技术和简谐运动成像技术 [1]。

静态或准静态弹性成像技术是利用了外部机械施压，配合超声探头沿压缩方向向组织发射超声波，对压缩前后的超声回波信号之间的时间延迟进行分析计算，得到组织的弹性系数 [2]。

超声瞬时弹性成像技术是利用机械低频振荡器在组织内产生一个可逆、可测量的微小形变，再利用超声换能器记录不同时刻下组织的超声回波信号，通过互相关运算提取出组织位移，进一步得到组织的弹性模量 [1]。该技术具有实时、无创、不易受环境影响的优点。

声辐射力脉冲成像技术 (ARFI) 利用了聚焦超声在组织中产生声辐射力，并对其引起的组织位移进行跟踪成像的技术 [3]。与准静态弹性成像相比，ARFI 避免了对组织进行外部压缩，并且可以定量测量组织的弹性模量，对操作者的要求也更少。

剪切波弹性成像技术 (SWE) 作为一种新兴的超声弹性成像技术，原理与瞬时弹性成像技术和声辐射力脉冲成像技术类似。SWE 通过检测剪切波在组织内的传播速度，计算得到组织的弹性模量，SWE 具有二维图像实时引导、图像显示直观等优点 [4]。

超声弹性成像的图像分析法主要分为评分法和应变率比值法。超声弹性成像技术作为一种新兴检测方法，在临床应用中存在巨大潜力，但还需大量临床研究，以优化弹性分级参数，提高诊断准确率。

9.1.2 超声弹性成像的研究历史

1991 年，Ophir 等提出超声弹性成像的概念 [5]。超声瞬时弹性成像技术最早由美国学者 Paker 等提出 [6]；声振动成像技术由美国研究学者 Fatemi 和 Greenleaf 提出 [7]；剪切波弹性成像技术由美国学者 Saravazyan 等提出 [8]；超声剪切波技术由法国学者 Fink 等提出 [9]；声辐射力脉冲成像技术由美国 Nightingale 等提出 [10]。

9.1.3 应用实例

1. 超声瞬时弹性成像算法与系统设计

对于生物组织来说，弹性系数的变化通常与其病理特征有关，正常组织与病变组织的弹性差异很大，因此，利用声辐射力超声技术测量杨氏模量等生物组织的力学参量是医学超声的一个重要研究方向。基于声辐射力超声瞬时弹性成像技术，探究合适的时间增益补偿电路，组织位移求解算法等，可以增强计算结果的准确性和可靠性。设计包含低频振荡系统、超声成像系统、低频振荡器和单振元超声探头的超声瞬时系统，利用自制的超声系统采集射频回波信号。研究人员制备两种丙烯酰胺浓度的生物仿体，对其进行超声射频回波信号的分析，结合压痕系统测量结果进行对比分析。实验数据表明，经过匹配滤波后位移场的信噪比提高，剪切波的传播轮廓增强；测量得到的剪切波速度与机械定值高度一致 [1]，图 9.1 给出了超声瞬时弹性成像系统框架图。

2. 基于统一计算设备架构 (CUDA) 的声辐射力弹性成像算法研究

声辐射力弹性成像可以定量测量组织的弹性模量，且具有易上手的优点，但是其算法数据处理有量大、时间长的缺点，而且由于这些缺点，声辐射力弹性成像无法进行准确实时的二维成像。GPU 作为一种在医学成像方面广泛使用的工具，

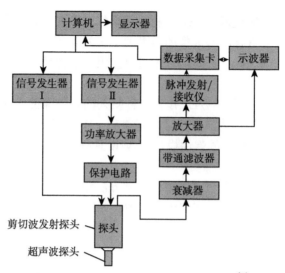

图 9.1   超声瞬时弹性成像系统框架图 [1]

具有更强的密集运算能力。声辐射力弹性成像算法包括位移估计、差值计算、剪切波波速估计和弹性模量估计四个部分。对其算法进行改进，构建基于 CUDA 的滤波算法，构建解析信号和互相关的 CUDA 实现，基于 CUDA 的差值算法和基于 CUDA 的拉东 (Radon) 变换。实验使用自制的弹性仿体，选择一块植入较硬的方块软体，选择横跨背景与高硬度区的矩形区域进行声辐射力弹性成像，检测其对不同弹性系数材料的敏感度。通过基于 CPU 和 GPU 的弹性图像的质量对比，使用 GPU 的单精度运算并没有对图像质量造成明显影响，且 GPU 上的算法具有更快的运行速度 [3]，图 9.2 是 GPU 与 CPU 声辐射力成像信噪比 (SNR) 和载噪比 (CNR) 曲线。

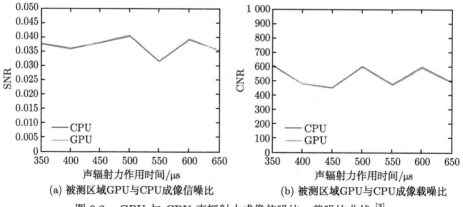

(a) 被测区域GPU与CPU成像信噪比   (b) 被测区域GPU与CPU成像载噪比

图 9.2   GPU 与 CPU 声辐射力成像信噪比、载噪比曲线 [3]

3. 超声辐射力弹性成像中基于拉东变换的剪切波速度估计方法的改进研究

声辐射力脉冲成像 (ARFI) 通过聚焦超声波束产生声辐射力,作用于人体软组织从而引起局部的微小位移,随后引发剪切波并向周围传播。声辐射力脉冲成像作为一种无创定量测量组织弹性模量的超声弹性成像算法,已被证实在多种疾病的诊断中具有巨大的应用潜力。ARFI 的算法部分,对剪切波速度估计的算法部分研究较少。此前,Rouze 等提出的基于拉东变换的改进方法估算剪切波速度,但是奇异值的出现会引起计算结果的错误 [11]。因此,针对该算法进行改进,有助于找到兼顾测量稳定性和计算速度的新型剪切波估计算法。类型 (I):在基于 “时间 (t)–侧向位置 (x)” 为坐标的位移矩阵进行拉东变换的算法中,为了选择某一特定深度进行计算,提出了三种方法。方法 1,在产生声辐射力的焦点深度;方法 2,某几个人为选择的深度;方法 3,综合所有深度。类型 (II):在基于 “时间 (t)–深度 (z)” 为坐标的位移矩阵进行拉东变换的算法中,确定剪切波波前经过这些侧向测量位置的准确时间。为此也提出三种改进方式。方法 1,利用拉东变换帮助确定时间;方法 2,在第一种方法上引入阈值的概念确定时间;方法 3,将两种类型的算法结合起来确定时间和深度。利用声辐射力弹性成像系统进行弹性测量实验和 RF 信号采集,先后在自制的仿组织弹性仿体和新鲜猪肉组织样品上进行六种改进算法的测量实验。在六种估算方法中,计算时间最快的三种是类型 (II) 方法 2、类型 (I) 方法 3、类型 (I) 方法 1。对所有算法,在仿组织弹性仿体上测得的变异系数最小测量位置都处于 5cm 的深度,而在猪肉上则在较浅的位置,且同样位置的变异数值猪肉上测得的大于弹性仿体。研究结果表明,深度较浅时使用类型 (I) 中的方法 2 或 3,更深时建议使用类型 (II) 中的方法 2 [12]。

4. 基于超声纹理匹配方法测量板块组织硬度的超声实验研究

斑块破裂作为中风等心脑血管疾病突发的主要诱因,主要组织成分分为软、硬两种。软组织占比越大,斑块越容易破裂。纹理匹配是一种基于超声图像的血管弹性成像方法,可以用于测量斑块的弹性分布。利用聚乙烯醇制备两种不同软硬度的弹性仿体,脉动泵模拟人体心脏运动,获取仿体的动态图。分别使用 B 超和超声纹理匹配法照射仿体,获得图像。B 超图难以区分仿体中的软硬组织,而弹性图可以很直观地看出斑块的软硬组织之间的区别 [13]。图 9.3 是超声纹理匹配法原理图。

5. 基于超声瞬时弹性成像的无创肝纤维化检测技术

研究已知,肝组织的弹性模量会随着肝纤维化的变化而变化,因而超声弹性成像成为一种无创、快速的检测方法。对于软组织施加一个应变,在超声频段,剪切波基本衰减,而在低频范围内,剪切波衰变很小。超声弹性成像利用了两种不

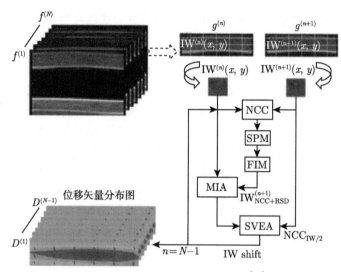

图 9.3　超声纹理匹配法原理图[13]

同频率且速度差异大的声波在人体软组织内传播，由剪切波引起的组织位移变化就可以通过相邻的回波信号记录下来，再通过计算得出组织的弹性模量。选择两位健康的志愿者，每位测量 10 次。志愿者的肝脏处于正常状态，证实了超声瞬时弹性成像的初步人体实验的可行性[14]，图 9.4 是人体实验结果。

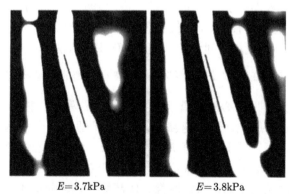

$E=3.7\text{kPa}$　　　　　　　　　　　$E=3.8\text{kPa}$

图 9.4　人体实验结果，志愿者 1(左) 和志愿者 2(右)[14]

6. 基于瞬时弹性成像的黏弹性测量自适应误差补偿

目前许多描述弹性组织变化的方法只关注于评估组织的硬度，却忽视了黏度。研究表明,高血管浓度的恶性肿瘤比周围组织表现出更高的黏度。传统的弹性成像无法区分恶性肿瘤和良性肿瘤，而超声瞬时弹性成像具有重建介质黏弹性的潜力。

将 10 个不同半径的金属圆盘固定于微型振动筛上，并放置于聚乙烯醇仿体上。微型振动筛以 50Hz 的频率振动，在模型中传播剪切波。跟踪记录剪切波引起的位移。模拟实验表明，圆盘半径和位移场的选择深度是影响测量偏差的两个主要因素。当振子半径在 5~13mm 内时，模拟结果与实验结果偏差小于 1%，半径增加到 21mm 时，偏差大于 5%。通过将剪切波衰减分解为黏性部分和衍射部分，文献所述的偏移校正方法可以同时校正剪切波速度和剪切波衰减 [15]。

7. 检测深度对肝脏实时剪切波弹性成像的影响

实验表明超声弹性成像技术诊断肝纤维化时准确率高，但是因为弹性成像的影响因素较多，容易引起测值的不稳定。研究超声弹性成像的影响因素对提高超声弹性成像的检测成功率和稳定性具有重要意义。选取健康体检者男 52 名，女 37 名，记录身高、体重等数据。利用彩色多普勒超声诊断仪，从贴近肝包膜开始，每 1cm 一组，记录 8 组数据，重复 3 次。实验表明，检测深度对超声弹性成像具有明显影响，贴近肝包膜和深度较大时检测成功率较低，距肝包膜 1cm、2cm、3cm 时成功率较高 [4]。

8. 声辐射力脉冲成像技术及其算法研究

超声弹性成像技术具有无创、实时、适用面广、操作方便等优点，广泛适用于临床的检测方面。超声波在生物组织中的传播较为复杂，研究中一般将声辐射力定义为传播中被组织吸收和散射的两部分能量产生的力。由于剪切波传播时造成的组织偏移量很小，需要先将射频信号解析后进行互相关运算，以减小误差。利用声辐射力脉冲弹性成像实验系统，配合剪切波理论算法，计算仿体中的剪切波波速。对比实验结果和给定仿体中的剪切波波速，发现误差很小，验证了算法的可行性 [16]。

9. 声辐射力所致黏弹性组织应变的多物理场有限元分析研究

目前，弹性成像主要基于生物组织对于机械激发的时间响应来对其进行黏性行为分析。在弹性成像基础上，进一步研究组织黏性对成像的影响非常重要。有限元法是弹性成像二维和三维仿真过程中不可缺少的一步，利用该方法，通过互相作用的微小黏弹性力学单位，可以建立一个用有限的未知量去逼近无限未知量的系统。仿真一均匀组织，置于水中并施加一定的激励后，观察其三维形变、回波声场等。分别进行三维仿真以显示均匀组织与线弹、黏弹性有关的位移形变结果，二维仿真用以分析与弹性成像有关的二维截面的应变和应力，一维仿真用以观察同一刺激作用不同材料的应变响应。仿真结果显示对组织不同属性下的弹性成像进行的三维、二维、一维分析，可以明显看出应力、应变的不同，表明不可忽视组织黏弹性对成像的影响 [17]，图 9.5 描述了均匀仿体组织在外加 50Hz 激励下的应变和应力分布图。

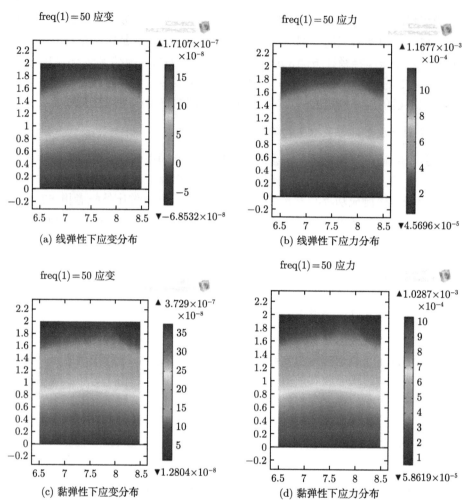

图 9.5   均匀仿体组织在外加 50Hz 激励下的应变和应力分布图 [17](彩图请扫封底二维码)

10. 实时超声弹性图像特征量化方法及其应用价值

目前对于超声弹性成像的研究主要在于如何构建弹性图像上，但是缺乏对图像信息和临床诊断结果的研究。五分法及弹性比值法作为现今最常用的乳腺肿瘤评估方法，限制了弹性成像技术的应用。因此，针对超声弹性成像，需要一种新的乳腺肿瘤评估方法。主要由三部分组成：弹性图像重建、肿瘤区域自动分割、弹性特征量化提取。其中，弹性特征量化包括肿瘤区域硬度率、弹性比值、弹性分数。利用彩色多普勒超声诊断仪，对于 251 位患者拍摄肿瘤图像，其中良性 162 例，恶性 89 例。对实时超声弹性图像上的肿瘤弹性特征分析，结果表明良性恶性肿瘤在三种特征方面都存在明显差异，说明该评估方法有助于提高诊断的准确性和客观性[18]。

11. 提高准静态弹性成像运动估计精度的算法及其仿体研究

生物组织的组成部分中，软组织占大部分，其具有各向异性和非线性力学特征。弹性成像中，利用组织受压前后的射频回波数据，利用互关算法提取位移信息，可以间接得出组织内部的弹性分布。因此，对组织位移和应变的估计是弹性成像中的关键问题。利用 Sonix RP B 超声系统，对软层的三层仿体和包含柱状硬体的仿体进行实验。结果表明，采用二维的位移估计方法大大降低了横向运动对位移估计带来的干扰。对于实验中出现的奇异点，通过对轴向一维的位移数据分段拟合，成功剔除[19]。图 9.6 和图 9.7 分别是对包含有柱状硬块的仿体实验中对剔除奇异点和中值滤波效果的评价以及三种差分方法的应变估计比较。

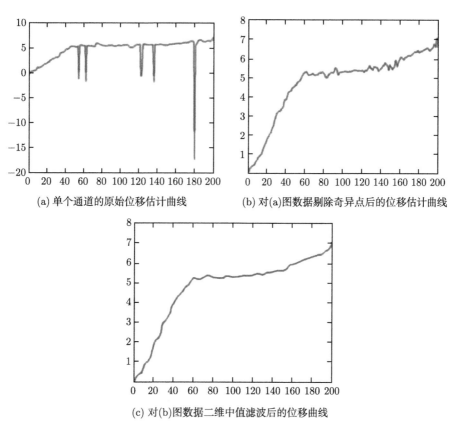

(a) 单个通道的原始位移估计曲线   (b) 对(a)图数据剔除奇异点后的位移估计曲线

(c) 对(b)图数据二维中值滤波后的位移曲线

图 9.6 对包含有柱状硬块的仿体实验中对剔除奇异点和中值滤波效果的评价[19]

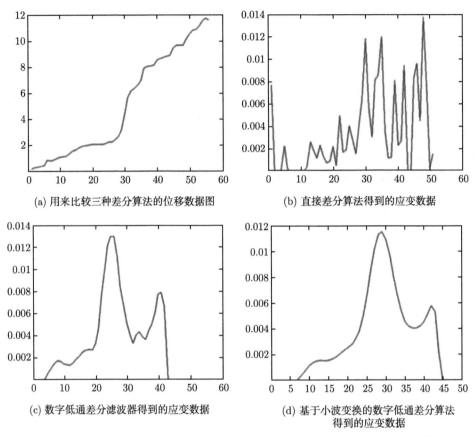

(a) 用来比较三种差分算法的位移数据图

(b) 直接差分算法得到的应变数据

(c) 数字低通差分滤波器得到的应变数据

(d) 基于小波变换的数字低通差分算法
得到的应变数据

图 9.7   三种差分方法的应变估计比较 (横轴为深度方向，纵轴为应变量)[19]

12. 小波去噪法在瞬时弹性成像估计中的应用

根据位移的估计精确计算组织应变是超声弹性成像算法中的重要问题。噪声信号相对于生物超声信号属于高频信号，所以小波去噪可以视为一个低通滤波。将贝叶斯阈值法应用于超声瞬时弹性成像系统中，可以得到一种基于小波阈值去噪的算法。根据文献的算法，利用化学超声弹性体膜和健康志愿者的肝脏的超声数据进行实验验证。实验结果表明，弹性体膜实验获得了较好的应变图视觉效果和更高的信噪比，而健康志愿者的肝脏实验中数据则低于均值滤波[20]，图 9.8 是肝脏应变图。

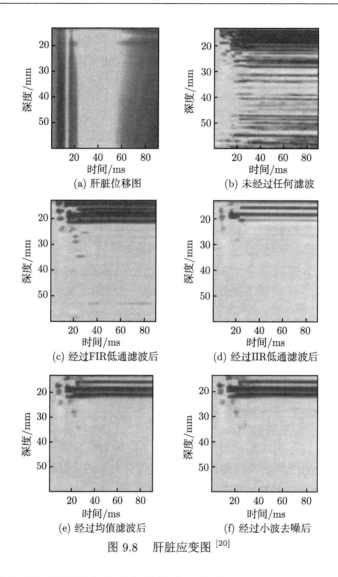

(a) 肝脏位移图

(b) 未经过任何滤波

(c) 经过FIR低通滤波后

(d) 经过IIR低通滤波后

(e) 经过均值滤波后

(f) 经过小波去噪后

图 9.8 肝脏应变图[20]

13. 准静态弹性成像技术检测聚焦超声致离体组织损伤

目前发现，B 超成像不能够准确反映聚焦超声造成的组织损伤情况。聚焦超声造成的组织损伤导致组织弹性改变，使得弹性成像在监控聚焦超声疗效方面有良好的发展前景。实验初期使用含硬块的仿体先优化成像效果。后取新鲜离体猪均匀肌肉组织，在切面上用聚焦超声探头辐照，造成损伤。再将猪肉置于水槽中，利用弹性成像系统观察。仿体实验发现位移估计中容易出现奇异点，利用线性分段拟合剔除，优化成像效果。离体组织实验发现，弹性成像系统可以检测到猪肉内的损伤，并且反映出热损伤情况[21]。

9.2 基于超声辐射力的纳米颗粒操控

9.2.1 颗粒操控的概述

声操控微粒研究工作在最近 20 年获得了广泛的关注。在 Web of Science 以 "acoustic radiation force" 和 "manipulation" 作为主题关键词，搜索到的文章数目与年份关系如图 9.9 所示。

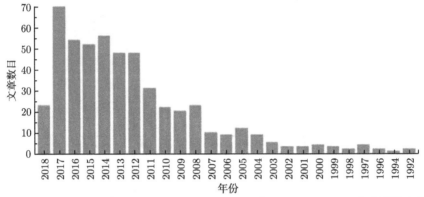

图 9.9   Web of Science 以 "acoustic radiation force" 和 "manipulation" 为主题的文章数目与年份关系 [22]

声操控的原理是利用超声波的力学效应。声场中颗粒对声波的反射、折射、吸收等，使得声场携带的动量在声波和颗粒之间交换，颗粒受声辐射力操控而运动。声辐射力的效应随着微粒尺寸的减小而迅速衰减，当微粒直径远小于波长时，声流效应则起主要作用。相反，当微粒直径远大于声波波长时，可考虑声波的粒子性，用声线的疏密来表示声场的强弱。

基于声辐射力的两种分类，超声操控粒子的方法可分为体波操控和声表面波操控，而声表面波操控具有微型化和能量集中的特点 [23]。图 9.10 是声表面波与液体相互作用示意图。

基于单个或两个换能器产生的声场类型，超声操控粒子的方法也可分为驻波操控、行波和聚焦声场操控。因为驻波声场在空间上具有能量极值的特点，微粒可以停驻在波腹或波节的位置，通过调控驻波声场的相位、频率等参量，使得波腹波节位置发生改变，可以实现对微粒的操控 [22]。基于单个换能器产生的行波场场强无梯度，对于远小于波长的微粒，一般难以观察到行波场中的运动。图 9.11 是声表面驻波移动微粒原理，图 9.12 给出声表面驻波和行波结合排列与筛选微粒的示意图。

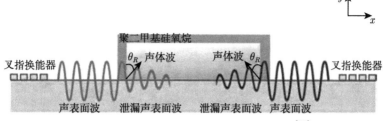

图 9.10 声表面波与液体相互作用示意图[23]

图 9.11 声表面驻波移动微粒原理[22]

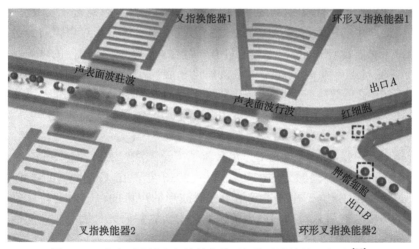

图 9.12 声表面驻波和行波结合排列与筛选微粒的示意图[22]

因为微粒在单振元换能器产生的声场中受力分布固定，难以灵活操控，随着技术发展，催生了基于换能器阵列产生动态调控声场的微粒操控技术。如果可以对每一换能器振元的声参量调控，原则上可以在空间中产生时变任意声场，丰富了微粒的运动类型和运动方式[22]。图 9.13 是大规模面阵换能器产生的可控声场实现对微粒的任意操控。

基于结构的共振、干涉、散射等形成的声场形态也可用于声操控。面阵换能器虽然可以灵活操控粒子的运动，但是制作成本昂贵，并且在特定应用场景，声场形态基本是固定的，基于结构声场的微粒操控降低了成本需求，将声操控技术进一步推向应用领域。

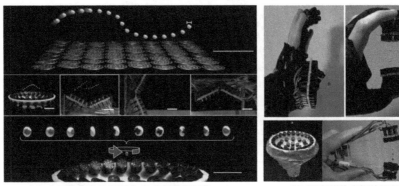

(a) 大规模面阵换能器实现对微粒的操控   (b) 可穿戴的声操控微粒

图 9.13　大规模面阵换能器产生的可控声场实现对微粒的任意操控 [22]

9.2.2　颗粒操控的研究历史

早在 1902 年，瑞利 (Rayleigh) 提出了 "声辐射压" 的概念 [24]。连续介质中声波的运动产生的压力梯度产生了声辐射力，Dayton 等最早对声辐射力进行了研究 [25]。King 首次计算刚性小球受到的声辐射力，奠定了声操控的理论基础 [26]。1955 年，Yosioka 和 Kawasima 将该理论拓展到小球的声辐射力计算 [27]，而 Gor'kov 给出了小微粒在声场中受力的近似表达式，简化声辐射力的计算方法 [28]。声操控技术最早由 Wu 提出，原理是利用两个相向传播的聚焦探头产生局域声场捕获粒子 [29]。

近年来，声操控微粒研究工作也获得了广泛关注。2011 年，Silva 给出在任意波形下球体所受声辐射力的表达式 [30]；2013 年，在 Gor'kov 的理论基础上，Sapozhnikov 和 Bailey 补充了适用于任意波形的声束的声辐射力计算公式 [31]。声学人工结构也被引入对声辐射力的调控之中，这些研究都加深了声操控的理论基础，同时也丰富了声操控的应用前景。

9.2.3　应用实例

1. 基于超声辐射力的纳米颗粒操作研究

周期性纳米材料具有等离子共振的特殊光学性质。周期性纳米材料表面的折射率会随着附着生物分子的质量变化而变化，由此引发材料共振峰的变化，而这种动态变化可以反映生物分子之间相互作用的特异性信息。因此，周期性纳米材料可以用于实时观测蛋白质、多肽、细胞间相互作用，可以大量应用于生物传感技术领域。目前的声操控纳米材料的方法主要集中在单一尺度的纳米线或者碳纳米管，文献主要探究利用声辐射力对全尺寸的纳米颗粒的操控研究。实验利用声表面波对纳米颗粒进行操控。声表面波由两对叉指换能器在聚二甲基硅氧烷 (PDMS) 腔道内激发,使用注射泵将中空结构的纳米颗粒,即纳米金笼注射入 PDMS 腔道内。对比实验结果与仿真结果。通过改变纳米颗粒的结构,提高颗粒受到的声辐射力,实现了超声辐射对纳米颗粒的操控[32],图 9.14 是仿真与实验结果。

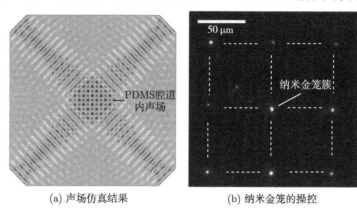

(a) 声场仿真结果   (b) 纳米金笼的操控

图 9.14　仿真与实验结果[32]

2. 基于一维声表面波芯片的二维操控研究

目前,已有学者通过二维的声表面波芯片实现了微泡的二维操控,而利用更加简单的一对叉指换能器组成的一维声表面波芯片,也实现了微粒的二维操控。一维声表面波芯片由一对平行排列的倾斜叉指换能器组成,通过改变叉指换能器输入信号的相对相位和频率,观察被操控粒子的运动轨迹。实验中使用了 PDMS 腔道,并注入微泡,利用显微镜记录操作过程。相位操控微泡沿着垂直于声孔径的方向运动,频率操控微泡平行于声孔径方向运动,实验与理论值相吻合。因此,一维声表面波芯片可以实现二维的粒子操控[33],图 9.15 和图 9.16 分别是相位和频率操控的结果。

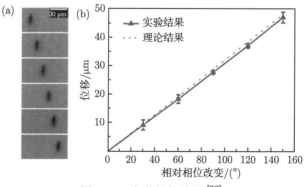

图 9.15　相位操控结果[33]

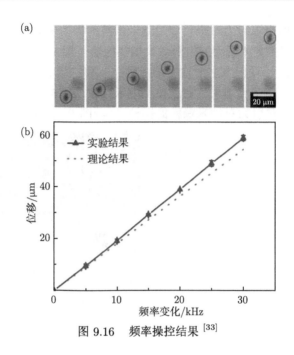

图 9.16　频率操控结果 [33]

3. 基于圆柱薄壳局域声场的微纳颗粒声操控

以往的声操控技术难以灵活地调控，如今急需发展新的声操控技术。基于圆柱薄壳局域声场的微纳颗粒操控技术的主要机制是基于圆柱薄壳在低频段的周向共振局域强场模式。首先对实验装置进行数值模拟，计算系统的声透射谱和场分布图，再利用聚苯乙烯 (PS) 小球进行操控实验。实验情况与数值模拟一致，微粒被圆柱薄壳捕获到薄壳内壁 [34]，图 9.17 是操控 PS 微球的结果。

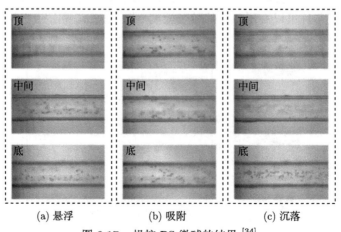

图 9.17　操控 PS 微球的结果 [34]

4. 空气中一维声栅对微粒的声操控

声子晶体、声超常材料等人工结构已被证实可灵活调控声波的传播和声场分布。研究学者利用声子晶体在水中调控声场，从而改变微粒所受声辐射力的大小和方向。本书着重研究一维声栅表面受到的声辐射力的分布和特征。首先研究一维声栅的投射性质和表面声场分布，采用有限元与动量张量结合的方法研究微粒在声栅表面所受声辐射力。为进一步获得微粒在声栅表面受力特征，着重研究两个共振频率下聚苯乙烯泡沫微柱所受的声辐射力空间分布。模拟结果表明，当共振波长与声栅周期相等时，在其表面的微粒受到指向于声栅板的吸引力；当波长为两倍以上时，受指向于狭缝中的吸引力，强度远小于第一种[35]，图 9.18 是 PS 泡沫微柱所受的力空间分布。

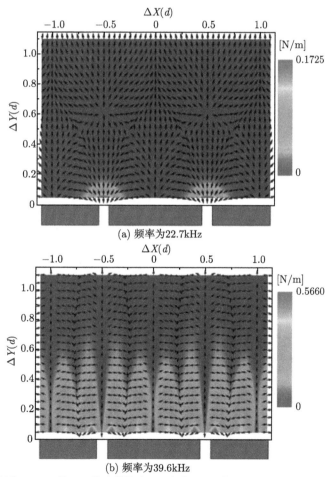

图 9.18　半径为 0.04d 的 PS 泡沫微柱在 X 方向 ΔX 从 −1.1d 到 1.1d，Y 方向 ΔY 从 0.05d 到 1.1d 所受的力空间分布[35](彩图请扫封底二维码)

5. 亚波长细缝附近钢柱的声辐射力研究

声辐射力的理论研究主要在于散射波理论，目前研究者的工作主要对于处在简单声场中的规则散射体。利用基于时域有限差分法和应力张量结合的理论，可以对亚波长细缝附近的钢柱受到的声辐射力进行研究。对狭缝体系的透射率进行数值计算，当板子较薄、孔径较大时，透射率变化很小；当板子较厚、孔径较小时，透射率在低频部分出现明显的共振现象。当处于低阶共振频率范围内时，钢柱所受声辐射力大于无缝结构所受力。同时，此范围内，随着板子厚度的增加，声辐射力增大[36]。

6. 圆柱微腔三维声操控颗粒

声操控技术具有非接触、无损、可穿透性强的优点，在生物化学、环境监测等领域具有广泛的应用前景。在以往研究中，大多学者只研究了声波传播方向的驻波效应，未考虑横向面驻波。这里基于硅片刻蚀的圆柱微腔装置，首先在微腔中进行三维声操控的数值模拟和实验。模拟了圆柱腔中的声场分布，并计算了微球在圆柱腔内三维受力平衡的位置。最后在圆柱腔声操控微球的实验中，发现微球分布出现分层现象，验证了理论计算。理论计算结果表明不考虑重力、浮力以及横向力时，PS 微球会在 x-y 面形成两个不同高度的贝塞尔 (Bessel) 圆，实验与其吻合。该研究工作可为利用圆柱微腔作为载体操控微粒提供实验支持[37]，图 9.19 是圆柱腔声操控微球实验结果。

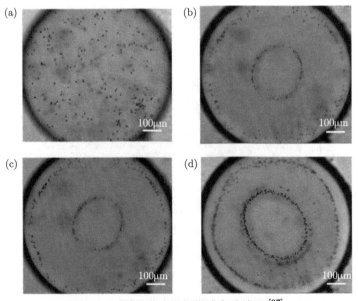

图 9.19　圆柱腔声操控微球实验结果 [37]

7. 基于单微泡共振细胞捕获研究

因为微流体处于雷诺系数较小的层流状态,实现微粒操控和液体混合较为困难。文献设想借助超声二阶辐射力实现对微粒的操控和细胞捕获。首先设计在PDMS 上制作直径 40μm 的圆孔,在二阶声辐射力下液体流过形成微泡。将制备好的芯片和探头置于环形腔道内加入混合好的 PS 原液和水,在显微镜下观察PS 小球的运动情况。将悬浮小鼠脑微血管内皮细胞溶液注入,观察振动微泡对细胞的作用。有微泡情况下可以观察到二次谐波的存在。超声作用下,流体在周期性地快速舒张运动下形成了对称涡旋状的声微流。微泡在腔道内捕捉到了细胞,且微泡振动对微泡活性几乎无影响 [38],图 9.20 是 PS 小球的运动轨迹。

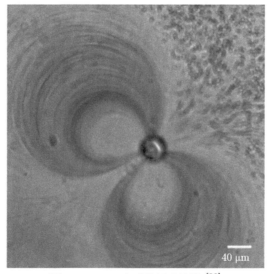

40 μm

图 9.20 PS 小球的运动轨迹 [38]

8. 基于微泡共振的快速微流体声学混合方法研究

快速混合层流状态液体是微流控系统样品预处理的重要组成部分,但是目前要实现液体的快速且均匀混合有较大困难。而利用外部声场驱动液体,流体吸收声波能量后形成声流,利用该声流剪切力也可以达到混合液体的目的 [39]。这种方法不改变液体的原有性质,但是存在吸收能量效率低、热效应显著的缺点。首先设计一种底面微孔结构,通过计算确定实验所需的频率范围。在开放的环形 PDMS腔道内进行实验。腔道内注入 PS 小球溶液,利用显微镜高速相机录制小球运动情况。注入两种液体,在微泡振动情况下,观察计算溶液混合程度。有微泡情况下,频谱出现二次谐波成分,微泡处于稳态空化状态。微泡振动产生的微流引起小球在腔道内做对称涡旋状运动。这种涡旋微流有利于两种溶液的均匀混合,且该情况下热效应不显著，图 9.21 是微泡振动产生的声微流，而图 9.22 是不同能量下的相对混合指数。

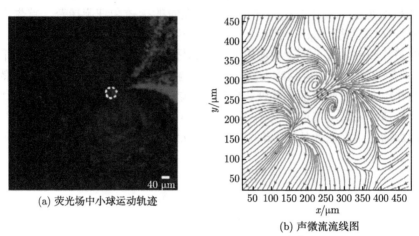

(a) 荧光场中小球运动轨迹

(b) 声微流流线图

图 9.21   微泡振动产生的声微流 [39]

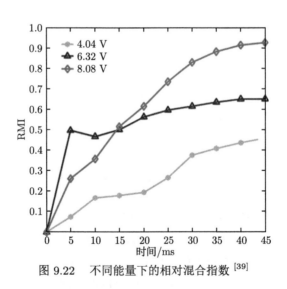

图 9.22   不同能量下的相对混合指数 [39]

9.3   声辐射力操控微泡：超声分子成像

9.3.1   超声分子成像的概述

超声成像作为临床上重要的诊断技术之一，传统超声成像通常利用线性散射回波信号探测组织结构和特性，因此图像的对比度和信噪比都较低。而超声造影剂微泡的出现，被称为超声技术的第三次革命。超声造影通过添加一定剂量的造影剂，可以显著提高超声诊断的分辨力、敏感性和特异性。超声造影剂尺寸很小，一般直径小于 8μm，是具有生物相容性、壳层结构的微泡，因此可以在人体网络血管中运动[40]。并且，由于微泡本身的可压缩性和泡中气体与周围介质声阻抗不匹配，研究表明微泡在声场中发生非线性振动和散射，除了基频信号外，还产生次谐波、超谐波等，近年研究显示，超声造影微泡可达到增强图像的对比度和信噪比的目的[41]，图 9.23 是超声造影微泡的高频非线性响应。

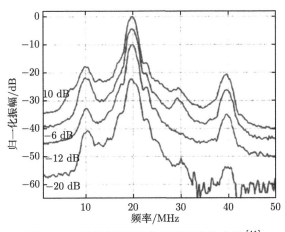

图 9.23　超声造影微泡的高频非线性响应[41]

　　一般来说，由于微泡的尺寸很小，其平均直径远小于超声波波长，所以在声场中将静止的微泡看作一个点。研究学者利用玻恩近似发现，由于气泡的强压缩性，气泡在水中的散射截面远大于同尺寸的小铁球[42]。在适当的频率下，微泡会产生谐振现象，其谐振频率随着半径的增大而增大。在较低声压下，微泡做线性振动；当声压幅值达到一定强度时，微泡产生非线性振动，发射出非线性谐波成分[43]。传统的超声成像系统是基于基波成像，但当有组织存在时，基波成像的灵敏度不够。超声造影剂在超声激励下产生的非线性信号可以与组织产生的线性信号区别开，因此可以通过信号处理的方式对微泡的信号进行成像检测。二次及高次谐波成像，顾名思义是依赖微泡振动产生的二次或高次谐波，其优势是成像分辨率高，但是局限在组织在不高的声压下也会产生二次谐波，干扰检测。次谐波成像是指利用微泡受超声作用下散射成像频率一般的信号，而组织不会产生次谐波信号，因此该成像方式更灵敏，但牺牲了清晰度[44]。超谐波成像是指微泡发生非线性振动时产生的激励信号频率 3/2 倍、5/2 倍、7/2 倍的信号，相对于基频成像有更高的造影剂组织比 (CTR)，分辨率也很高，缺点是要求探头有较大的带宽[45]。瞬态成像是指利用微泡在低频超声下产生瞬态响应，散射高频非线性信号的特性，进行成像检测，该技术的 CTR 和信噪比都较高[46]。相位倒置成像是一种通过依次发射两个具有一定时间延迟且相位相反的脉冲信号进行成像的技术，该技术可以抑制组织信号，但是会牺牲一定成像帧速[47]。

近几年来，学者提出一种新型的医学超声成像方法，即超声分子成像。该技术是指将目的分子特异性抗体或配体连接到超声造影剂表面构筑靶向超声造影剂，使超声造影剂主动结合到靶标组织，从而观察靶标组织在分子或细胞水平的特异性显像，由此反映出病变组织在分子基础上的变化[40]。因为超声分子成像技术具有获取微观细胞层面的生命及早期疾病的能量，突破了传统超声成像的宏观解剖结构成像的限制，是近年来的研究热点[48]。目前的研究重点主要集中于研究具有靶向定位的微泡以作为超声分子成像的探针。图 9.24 给出超声分子影像示意图。

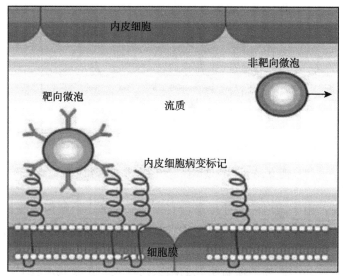

图 9.24   超声分子影像示意图 [40]

9.3.2 超声分子成像的研究历史

超声造影剂最早出现于 1968 年，但是超声造影微泡不同于自由微泡，通常由存在于气液界面上的包膜外壳增加微泡的稳定性，防止微泡聚结和解体[40]。目前对包膜微泡的非线性声学现象的理论研究主要基于瑞利–普莱斯特 (Rayleigh-Plesset) 方程衍生而来的各种理论模型。李飞等对目前的理论模型对比分析，基于对二次谐波的预测能力评价，霍夫 (Hoff) 模型的仿真结果与实验结果最为接近[49]。

关于微泡的非线性声学特性,Shi 和 Forsberg 研究了不同声压条件下微泡的非线性响应情况[50]；李彬等研究了单个纳米包膜微泡在脉冲超声场中的瞬态非线性特性[51]；Kruse 等研究表明超声造影剂微泡在低频状态下有较宽频带的瞬态响应[52]；Goertz 等研究了微泡在高频超声激励下的非线性响应[53]；Zhao 等对黏附微泡的动力学特性进行了初步研究[54]。

9.3.3 应用实例

1. 靶向 BST2 微泡用于前列腺癌的超声分子成像研究

靶向微泡超声分子成像作为目前分子影像学领域的热点，肿瘤特异性抗体修饰的靶向微泡在肿瘤分子成像、药物载体及肿瘤治疗方面表现出巨大潜力。人们将靶向和非靶向微泡注入接种了小鼠前列腺癌细胞的六孔板中，用超声诊断仪进行体外成像。光学显微镜下显示靶向微泡在细胞表面大量黏附，而非靶向微泡无此现象。靶向微泡组成像有很强的回声，且回声光点均匀，非靶向则无此现象[55]。

实验中利用了"亲和素–生物素"桥连接法的高度特异性和亲和力，成功构建了 BST2 单抗耦联的靶向微泡超声造影剂。同时，实验证实了该造影剂对 RM-1细胞有较强的黏附性，并且在超声作用下具有很强的回声，可以应用于检测 RM-1肿瘤细胞。

2. 超声分子影像成像及其给药治疗中的若干关键新技术

超声分子成像技术在癌症、心脑血管等疾病的早期诊断和治疗方面具有巨大潜力。超声分子成像的探针又称"声探针"，为靶向微泡或造影剂的微纳颗粒。为了制备均匀尺寸微泡，并且提高微泡产量，人们提出设计一种具有多通道、多阵列的网络结构的双层微流控芯片。利用超声辐射力，增加靶向微泡的定向黏附率。通过对小鼠斑块早期炎症模型上进行的超声分子成像检测，观察超声微泡造影剂对成像的影响效果。成功制备出均匀微泡，利用声辐射力和声流效应实现了对微泡的排列和捕获。开发的靶向分子成像技术，可检测到更显著的声学信号[56]。

3. 超声分子影像与跨血脑屏障诊疗一体技术研究

由于超声分子影像可反映出早期病变组织在分子水平上的变化，超声分子成像技术已经被广泛应用于动脉粥样硬化、炎症、血栓等疾病的早期诊断和监测中。血脑屏障是位于血液与脑组织之间的屏障结果，具有严格的选择透过性。研究表明，特定频率的超声能量可以安全、有选择地打开血脑屏障，这使得跨血脑屏障的小分子和大分子药物控释成为可能[57]。

4. 基于超声粒子成像技术的大鼠动脉模型血流剪切力测量方法

研究表明，切应力 (剪切力) 是动脉粥样硬化发生以及斑块破裂的主要相关因素[58]。超声粒子成像测速具有实时、动态、无创、高分辨率的优点，利用该技术可以得到精细的二维流场速度矢量、速度梯度分布,从而计算出流体剪切力分布。选取 10 只雄性远交群大鼠,利用超声实时分子影像系统检测左侧颈动脉,测量多普勒血流速度。再注射超声造影剂后,采集图像,通过超声粒子成像测速算法,计算剪切力。与超声多普勒测速结果相比,超声粒子成像测速血流峰值速度曲线结果十分接近,而峰值速度、平均速度分别较超声多普勒测速结果较低。超声粒子成像测速法提供了二维全流场速度信息,可以显示不同位置的血流速度大小和方向,测速效果更精准全面,能够更好地分析流场速度分布情况[59]。超声粒子成像测速技术为进一步测量血管剪切力变化提供了新的研究方法。图 9.25 是超声粒子成像测速法测得最大速度与相应区域超声多普勒测速对比。图 9.26 是结合超声粒子成像测速技术和多项式拟合计算剪切力。

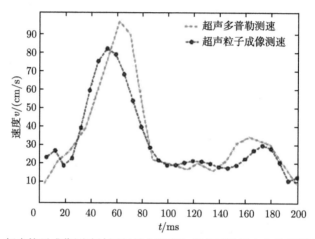

图 9.25　超声粒子成像测速法测得最大速度与相应区域超声多普勒测速对比 [58]

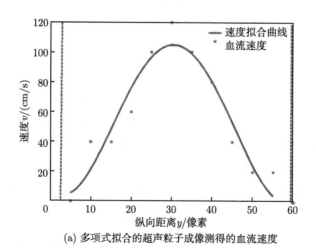

(a) 多项式拟合的超声粒子成像测得的血流速度

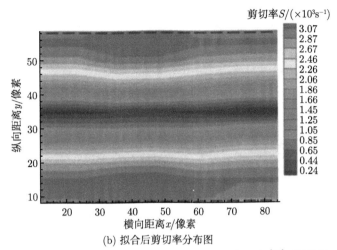

(b) 拟合后剪切率分布图

图 9.26 结合超声粒子成像测速技术和多项式拟合计算剪切力[58](彩图请扫封底二维码)

5. 利用声表面波操控微泡造影剂的微流控芯片

微泡造影剂可以用于增强超声图像对比度、药物输送、基因治疗等领域。微泡与细胞之间的黏附率则决定了成像、治疗的效果。声表面波作为一种沿物体表面传播的弹性波，适合作为激励源。利用机械振荡法制备微泡，当腔道深度为 $50\mu m$ 时，对 PDMS 复合芯片施加 400mW 的功率声波。当腔道深度为 $680\mu m$ 时，输入功率调整为 270mW。当腔道深度为 $50\mu m$ 时，微泡排列为互相平行的直线 (图 9.27)；当腔道深度为 $680\mu m$ 时，微泡旋转后在腔道中心聚集 (图 9.28)。结果显示 PDMS 腔道的深度直接影响微泡的运动行为[59]。结合该芯片功耗低、微型化、设计简单等优点，PDMS 复合芯片为超声分子影像、药物输送等提供了帮助。

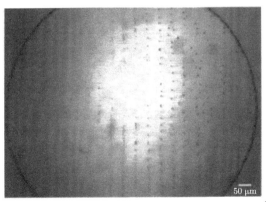

图 9.27 当腔道深度为 $50\mu m$ 时，微泡排列呈平行线[59]

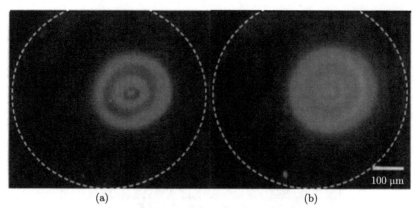

图 9.28　　当腔道深度为 680μm 时，微泡聚集在中心 [59]

6. 二次辐射力对微泡间聚集的影响

当微泡被用作靶向剂时，通常希望其附着在特定的位置。但是，显微镜观察发现，当微泡在血管中运动时，倾向于沿着血管壁运动，这会导致微泡的附着率降低。当超声波作用于微泡时，产生两种不同的声辐射力，其中二次声辐射力在两个振动微泡间产生。研究表明，在初级声辐射力和浮力的作用下，微泡会聚集在一个区域内，这为二次声辐射力的产生提供了机会。因此，了解二次声辐射力对超声分子成像非常重要。

为了研究微泡聚集下的二次声辐射力的影响，文献中研究了两个相互作用的微泡的轴向和径向运动，发现了导致微泡间吸引力出现的条件，并且探究了超声参数和微泡壳参数对微泡聚集的影响。基于修正的 Raylegih-Plesset 方程和四个径向与横向运动的微分方程，建立液体中微泡墙的受力公式。对微泡之间的相互作用力进行研究，发现两个微泡间的作用力会随着微泡半径、微泡之间间隔的距离、微泡运动速度的变化而变化。超声和微泡壳的参数也会对微泡的聚集情况产生影响。数值模拟显示出，微泡之间相距距离越小，微泡聚集越快；通过控制微泡的分布，当微泡的平均半径偏离共振半径时，可以抑制微泡的聚集；同样目的下，低声压和低弹的超声造影剂更不容易使微泡聚集。因此，通过对二次声辐射力的理论计算和数值模拟，发现通过选择合适的超声参数和微泡壳参数，可以抑制微泡的聚集情况，这对进一步发展超声分子成像具有重要意义 [60]。

7. 超声辐射力推移靶向微泡的参数设置研究

在超声成像领域，利用选择性靶向造影剂结合特异度抗体，可以增强目标区域的显影效果，延长显像时间。但是，微泡在血管内流动产生的层流现象会使得靶向微泡的贴附率不佳，影响二次谐波造影显像。利用超声辐射力推动靶向微泡，有利于推动其向侧管壁贴附，增强显像效果。

实验中利用超声仪和自制微泡造影剂分别在静止流体、模拟人体浅表淋巴液流动、深部管腔中进行实验，分别观察微泡位移效果。静止状态下，在不击破微泡的同时产生最大位移的最大峰值负压为 560kPa，且小于这个数值的范围内微泡所受作用的面形与声压成正比。模拟淋巴液流动条件下所需的最大峰值负压增大，1.06MPa 时四分之三的微泡可贴附到管壁，但其中 75% 被击破。深部管腔状态下，近声源的微泡会阻挡声辐射力对远声源微泡的作用。因此，目标靶区应当多选择浅表区管腔[61]。

8. 超声开启血脑屏障增强脑胶质瘤化疗效果研究

当用药物治疗脑胶质瘤时，由于血脑屏障的存在，大部分药物无法进入病变部位。超声联合微泡开启血脑屏障进行颅内药物传递作为一种新型治疗脑胶质瘤的方法，具有无创、定点、高效等特点。建立体外血脑屏障模型，根据前期探索的聚焦超声参数，分别设置超声组和对照组进行实验，作用 24 小时后，测量试验后的细胞活性和凋亡情况。根据香豆素 6 号染料的染色情况，超声有利于染料进入下层细胞层，超声也提高了药物的作用浓度，作用 24 小时后超声组细胞凋亡数更多。超声联合微泡的药物治疗，增加细胞膜的流动性，有效地提高了病变部位的药物浓度，对于难以透过血、脑屏障的药物具有重要意义[62]。图 9.29 是体外血脑屏障及超声作用示意图。

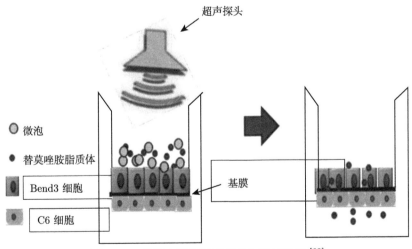

图 9.29 体外血脑屏障及超声作用示意图[62]

9. 基于超声的药物传送系统

基于超声的药物传送系统能够利用超声的声穿透性使携带药物的载体在血管中运动，并采集载体对声波的反射信号来计算载体运动的速度。药物载体选用直径为 1~10μm 的微泡。微泡内部充满空气或者其他气体，且要求该种气体在血液中的溶解度低于空气。与刚性微粒相比，该种超声造影剂能够增加成像对比度，改善图像质量[63]。

早期研究声辐射力对微泡的作用一般使用千赫兹级别的超声激发，且微泡的体积达不到微米级别。因此该实验中选用了百万赫兹级超声，药物传输系统主要由超声探头、函数放大器、功率放大器、电机和显微镜等组成。实验在水槽中模拟微泡在血管中的运动，利用显微镜拍摄气泡运动的过程，并利用 MATLAB 分析所得图像。从原始图像可以看出，大部分微泡吸附在管壁流动，聚集点为模拟病灶处。但是由于在实验中使用了百万赫兹超声激发微米级气泡，系统的实时性较差，微泡运动中破裂造成药物流失，以及活体生物体内的血管环境与实验环境仍有很大差别[63]。近年来，超声微泡载药介导药物的传递已经成为药物传递系统的热点 (图 9.30)[64]。

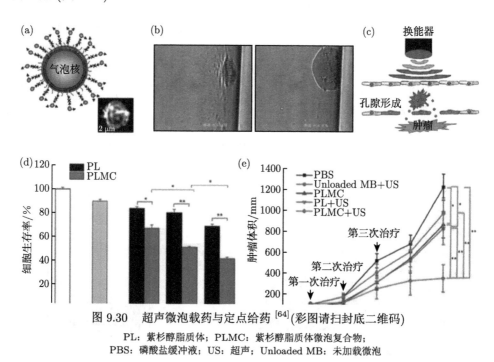

图 9.30　超声微泡载药与定点给药[64](彩图请扫封底二维码)

PL: 紫杉醇脂质体; PLMC: 紫杉醇脂质体微泡复合物;
PBS: 磷酸盐缓冲液; US: 超声; Unloaded MB: 未加载微泡

9.4　超声神经调控技术: 超声辐射力对神经系统进行治疗

9.4.1　神经调控的概述

当今，随着社会发展和人类老龄化趋势，抑郁症、帕金森病和癫痫等功能性脑疾病越来越普遍，功能性脑疾病的干预和治疗是世界医学的难题。目前，功能性脑疾病的发病诱因仍然需要人们进一步研究，并且缺乏相应的有效治疗措施。研究表明，功能性脑疾病的发生与大脑内特定的"皮质–基底神经节大脑环路"功能障碍有关，刺激相应的靶点有助于减轻症状或治愈[65]。

超声波由超声换能器产生，其中心频率、能量强度、脉冲变化规律以及照射靶点区域的大小都可以调节，基于上述优点，超声神经调控可以被广泛应用于细胞、脑线虫、昆虫、啮齿类动物、非人灵长类动物以及人类的多种尺度的神经调控领域[65,66]。当神经系统工作时，通常需要多个脑区和核团的协同工作，单个小型单振元超声探头难以满足要求。通过阵列探头和相控阵波束合成技术，可以实现对穿颅超声的精确计算，实现对靶点的多点精确定位。超声脑刺激作为一种新型、无创的神经调控技术，在功能性脑疾病干预方面具有巨大的潜力。在过去的30年内，出现了多种开创性的神经调控方法，包括经颅磁刺激、经颅电刺激和经颅超声刺激等非侵入式方法[66]。

9.4.2 神经调控的研究历史

在20世纪20年代，研究学者发现超声辐射蛙的坐骨神经可引起腓肠肌的微小颤动，同时对心跳有显著的影响[66]。Harvey 开创性地发现超声能够可逆地调控猫的视觉诱发电位[67]。1955年，Fry 等研究发现聚焦超声不仅可以治疗疼痛和帕金森病，还可以用于研究大脑回路的结构和功能。此后，Fry 等成功利用高强度聚焦超声切除了运动障碍性疾病和慢性疼痛病的局部脑区，且未发现破坏了周围组织和血管[68]。

Koroleva 等则利用超声脉冲作用于大鼠的大脑，发现脉冲超声可引起稳定的负电位偏移[69]；Velling 和 Shklyaruk 利用低强度聚焦超声刺激猫和兔子的脑部[70]，发现脑皮层信号会随着刺激强度和脉冲重复频率的变化而改变。这些研究都表明了大规模超声调控在脑兴奋方面的应用。

Deffieux 及其团队首先开展了超声对于猕猴的调控研究，实验表明低强度超声可干扰眼区实现视觉搜寻的处理过程[72]。Tyler 的团队随后进行了聚焦超声调控人的初级感觉皮层的实验研究[73]。Lee 小组采用聚焦超声刺激人的感觉皮层，并引起不同肢体区分的感觉，证明了聚焦超声对正中神经刺激可激发感觉诱发电位[74]。

在我国，中国科学院深圳先进研究技术院的超声神经调控团队在国内率先展开研究，基于细胞、线虫、小型动物和猕猴等对象进行了超声神经调控研究，取得了初步进展[65]。

9.4.3 应用实例

1. 超声辐射力对帕金森病小鼠治疗效果的实验研究

帕金森病作为世界第二大退行性疾病，目前常见的治疗方法为口服多巴胺。但是长期服用多巴胺有可能导致运动异常，则探索无创的神经调控方法尤为重要。

研究表明，超声波可穿透颅骨并引起神经元活动，同时已有文献表示，超声辐射力调控抑郁症模型大鼠前额叶皮质可提高海马的脑源性营养因子含量，从而改善大鼠抑郁症症状。文献 [75] 探索超声对于帕金森病模型小鼠的治疗作用。首先制备 MPTP 诱导的亚急性帕金森病小鼠模型，搭建超声神经调控装置，在清醒状态下给予小鼠丘脑底核连续七天的超声辐射治疗。超声具体参数为基频 3.8MHz，脉冲频率 1kHz，占空比 50%，持续时间 1s，脉冲间隔 4s，总时长 30min。最后采用蛋白免疫印迹法检测小鼠黑质核纹状体的蛋白变化。结果显示，接受治疗的小鼠黑质区 p-Akt 蛋白显著上升，说明超声可以刺激激活 Akt 的表达，对帕金森病模型小鼠的神经有保护作用 [75]。图 9.31 是超声神经调控装置。

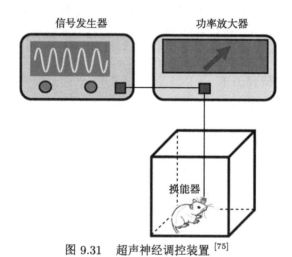

图 9.31　超声神经调控装置 [75]

2. 低功率超声刺激对海马神经元树突棘的影响

树突棘是神经元树突分支上的棘状突起的微小结构，是神经元间形成突触的主要部位。树突棘的数量、形态和尺寸，与自闭症、精神分裂症、阿尔茨海默病等脑功能疾病密切相关。文献探索低强度超声对大鼠海马神经元树突长度和树突棘数量的影响。首先培养原代胎鼠的海马神经元，利用绿色荧光蛋白质粒转染。利用 0.5MHz 平面换能器对海马神经元进行刺激，脉冲重复频率 500Hz，占空比 20%，声压 0.2MPa，每天 10min，连续刺激 7 天。实验结果显示，超声刺激减小了神经元树突长度，增加了树突棘数量。进一步研究不同参数的超声刺激对树突棘结构、尺寸和数量的影响，将为超声脑刺激应用于功能性脑疾病的干预和治疗提供新的理论基础 [76]。

3. 低强度超声刺激神经元初级纤毛的实验研究

初级纤毛是一种非运动性信号作用细胞器，具有感受外界刺激的功能，与神经的发育、功能和相关疾病密切相关。由于超声刺激对初级纤毛的影响尚不清楚，文献将对此进行相关研究。首先培养原代胎鼠皮层神经元，采用 0.5MHz 平面换能器对神经元进行超声刺激。为期 7 天，每天 10min。最后利用免疫荧光技术对实验结果进行评价。超声刺激使得神经元初级纤毛的发生率降低约 40%，实验表明，超声刺激在调控神经元初级纤毛方面可行性[77]。图 9.32 是超声刺激实验装置。

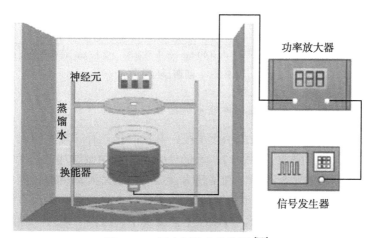

图 9.32 超声刺激实验装置[77]

4. 低强度聚焦超声神经调控的安全性研究

低强度聚焦超声脑刺激作为一种新型的、无创的神经调控技术，在脑科研究领域具有巨大的发展潜力。研究表明，不同参数的超声能够兴奋或抑制神经元的活动。挑选 28 只雄性小鼠，随机均分为刺激组 A、刺激组 B 和对照组。A 组脉冲频率 1000Hz，占空比 50%；B 组脉冲频率 10Hz，占空比 50%。每天一次，每次 30min，实验周期 14 天。A 组、B 组和对照组进行比较，未发现明显出血、组织水肿现象。实验表明这两组超声对脑组织影响较小，在安全范围之内[78]。

5. 基于声表面波的秀丽隐杆线虫神经调控研究

秀丽隐杆线虫是一种经典的神经模式生物，只含有 302 个神经元，且 60% 以上基因与人体同源。利用声表面波和线虫可对神经调控的机制进行研究。培养线虫，在显微镜下观察超声波是否刺激线虫，从而使线虫产生行为上的反应。在超声作用下，线虫发生回避的行为学反应，随输入脉冲持续时间的降低，线虫发生回避反应的概率降低。表明声表面波可对神经模式生物产生有效刺激，该系统可应用于超声神经调控机制[79]，图 9.33 是回避反应。

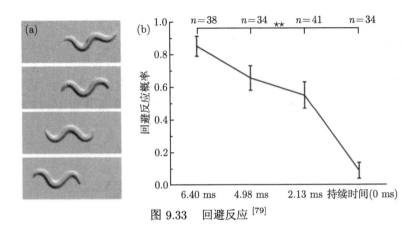

图 9.33　回避反应 [79]

6. 基于微型超声芯片的海马神经元调控效应研究

超声神经调控作为一种新型治疗手段，其机制仍然存在较大争议。传统超声换能器体积较大，受摆放条件制约，因此文献 [80] 利用微纳加工技术，研发制备用于超声神经刺激的微型芯片。制备超声神经刺激芯片和离体海马脑片。将脑片移至记录槽内，记录自发及超声诱发活动。实验显示，微型超声神经刺激芯片能与离体脑片膜片钳系统较好契合，可以产生能量集中、边界清晰的声场。低强度下，芯片可引起神经元膜电位去极化，高强度下直接引起神经元发放动作电位。该芯片有望为超声调控机制提供一个强有力的新工具 [80]。

7. 面向无创神经调控应用的超声时间反演经颅聚焦方法的仿真研究

近年来，颅内高强度聚焦超声神经手术和低强度超声神经调控技术等超声脑干预手术是用于神经精神类疾病治疗和神经科学研究的重要手段 [81]。为了克服颅骨对聚焦过程中产生的负面影响，Fink 提出了时间反演法。该方法利用超声换能器接收某声源发出或者某强反射子反射的超声信号，将信号在一段时间轴上前后翻转，利用翻转后的信号激励换能器发射超声 [82]。

2009 年，Marquet 等提出将时间反演法应用于经颅超声聚焦上的方法，又名虚拟声源仿真法 [83]。在仿真程序中，在预期聚焦位置放置一个虚拟声源，仿真其发射声波经颅传播的过程，从而获得换能器阵元表面空间位置处的声压波形，进一步利用时间反演法就可以得到超声发射序列。在仿真中使用厚度不均匀和不规则的仿真颅骨，使结果更具准确性。在时间反演仿真对比实验中，分别进行不同孔径的探头、不同声源频率和多聚焦点与连续区域的对比实验。实验发现，一定范围内，增加声源频率会导致结果变差，而增加探头的阵元数目则会得到更清晰的聚焦点。此外，实验还发现，厚度不规则的颅骨对仿真结果干扰很严重，因此有很大的优化空间 [81]。

8. 一种离体实验中超声经颅聚焦焦点可视化的新方法

近年来，在治疗神经精神类疾病方面，脑干预技术越来越关键，其中脑深部电刺激应用最为广泛。然而，当应用于临床时，由于颅骨的声速、声衰减等参量，声波经颅传播过程会出现严重的相位畸变和幅度衰减。因此，研究出超声焦点可视化方法非常重要。人们利用温敏材料，分别进行无颅骨和有颅骨条件下的焦点可视化实验。无颅骨情况下，超声激励电压 10.1V，约 70s 后，在探头物理焦点处，温敏胶片出现色变。有颅骨情况下，分别加电压 10.1V 和 19.8V，观察色变情况。从结果可以看到，无颅骨情况下，胶片立即色变；有颅骨情况下，在颅骨附近位置温度快速上升，胶片色变。该现象证明了温敏薄胶片实现了对超声经颅聚焦焦点的快速可视化[84]，图 9.34 代表多点聚焦实验聚集点和连续区域聚焦实验聚焦点的初始位置和时间反演效果。

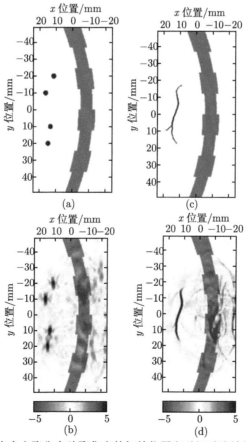

图 9.34 (a)，(b) 代表多点聚焦实验聚集点的初始位置和时间反演效果；(c)，(d) 代表连续区域聚焦实验聚焦点的初始位置和时间反演效果[81](彩图请扫封底二维码)

参 考 文 献

[1] 沈洋, 凌涛, 姚惠, 等. 超声瞬时弹性成像算法与系统设计. 集成技术, 2012, 1(1): 93–99.

[2] 郑海荣, 张炜, 王春艳, 等. 探讨超声弹性成像在乳腺疾病诊断中价值. 大家健康, 2015, 16: 75–76.

[3] 曾博, 雷友诚, 王丛知, 等. 基于 CUDA 的声辐射力弹性成像算法研究. 计算机工程与应用, 2015, 51(18): 249–254.

[4] 郑剑, 曾婕, 郑荣琴, 等. 检测深度对肝脏实时剪切波弹性成像的影响. 2013 中国 (北京) 超声医学学术大会, 2013.

[5] Ophir J, C spedes I, Ponnekanti H, et al. Elastography: a quantitative method for imaging the elasticity of biological tissues. Ultrasonic Imaging, 1991, 13: 111–134.

[6] Lerner R M, Huang S R, Parker K J. Sonoelasticity images derived from ultrasound signals in mechanically vibrated tissues. Ultrasound in Medicine & Biology, 1990, 16(3): 231–239.

[7] Fatemi M, Greenleaf J F. Ultrasound-stimulated vibro-acoustic spectrography. Science(S0036–8075), 1998, 280(3): 82–85.

[8] Saravazyan A P, Rudenko O V, Swanson S D, et al. Shear wave elasticity imaging: a new ultrasonic technology of medical diagnostics. UMB(S0301–5629), 1998, 24(9): 1419–1435.

[9] Bercoff J, Tanter M, Fink M. Supersonic shear imaging: a new technique for soft tissue elasticity mapping. IEEE UFFC(S0885–3010), 2004, 51(4): 396–409.

[10] Jeremy J D, Gianmarco F P, Mark L, et al. A parallel tracking method for acoustic radiation force impulse imaging. IEEE UFFC(S0885–3010), 2007, 54(2): 301–312.

[11] Rouze N C, Wang M H, Palmeri M L, et al. Robust estimation of time-of-flight shear wave speed using a radon sum transformation. IEEE Transactions on Ultrasonic Ferroelectrics & Frequency Control, 2010, 57(12): 2662–2670.

[12] 王丽婷, 姜翔飞, 张嵩, 等. 超声声辐射力弹性成像中基于拉东变换的剪切波速度估计方法的改进研究. 集成技术, 2016, 5(4): 58–66.

[13] 康宏宇, 牛丽丽, 孟龙, 等. 基于超声纹理匹配方法测量斑块组织硬度的超声实验研究. 中国声学学会 2017 年全国声学学术会议, 2017.

[14] 沈立, 凌涛, 李彦明, 等. 基于超声瞬时弹性成像的无创肝纤维化检测技术. 中国声学学会第九届青年学术会议论文集, 2011.

[15] Eskandari H, Salcudean S E, Rohling R. Viscoelastic parameter estimation based on spectral analysis. IEEE Transactions on Ultrasonics, Ferroelectrics and Frequency Control, 2008, 55: 1611–1625.

[16] 沈洋, 凌涛, 肖杨, 等. 声辐射力脉冲弹性成像技术及其算法研究. 中国声学学会第九届青年学术会议论文集, 2011.

[17] 明妍, 王丛知, 曾成志, 等. 声辐射力所致粘弹性组织应变的多物理场有限元分析研究. 集成技术, 2013, 5: 48–52.

[18] 张雪, 肖扬, 邱维宝, 等. 实时超声弹性图像特征量化方法及其应用研究. 第十届中国声学学会青年学术会议, 2013: 169–170.

[19] 王彬, 凌涛, 沈勇, 等. 提高准静态弹性成像运动估计精度的算法及其仿体实验研究. 中国医学物理学杂志, 2011, 3: 2668–2673.

[20] 刘宝亮, 姚慧, 郑海荣, 等. 小波去噪在瞬时弹性成像估计中的应用. 计算机仿真, 2011, 28(8): 246–249.

[21] 王彬, 凌涛, 沈勇, 等. 准静态弹性成像技术检测聚焦超声致离体组织损伤. 中国医学影像技术, 2011, 27(11): 2317–2321.

[22] 蔡飞燕, 孟龙, 李飞, 等. 声操控微粒研究进展. 应用声学, 2018, 5: 655–663.

[23] Meng L, Cai F, Zhang Z, et al. Transportation of single cell and microbubbles by phase-shift introduced to standing leaky surface acoustic waves. Bio-microfluidics, 2011, 5(4): 044104.

[24] Lord Rayleigh F R S. On the pressure of vibrations. Philosophical Magazine, 1902, 3(13–18): 338–346.

[25] Shortencaier M J, Dayton P A, Bloch S H, et al. A method for radiation-force localized drug delivery using gas-filed lipospheres. IEEE Transactions on Ultrasonics, Ferroelectrics and Frequency Control, 2004, 51(7): 822–831.

[26] King L V. On the acoustic radiation pressure on sphere. Proc. R. Soc. London, Ser. A, 1935, 147(861): 212–240.

[27] Yosioka K, Kawasima Y. Acoustic radiation pressure on a compressible sphere. Acta Acustica United with Acustica, 1955, 5(3): 167–173.

[28] Gor'kov L P. Forces acting on a small particle in an acoustic field within an ideal fluid. Institute for Physical Problems of the USSR Academy of Sciences, 1961, 140(1): 88–91.

[29] Wu J. Acoustical tweezers. Journal of the Acoustical Society of America, 1991, 89: 2140–2143.

[30] Silva G T. An expression for the radiation force exerted by an acoustic beam with arbitrary wave front (L). Journal of the Acoustical Society of America, 2011, 130(6): 3541–3544.

[31] Sapozhnikov O A, Bailey M R. Radiation force of an arbitrary acoustic beam on an elastic sphere in a fluid. Journal of the Acoustical Society of America, 2013, 133(2): 661–676.

[32] 周伟, 陈冕, 牛丽丽, 等. 基于超声辐射力的纳米颗粒操控研究. 2018 年全国声学大会论文集, 2018.

[33] 周伟, 王凯悦, 牛丽丽, 等. 基于一维声表面波芯片的二维操控研究. 2016 年全国声学学术会议, 2016.

[34] 林勤, 蔡飞燕, 李飞, 等. 基于圆柱薄壳局域声场的微纳颗粒声操控. 2019 年全国声学大会, 2019.

[35] 黄先玉, 蔡飞燕, 李文成, 等. 空气中一维声栅对微粒的声操控. 物理学报, 2017, 4: 150–155.

[36] 程欣, 蔡飞燕, 郑海荣. 亚波长细缝附近钢柱的声辐射力研究. 中国声学学会第九届青年学术会议, 2011.

[37] 许迪, 蔡飞燕, 陈冕, 等. 圆柱微腔三维声操控颗粒. 2016 年全国声学学术会议论文集, 2016.

[38] 张文俊, 牛丽丽, 刘秀芳, 等. 基于单微泡共振细胞捕获研究. 2018 年全国声学大会, 2018.

[39] 赵章风, 张文俊, 牛丽丽, 等. 基于微泡共振的快速微流体声学混合方法研究. 物理学报, 2018, 67(19): 156–163.

[40] 郑海荣, 钱明. 超声造影微泡: 敏锐成像、定点给药与治疗. 中国医疗器械信息, 2011, (7): 1–5.

[41] 凌涛, 郑海荣. 超声造影微泡非线性声学特性与成像研究进展. 中国介入影像与治疗学, 2009, 4: 102–106.

[42] de Jong N. Acoustic properties of ultrasound contrast agents. Rotterdam: Erasmus University, 1993.

[43] Ferrara K, Pollard R, Borden M. Ultrasound microbubble contrast agents: fundamentals and application to gene and drug delivery. Annu. Rev. Biomed. Eng., 2007, 9: 415–417.

[44] Shi W T, Forsberg F, Hall A L, et al. Subharmonic imaging with microbubble contrast agents: initial results. Ultrason Imaging, 1999, 21: 79–94.

[45] David E, Goertz E C, Andrew N, et al. High frequency nonlinear B-scan imaging of microbubble contrast agents. IEEE Transactions on Ultrasonics, Ferroelectrics and Frequency Control, 2005, 52:65–79.

[46] Kruse D K, Ferrara K W. A new imaging strategy using wideband transient response of ultrasound contrast agents. IEEE Transactions on Ultrasonics, Ferroelectrics and Frequency Control, 2005,52:1320–1329.

[47] Burns P N, Wilson S R, Hope S D. Pulse inversion imaging of liver blood flow: improved method for characterizing focal masses with microbubble contrast. Investigative Radiology, 2000, 35: 58–71.

[48] 王志刚. 超声分子影像学研究进展. 中国医学影像技术, 2009, 25(6): 921–924.

[49] 李飞, 谢理哲, 李德玉, 等. 超声造影剂微泡动力学模型的对比研究. 中国医学影像技术, 2007, 23(2): 295–298.

[50] Shi W T, Forsberg F. Ultrasonic characterization of the nonlinear properties of contrast microbubbles. Ultrasound in Medicine and Biology, 2000, 26(1): 93–104.

[51] 李彬, 万明习, 王素品. 纳米包膜造影微泡在脉冲超声场中的瞬态非线性特性研究. 声学学报, 2004, 29(6): 525–532.

[52] Kruse D E, Ferrara K W. A new imaging strategy using wideband transient response of ultrasound contrast agents. IEEE Transactions on Ultrasonics, Ferroelectrics and Frequency Control, 2005, 52(8) :1320–1329.

[53] Goertz D E, Cherin E, Needles A, et al. High frequency nonlinear B-scan imaging of microbubble contrast agents. IEEE Transactions on Ultrasonics, Ferroelectrics and Frequency Control, 2005, 52(1): 65–79.

[54] Zhao S, Ferrara K W, Dayton P A. Asymmetric oscillation of adherent targeted ultrasound contrast agents. Applied Physics Letters, 2005, 87(13): 4103.

[55] 陈娟娟, 严飞, 靳巧锋, 等. 靶向 BST2 微泡用于前列腺癌的超声分子成像研究. 中国声学学会第九届青年学术会议, 2011: 115–116.

[56] 郑海荣, 严飞. 超声分子影像成像及其给药治疗中的若干关键新技术. 第一届全国暨第二届国际超声分子影像学术会议, 2014: 36–37.

[57] 郑海荣. 超声分子影像与跨血脑屏障诊疗一体技术研究. 全国暨国际超声分子影像及生物效应和治疗学术会议, 2016.

[58] 朱懿恒, 钱明, 牛丽丽, 等. 基于超声粒子成像技术的大鼠动脉模型血流剪切力测量方法. 生物医学工程学杂志, 2014(6): 1355–1360.

[59] 孟龙, 蔡飞燕, 牛丽丽, 等. 利用声表面波操控微泡造影剂的微流控芯片. 中国声学学会第九届青年学术会议论文集, 2011.

[60] Zhang Y L, Zheng H R, Tang M X, et al. Effect of secondary radiation force on aggregation between encapsulated microbubbles. Chinese Physics B, 2011, 20(11): 359–364.

[61] 杨阳, 乔璐, 严飞, 等. 超声辐射力推移靶向微泡的参数设置研究. 中国超声医学杂志, 2015, 2:170–173.

[62] 黄秀娴, 严飞, 郑海荣. 超声开启血脑屏障增强脑胶质瘤化疗效果研究. 2016 年全国声学学术会议论文集, 2016.

[63] 余涛, 张海南, 郑海荣. 基于超声的药物传送系统. 中国医学影像技术, 2008, 24(12): 2010–2012.

[64] 郑海荣, 蔡飞燕, 严飞, 等. 多功能生物医学超声: 分子影像, 给药与神经调控. 科学通报, 2015(20): 10.

[65] 黎国锋, 邱维宝, 钱明, 等. 超声神经调控技术与科学仪器. 生命科学仪器, 2017,1:3–8.

[66] Naor O, Krupa S, Shoham S. Ultrasonic neuromodulation. Journal of Neural Engineering, 2016, 13(3): 031003.

[67] Harvey E N. The effect of high frequency sound waves on heart muscle and other irritable tissues. Am J Phys., 1929, 91: 284–290.

[68] Fry W J, Barnard J W, Fry F J, et al. Ultrasonically produced localized selective lesions in the central nervous system. Am J Phys. Med Rehab, 1955, 34: 413–423.

[69] Koroleva V I, Vykhodtseva N I, Elagin V A. Cortical and subcortical spreading depression in rats produced by focused ultrasound. Neurophysiology, 1986, 18(1): 43–48.

[70] Velling V A, Shklyaruk S P. Modulation of the functional state of the brain with the aid of focused ultrasonic action. Neuroscience & Behavioral Physiology, 1988, 18(5): 369–375.

[71] Deffieux T, Younan Y, Wattiez N, et al. Low-intensity focused ultrasound modulates monkey visuomotor behavior. Current Biology, 2013, 23(23): 2430–2433.

[72] Gavrilov L, Gersuni G, Ilyinsky O, et al. The effect of focused ultrasound on the skin and deep nerve structures of man and animal. Prog Brain Res., 1976, 43: 279–292.

[73] Tyler W J. Noninvasive neuromodulation with ultrasound? A continuum mechanics hypothesis. Neuroscientist, 2011, 17: 25–36.

[74] Lee W, Kim H, Jung Y, et al. Image-guided transcranial focused ultrasound stimulates human primary somatosensory cortex. Scientific Reports, 2015, 5:8743.

[75] 周慧, 牛丽丽, 孟龙, 等. 超声辐射力对帕金森小鼠治疗效果的实验研究. 2019 年全国声学大会, 2019.

[76] 黄小伟, 林争荣, 牛丽丽, 等. 低功率超声刺激对海马神经元树突棘的影响. 2018 年全国声学大会, 2018.

[77] 黄小伟, 林争荣, 王凯锐, 等. 低强度超声刺激神经元初级纤毛的实验研究. 中国声学学会 2017 年全国声学学术会议, 2017.

[78] 邹俊杰, 加潇坤, 边天元, 等. 低强度聚焦超声神经调控的安全性研究. 2018 年全国声学大会论文集, 2018: 18–19.

[79] 周伟, 王晶晶, 黄斌, 等. 基于声表面波的秀丽隐杆线虫神经调控研究. 中国声学学会 2017 年全国声学学术会议, 2017: 505–506.

[80] 林争荣, 周伟, 黄小伟, 等. 基于微型超声芯片的海马神经元调控效应研究. 中国声学学会 2017 年全国声学学术会议, 2017: 547–548.

[81] 姜翔飞, 杨新新, 肖杨, 等. 面向无创神经调控应用的超声时间反演经颅聚焦方法的仿真研究. 2016 年全国声学学术会议, 2016, 431–434.

[82] Fink M. Time reversal of ultrasonic fields. I. Basic principles. IEEE Transactions on Ultrasonics, Ferroelectrics and Frequency Control, 1992, 39:555–566.

[83] Marquet F, Pernot M, Aubry J F, et al. Non-invasive transcranial ultrasound therapy based on a 3D CT scan: Protocol validation and in vitro results. Physics in Medicine and Biology, 2009, 54:2597–2613.

[84] 杨新新, 刘佳妹, 王丛知, 等. 一种离体实验中超声经颅聚焦焦点可视化的新方法. 中国声学学会 2017 年全国声学学术会议, 2017: 553–554.

"现代声学科学与技术丛书"已出版书目

(按出版时间排序)